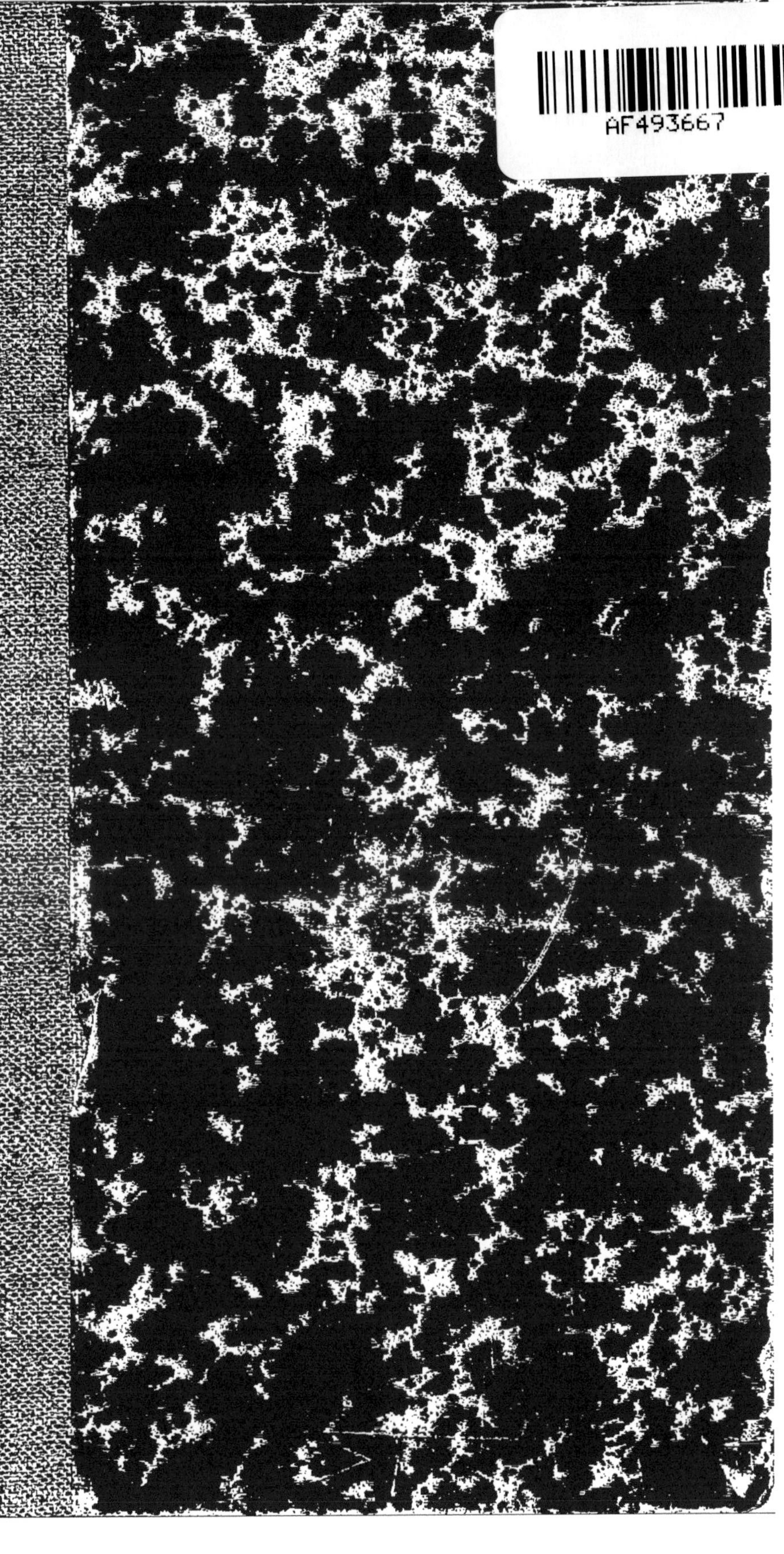

VOYAGE AUTOUR DU MONDE

LA NOUVELLE-CALÉDONIE

(CÔTE ORIENTALE)

PAR

JULES GARNIER

Ingénieur chargé par le gouvernement français d'une mission d'exploration en Océanie (1863-1867)

NOUVELLE ÉDITION ILLUSTRÉE

Augmentée d'un chapitre relatif à l'état actuel de la Colonie

PARIS

LIBRAIRIE PLON

PLON-NOURRIT ET Cie, IMPRIMEURS-ÉDITEURS

8, RUE GARANCIÈRE — 6e

1901

LA
NOUVELLE-CALÉDONIE

Cet ouvrage a été déposé au ministère de l'intérieur (section de la librairie) en juin 1871.

PARIS. — IMP. PLON-NOURRIT ET Cie, 8, RUE GARANCIÈRE. — 1385.

ARRIVÉE DE M. JULES GARNIER CHEZ LE CHEF WHATON

VOYAGE AUTOUR DU MONDE

LA

NOUVELLE-CALÉDONIE

(CÔTE ORIENTALE)

PAR

JULES GARNIER

Ingénieur chargé par le gouvernement français d'une mission d'exploration en Océanie (1863-1867)

NOUVELLE ÉDITION ILLUSTRÉE

Augmentée d'un chapitre rélatif à l'état actuel de la Colonie

PARIS

LIBRAIRIE PLON

PLON-NOURRIT ET Cie, IMPRIMEURS-ÉDITEURS

RUE GARANCIÈRE, 8

1901

PRÉFACE

En publiant, trente ans après la première, cette nouvelle édition, je n'ai pas jugé à propos de modifier sensiblement mon premier livre, qui avait, à tout le moins, l'empreinte que donne à ce genre d'écrits l'enthousiasme de la jeunesse : il faut être jeune pour que les soucis, les souffrances, les dangers de semblables explorations n'arrivent pas à assombrir les impressions et à les défigurer. J'ai pensé, cependant, faire œuvre utile en complétant mes anciennes descriptions par un aperçu des faits qui se sont accomplis depuis mon premier voyage en Océanie. Nous n'assisterons pas dans cette seconde partie à ces rapides et colossales révolutions que peut amener la découverte des mines d'or, mais bien à une progression plus calme, celle que donnent les exploitations de métaux moins nobles; car c'est surtout à la mise au jour de ce genre de mines, à leur développement, que cette île lointaine doit en majeure partie les bases solides sur lesquelles son avenir et sa grandeur reposent, et qui vont peu à peu permettre à l'agriculture de prendre, à son tour, le rang si élevé qui doit lui revenir.

Paris, 10 juin 1900.

Nota. — Les gravures de cette édition sont faites d'après des photographies obligeamment communiquées par la Société de géographie, M. le gouverneur Feillet et M. de Greslan.

LA

NOUVELLE-CALÉDONIE.

CÔTE ORIENTALE.

I.

Les traversées lointaines d'aujourd'hui et d'autrefois. — Malte — Alexandrie. — Sur le Nil débordé. — Le Caire. — Un vrai bain turc. — Encore les Pyramides.

Au commencement de ce siècle, un voyage en Oceanie était encore une très-grave entreprise; les uns exaltaient le courage de ceux qui osaient en tenter l'aventure, les autres blâmaient leur témérité; quant au voyageur, il devait avoir un cœur de Spartiate pour ne point faiblir, lorsque tous les siens, qui pensaient ne plus le revoir, lui adressaient leurs adieux pleins de larmes. Mais lorsque, déjà en pleine mer, il ne voyait plus la France que comme une ligne brumeuse à l'horizon, et que, reportant ses regards sur ses compagnons, il ne trouvait que des visages inconnus, indifférents, endurcis par une vie de fatigues et de dangers, tout semblait s'assombrir dans son imagination; cette immensité mobile, la mer, qui ne laissait à son navire aucun instant de repos, n'excitait plus son admiration; il trouvait la vague monotone, la brise froide et humide, et si son amour-propre n'eût parlé trop haut, il se serait volontiers écrié : « Que suis-je venu faire dans cette galère! »

Ces voyages étaient alors sans fin ; on ne connaissait pas, pour en profiter ou les fuir, ces courants de la mer, aussi réguliers dans leur marche que nos fleuves; la direction et l'intensité des vents dans chaque lieu et à chaque moment de l'année étaient loin d'être déterminées comme elles le sont aujourd'hui, c'est-à-dire avec une précision presque mathématique; on ne savait point éviter non plus les régions des calmes, et on courait le risque, entre les tropiques, d'être laissé en place, immobile comme un rocher, pendant plusieurs mois.

A toutes ces difficultés du voyage il fallait joindre autrefois le manque de vivres frais; l'ingénieuse industrie n'était point encore venue en aide à ces visiteurs des régions lointaines; maintenant elle ne les laisse plus se nourrir, pendant leurs longs voyages, de viandes salées seulement; régime anormal qui soumettait les équipages à des maladies sans nombre. Aujourd'hui, on sait conserver les aliments avec tant d'art, qu'après de longs trajets ils n'ont presque rien perdu de leur saveur primitive. Ainsi donc, ce long voyage, bien loin d'être accompagné aujourd'hui de dangers, de fatigues et de privations, pourrait être comparé à une simple partie de plaisir, dans laquelle on peut même introduire des femmes, des jeunes filles, des enfants, ainsi que le font tous les jours nos voisins d'outre-Manche, qui poussent volontiers leurs promenades en famille jusqu'à nos antipodes.

Cette sécurité des voyages en paquebots à vapeur n'entrait cependant pour aucun compte dans la détermination que j'avais prise d'accepter du ministre de la marine et des colonies, M. le marquis de Chasseloup-Laubat, une mission d'exploration à la Nouvelle-Calédonie; au contraire même, si je n'eusse pas eu l'espoir de me trouver en face de difficultés et de périls plus grands, il est probable que mon humeur aventureuse m'aurait détourné de cette entreprise; mais j'entrevoyais, dans cette Océanie si peu connue, au milieu de sa belle nature et de ses habitants anthropophages, sur cet océan *Pacifique*, si calme ou si terrible, de quoi satisfaire pleinement l'ardent désir de luttes, d'études nouvelles et variées qui agitait mon imagination de vingt ans.

Ce fut le 28 septembre 1863 que je m'embarquai à Marseille sur le bateau à vapeur anglais qui emportait dans l'Inde et l'extrême Orient, l'île Maurice et l'Australie, les dépêches de l'Europe. Les mille précautions et soucis d'un semblable voyage m'avaient empêché de bien songer à moi-même, à la famille, aux amis attristés que je laissais derrière moi; mais, quand je me vis seul sur le pont encombré de colis et de voyageurs de toutes les parties du monde, le souvenir rapide de tous ceux que j'avais aimés et que je quittais pour longtemps, peut-être pour toujours, vint jeter un nuage sombre sur mes idées, et la philosophie dont je me targuais faillit me faire défaut; je m'accoudai sur un point du bastingage d'où l'on voyait au loin se fondre peu à peu les rivages de notre belle France, et me plongeai avec une sorte de délice amer dans les tristes pensées qui m'agitaient.

Je ne m'appesantirai pas plus longtemps sur les émotions que ressent tout jeune voyageur qui laisse sa patrie pour les hasards d'une vie lointaine; je dirai cependant que c'est un des moments de l'existence qui laisse dans le cœur de l'homme les traces les plus profondes, et qu'un volume ne serait souvent pas de trop pour dire avec détail les mille pensées originales qui se succèdent alors dans l'esprit avec une vitesse et cependant une clarté extraordinaires.

La Méditerranée était splendide, et j'en profitai pour me réconcilier avec elle, car je lui gardais encore rancune des affreux ballottements qu'elle avait fait éprouver quelques mois auparavant au steamer qui me transportait de Gênes à Cagliari.

Nous relâchions à Malte le 30, et, en dehors des beautés de cette île, nous pûmes admirer l'habileté des indigènes, qui du pont s'élançaient dans la mer pour y attraper les pièces de monnaie qu'ils nous engageaient à y jeter; ils fendaient l'onde si rapidement que nos *six pence* n'avaient jamais le temps de gagner une profondeur qui les mît à l'abri de la poursuite.

Le 4 octobre, nous arrivions à Alexandrie. C'est là que la transition pour l'Européen est la plus grande. De tous côtés accouraient vers nous des canots montés par une population bigarrée; la peau de ces hommes présentait toutes les transitions entre le noir et le brun; leurs turbans énormes, leurs longues robes aux couleurs voyantes, leur langage, leurs cris, étaient pour nous autant de sujets d'étonnement et d'observation. A terre, une *excellente nouvelle* nous attendait; le Nil était débordé, mais à un tel degré qu'il recouvrait la voie ferrée d'Alexandrie au Caire, et que nous étions forcés, non-seulement de suivre un itinéraire particulier pour traverser l'isthme, mais encore d'y rester jusqu'à ce que la cargaison de notre steamer eût aussi été transportée jusqu'à Suez, ce qui exigeait une dizaine de jours environ. Jugez de notre joie! au lieu de traverser rapidement et vulgairement le pays des Pharaons à la remorque d'une locomotive, nous allions pouvoir voyager à petites journées et prendre notre temps pour contempler quelque vieux monument de cette vieille terre, nous enfoncer à notre aise dans les réflexions et les pensées que nous suggéreraient ces témoignages d'une civilisation évanouie : plusieurs de mes compagnons de voyage, que la conformité d'âge, de goûts, d'humeur avaient réunis, se joignirent à moi pour ce trajet, qui certes ne manqua pas d'attraits.

Nous eûmes bientôt parcouru Alexandrie, cette ville dégénérée, qui n'a même plus aujourd'hui le dixième des habitants qu'elle possédait avant que le cap de Bonne-Espérance servît de chemin à tous les produits de l'Orient. Pendant le jour nous parcourûmes, dans les quartiers égyptiens, des rues étroites, remplies d'une épaisse couche de fine et blanche poussière ; le soir nous errâmes dans les rues de la ville européenne, pleines de bazars, de cafés, surtout de maisons de jeu et de chant, d'un genre si peu relevé, que les *naturels* doivent avoir sur la manière dont les Européens entendent le plaisir une bien triste opinion, — si toutefois les naturels sont capables d'avoir une opinion sur quelque chose, tant ils sont avilis eux-mêmes par le despotisme et surtout par l'ignorance. On nous avait conseillé de ne pas trop nous attarder dans les rues, moins cependant par la crainte des voleurs que par celle des gardiens de l'ordre ; ceux-ci, semblerait-il, forment pendant la nuit des patrouilles d'un genre nouveau, car elles commencent par assommer à moitié tous les gens qu'elles rencontrent, sous prétexte qu'ils ne peuvent avoir que de mauvaises intentions à cette heure avancée, et si l'on arrache parfois sa vie de la main de ces terribles logiciens, il n'en est jamais ainsi de sa bourse.

D'Alexandrie, après avoir visité les ruines de l'ancienne Péluse et ses momies souterraines, les monolithes fameux de Cléopâtre et de Pompée, nous pénétrâmes dans l'intérieur de l'isthme pour nous rendre jusqu'à *Kafre-Zaya*, village situé sur le bord du Nil; là, nous devions prendre un bateau pour remonter le fleuve jusqu'au Caire. Nous traversions une contrée plate, marécageuse parfois, mais d'une fertilité extrême, et toute couverte de plantations de riz et de cotonniers; la richesse, le luxe de cette végétation et de ses produits contraste avec la pauvreté des villages que nous rencontrions çà et là. Ces hommes, qui produisent par leurs travaux pénibles tous les trésors du vice-roi et de sa cour, qui font de ce *khédive* — comme on l'appelle maintenant — le plus riche souverain du monde n'ont pour s'abriter qu'une masure en terre, basse, mal aérée et malsaine.

On nous montrait sur notre route divers points où Napoléon Ier livra bataille, et ces souvenirs de notre splendeur en Égypte faisaient d'autant mieux ressortir la maigre influence que nous y avions alors;

tout était de facture anglaise, les timbres-poste mêmes que nous appliquions sur nos lettres étaient à l'effigie de la reine Victoria. Il paraît cependant que depuis les travaux du percement de l'isthme nos transactions ont beaucoup augmenté dans ces parages, et il est à souhaiter que cette influence, acquise cette fois par des moyens pacifiques, subsiste plus longtemps que la première.

A Kafre-Zaya, ainsi que je l'ai dit, nous montions sur un petit *steamer* qui se lançait hardiment à l'encontre des eaux bourbeuses et rapides du fleuve; le soin de la direction du navire était confié à des indigènes qui faisaient bruyamment, mais activement, leur besogne; ce n'était certes pas chose facile que de ne pas perdre le chenal; le Nil débordé occupait un si grand espace, que les seules terres que l'on aperçut étaient les sommets arrondis de petits mamelons sur lesquels grouillait toute la population environnante, auprès de quelques cases que leurs propriétaires avaient prudemment bâties sur ces hauteurs : mille débris de toute sorte, des végétaux, des arbres, des cadavres d'animaux sauvages et domestiques, passaient emportés par ce vaste et impétueux courant, témoignant que si ces inondations sont utiles, elles ont aussi leur côté funeste. Armés de nos lunettes, nous suivions avec intérêt tous les détails de cette scène magique et grandiose; parfois des villages plus importants dominaient les eaux du fleuve à l'origine encore mystérieuse, et du milieu d'un fouillis de verdure nous voyions s'élever des mosquées aux sommets crénelés comme la couronne de nos anciens rois, des minarets élancés luttant d'élégance avec le superbe dattier. Au loin, sur la rive gauche du Nil, c'était le désert du Delta, et dans un moment où notre steamer s'approcha de ce bord désolé, nous pûmes apercevoir sur les sables de nombreuses caravanes; elles s'annonçaient par de longues files de dociles chameaux qui arpentaient lentement, mais d'un mouvement régulier, ces longues plaines sablonneuses : comme nous, ils se dirigeaient probablement vers le Caire, portant peut-être sur leur dos robuste une partie de la cargaison de notre navire.

Les débordements du Nil sont loin d'arrêter la navigation. Il est même très-probable que beaucoup de riverains du fleuve profitent de ce moment où les eaux s'avancent dans l'intérieur des terres pour y prendre dans des bateaux des marchandises qu'il serait autrement difficile, sinon impossible, de transporter jusqu'au fleuve; j'expliquerais ainsi l'immense quantité de barques, montées par un équipage noir et demi-nu, qui nous croisaient constamment dans notre route : favorisés par le courant et une assez belle brise d'arrière qui leur permettait de déployer *en ciseaux* leurs grandes voiles, ils semblaient voler sur la surface houleuse de ce grand courant.

Le khédive lui-même avait profité de cette expansion du Nil pour visiter, nous dit-on, quelques travaux d'endiguement, et nous passâmes tout près de son steamer, dont l'extérieur même était surchargé de sculptures dorées.

Tant qu'il fit jour, notre mécanicien anglais faisait tourner l'hélice à *full speed;* mais dès que le soleil nous eut abandonnés, on ralentit sensiblement l'allure du navire, pendant que nos pilotes élevaient au plus haut point le diapason de leurs voix discordantes; ils semblaient discuter à chaque instant sur le véritable chemin à suivre. Parmi nous, au contraire, le silence témoignait jusqu'à un certain point de notre appréhension, et nous cherchions à saisir dans l'expression des visages de nos matelots quelque indice qui pût nous faire juger exactement de notre situation. Tant qu'il faisait jour, en effet, on pouvait non-seulement se diriger avec exactitude, mais encore éviter de heurter le steamer contre l'un des mille débris que charriait le fleuve; nous avions passé dans la journée auprès de troncs d'arbres gigantesques qui, à eux seuls, pesaient peut-être plus que notre navire et sa cargaison, et auraient largement suffi à nous couler bas instantanément, si le malheur eût voulu que nous nous fussions rencontrés. Nos pilotes se pressaient à l'avant, le corps à demi penché hors du navire, tous leurs sens en éveil; éclairés par la flamme des torches, ces êtres demi-nus, montrant une peau noire et rude, nous semblaient fantastiques. Aussitôt que leur œil noir, perçant les ténèbres, découvrait un obstacle, des cris rapides sortaient de leur poitrine large, osseuse, aplatie; l'homme de barre, attentif, imprimait aussitôt au bâtiment la direction nécessaire; celui-ci, comme s'il eût compris le danger, s'empressait d'obéir et de fendre les eaux suivant un autre fil, pendant qu'une masse sombre, menaçante, passant bientôt après le long de nos bordages, montrait que la manœuvre n'avait pas été inutile. Quant à nous, l'esprit moins inquiet, nous regardions curieusement s'enfuir au loin et s'effacer peu à peu dans les ténèbres la cause de nos terreurs premières; tantôt c'était un enchevêtrement d'arbres qui formait un radeau immense, tantôt une sorte d'îlot que la violence des eaux avait réussi à détacher de l'extrémité de quelque langue de terre, et qui, portant un fragment de forêt encore fixé sur un amas de feuilles, d'humus, de racines, suivait le fil de l'eau en tournoyant.

On a songé à former un réservoir immense pouvant retenir dans les hautes terres une partie de ce grand volume d'eaux qui arrive ainsi périodiquement; *Méhémet-Ali*, le vice-roi de glorieuse mémoire, commença en 1842 le projet de ce travail gigantesque, qui n'est achevé que depuis peu : c'est à quinze kilomètres environ en deçà du Caire que nous rencontrâmes ce barrage; nous le traversâmes pendant la nuit et sous une arche où le courant n'était point très-rapide. A cause de l'obscurité qui nous environnait, il nous fut naturellement impossible de juger avec exactitude de l'importance de ce travail; mais s'il correspond au but que l'on s'est proposé, il ne doit pas être moins grandiose, — il est en tout cas plus utile, — que les plus célèbres monuments que l'homme a exécutés sur la terre d'Égypte.

Nous arrivâmes au Caire dans la nuit, et, en dépit des moustiques, un sommeil de plomb fit disparaître en quelques heures toutes nos fatigues.

Au point du jour nous étions debout. Notre premier soin fut de prendre un *drogman,* c'est-à-dire un interprète, sans lequel il est difficile de visiter cette immense ville; le nôtre était un Arabe intelligent et *réveillé*. Il nous parla d'abord d'un bain turc; outre que cette proposition nous promettait une curieuse étude de mœurs, elle s'accordait trop bien avec l'hygiène pour ne pas être la bienvenue, et nous partîmes à quatre dans une vaste voiture de louage, sans oublier d'exiger de notre guide qu'il nous conduisît non pas dans un bain turco-européen, mais dans un établissement des plus indigènes. Il n'écouta que trop cette recommandation! Après avoir quitté les rues assez larges qui avoisinaient notre hôtel, nous suivîmes une série de ruelles tortueuses dans lesquelles notre voiture, horriblement secouée, put mettre à l'essai la qualité de ses ressorts; enfin les chevaux s'arrêtèrent, et nous descendîmes devant une maison assez élevée et d'aspect original. La porte était large, haute et à deux battants; elle s'ouvrit devant nous, et nous entrâmes aussitôt dans une salle un peu en contre-bas de la rue, de forme carrée, spacieuse, mais mal éclairée par des fenêtres étroites et percées trop haut. Une série de Turcs à longue barbe et dans le costume traditionnel, sans sortir cependant de l'apathie orientale dans laquelle ils semblaient plongés, accorda un regard aux étrangers qui faisaient ainsi irruption au milieu d'eux. Ces gens étaient sans doute la clientèle ordinaire de l'établissement : les uns buvaient du café dans de petites tasses et fumaient dans de grosses pipes; les autres se préparaient à prendre leur bain..... Mais nous fûmes bientôt arrachés à nos observations par l'arrivée de serviteurs turcs. Aussitôt que le drogman leur eut annoncé que nous venions faire connaissance avec les bains indigènes et qu'ils s'aperçurent que nous ne saisissions pas un seul mot de leur langage, ils agirent avec une intelligence que je me plais à reconnaître ici, c'est-à-dire que, sans perdre leur temps en vaines explications, ils mirent la main sur nous et nous déshabillèrent en un tour de main; un peu surpris de ce sans-gêne, nous nous laissâmes faire pourtant san difficulté. Celui des domestiques qui m'était échu était un homme à la longue barbe grisonnante, petit, trapu, à la figure indifférente, calme, immobile; il accomplissait ses fonctions avec l'impassibilité et le mutisme d'un automate, au point que je sentis une sorte d'effroi à me voir ainsi entre les mains de cet esclave silencieux, qui m'eut bientôt mis dans l'état où chacun de nous est arrivé dans ce monde, c'est-à-dire complétement nu. Mais je restai ainsi à peine une seconde : une longue robe turque fut jetée sur mes épaules et entoura artistement mon corps; un turban vint ensuite s'enrouler autour de ma tête; mes pieds glissèrent dans des babouches, et en moins de temps que je n'en mets à vous le dire, je me vis transformé en Turc. Il est probable que, grâce à la pruderie musulmane, je ne pouvais pénétrer plus avant dans l'établissement sans m'être sinon converti, au moins déguisé en fidèle de Mahomet; les apparences étaient ainsi sauvées, et je vis que là comme ailleurs on peut s'accommoder avec le ciel. Ce travestissement s'était opéré si rapidement et d'une façon si inattendue, que je me croyais dans une sorte de rêve. Je jetai un regard sur mes compagnons, je jugeai à l'expression de leur physionomie qu'ils étaient tout aussi ahuris que moi de cette scène; mais, soit qu'ils eussent présenté une certaine résistance aux esclaves, soit que ceux-ci fussent moins habiles que celui qui m'était dévolu, leur toilette était encore loin d'être achevée, et j'allais ouvrir la bouche pour faire remarquer à mes compagnons le plaisant de mon nouveau costume, lorsque mon trop vigilant serviteur me fit faire presque de force un demi-tour et me poussa, avec une vigueur que je pourrais bien qualifier de peu révérencieuse, vers une petite porte qui s'ouvrait dans une des parois de la salle. Pendant que je me demandais si je devais appeler à l'aide, résister ou obéir, je disparus dans un corridor sombre; la porte se referma derrière nous, et je me trouvai seul avec ce Turc original. A ce moment le mieux était de continuer mon rôle de patient, et je me laissai faire; voyant ma soumission, mon compagnon restreignit les élans de ses biceps, et ce ne fut plus que par des poussées légères qu'il me conduisit dans une nouvelle salle intérieure, encore plus sombre que le corridor lui-même. Là, pas un meuble; le sol était fait de dalles d'un marbre jaunâtre, à la surface usée et visqueuse; au centre, un trou rectangulaire plein d'une eau glauque, épaisse, nauséabonde; tout autour de cette sorte de bassin, une foule de cancrelas, des sortes d'araignées immenses, en un mot, des animaux que ma profonde stupéfaction ne me permettait même point d'examiner ou de reconnaître, couraient avec agilité et fuyaient comme des ombres devant nous. J'en étais là de mon examen, lorsque mon bourreau — croyez bien qu'il mérite ce nom — se mit en devoir de m'enlever mon turban, ma robe et mes babouches, je tenais peu à ce nouveau costume, mais je résistai, car je prévoyais la suite et peut-être le dénoûment du drame. C'est alors que je pus me convaincre que le proverbe n'est point faux, et que mon Turc n'y faisait point exception; malgré mes efforts, ma colère, et, je dois l'avouer, d'énergiques jurons dans toutes les langues que je pouvais connaître, mes vêtements, qui, il est vrai, tenaient fort peu, me furent arrachés, et lorsque le traître me vit dans le costume primitif, d'un coup d'épaule d'autant plus irrésistible qu'il était plus inattendu, il m'envoya tomber tout d'une pièce dans la piscine.

Ne croyez point que j'exagère rien dans ce récit. J'ai plusieurs fois depuis réfléchi sur les circonstances singulières qui ont accompagné cette *partie de plaisir*, et je me suis convaincu que nous devions sans doute ces sauvages traitements à notre qualité d'étrangers et de chrétiens; avec encore un peu moins d'esprit tolérant et un peu plus de ferveur pour le prophète d'*Allah*, nous, chiens de chrétiens, ne serions peut-être pas sortis vivants des mains de ces fanatiques. — Enfin, mon silencieux esclave avait atteint son but et me regardait chercher mon équilibre avec le même calme qui avait présidé jusque-là à sa conduite. Aussitôt que je pus prendre pied dans cette eau infecte et bouillante, je pris mon élan et tombai à moitié cuit et rouge de colère devant mon bourreau. J'étais hors de moi, et une scène violente allait se passer, lorsque la porte s'ouvrit, et mes trois compagnons apparurent à leur tour dans le costume turc; leur bizarre aspect, et peut-être même le plaisir de revoir des visages amis, me rendirent à mon calme et à ma bonne humeur habituelles. Nous partîmes tous ensemble d'un bruyant éclat de rire, qui pour la première fois me permit de constater un changement d'expression sur la physionomie impassible de mon fanatique; à ma surprise, cependant, mes compagnons ne firent aucun effort pour échapper à la baignade, bien qu'ils fussent d'accord avec moi sur l'absence de comfort et de propreté de cette salle égyptienne. Pour ma part, je croyais en être quitte avec mon vieil esclave; il n'en était rien, hélas! Il s'approcha de nouveau et me fit signe de m'étendre à terre; comme je n'obéissais point assez vite, il appuya vigoureusement sur mes épaules. Cette fois, je ne fis aucune résistance. A peine étais-je étendu sur les dalles humides, que mon homme se mit à me frotter tout le corps avec une sorte de brosse de peau rude : au bout d'un instant de cet exercice, il avait parfaitement réussi à me dédoubler l'épiderme. Cela fait, il fit subir à tout mon corps un massage énergique; chacune de mes articulations craquait à se rompre Enfin, pour terminer, il appuya son genou sur ma poitrine et la pressa de tout le poids de son corps; je sentais mes côtes ployer sous ce fardeau, mais je n'avais plus la force de résister, j'étais anéanti. Enfin, mon bourreau mit fin à ses tortures; il me releva, et je le suivis heureux pour la première fois, car je croyais en avoir fini. Aussitôt sorti de cet antre, je respirai avec bonheur l'air relativement frais du dehors; nous pénétrâmes dans une nouvelle salle, où une douche d'eau glacée rendit à tout mon corps son énergie ordinaire. Je repris mon turban, ma robe et mes babouches, et bientôt après nous entrions dans une vaste enceinte, assez bien éclairée et bordée d'une longue série de divans; je m'étendis sur l'un d'eux et commençai à respirer à l'aise, car le vieil esclave m'avait abandonné au seuil de cette pièce avec le même sans-gêne qui avait présidé à tous ses actes. Un jeune Turc vêtu avec recherche, imberbe et de physionomie agréable, approcha aussitôt de mon divan une table légère sur laquelle fumait une petite coupe pleine d'un café très-aromatique, mais malheureusement non filtré, — c'est ainsi que cette nation préfère ce liquide précieux; — le tuyau d'une longue pipe dont le fourneau reposait sur la table me fut présenté, et le jeune esclave, plein de prévenance, s'empressa d'en allumer le tabac fin et blond. Les effets de l'énergique traitement que je venais de subir se traduisaient par une agréable prostration de mon être; je m'étendais avec complaisance sur ma couche, et cependant il me semblait que mon corps était aussi léger qu'une plume; j'allais entrer dans une douce somnolence analogue à celle qui suit chez les bons estomacs les repas choisis et copieux, lorsque je vis arriver mes compagnons; je n'avais plus le temps de dormir, et ce fut aussitôt un échange d'impressions accompagné de commentaires qui nous firent pousser plus d'un éclat de rire auquel ces murs nus et quasi sinistres n'étaient certainement point habitués. Pendant que nous devisions ainsi, goûtions le café et sculptions dans l'air des spirales de vapeur de tabac, nos jeunes esclaves poursuivaient leur œuvre, et avec les plus gracieux sourires, les plus douces paroles — si nous en jugions à l'inflexion de la voix; — ils se mirent en devoir de mettre de l'ordre dans notre chevelure, de frotter la plante de nos pieds avec de la pierre ponce, etc. Malheureusement pour l'aimable jeune Turc qui m'était dévolu, j'ai le système nerveux horriblement sensible, et lorsque, sans que je me doutasse de rien, il s'empara doucement de mon pied nu et lui passa subitement sur la plante sa plaquette de pierre ponce, il communiqua à mon cerveau une impression si vive que, par un mouvement involontaire, je détendis brusquement ma jambe, et cela si malheureusement et avec tant de force, que le pauvre esclave reçut dans la poitrine un des plus furieux coups de pied que chrétien ait jamais administrés à un infidèle; aussi s'en alla-t-il tomber au milieu de la salle, battant l'air de ses bras pour chercher un point d'appui. Il se releva ébahi, mais sans colère; néanmoins, en garçon prudent et sans tenir compte de mes excuses, il me laissa dès lors tranquille.

Je ne décrirai pas en détail le Caire, cette ville bizarre et si intéressante que je m'étonne que les Européens ne la visitent pas plus souvent[1]. Ce qui étonne le plus l'étranger dans cette immense cité, c'est certainement l'usage si répandu des coups de bâton; aussi la première emplette que je conseille de faire au voyageur est celle d'un gourdin solide et bien à sa main, — ici c'est le fond de la langue — chacun frappe ses inférieurs, mais reçoit sans rien dire les coups de ses supérieurs, et cela depuis l'officier ou l'employé du vice-roi qui frappe sur le dos des citoyens turcs, jusqu'au pauvre ânier qui ne cesse de bâtonner son gagne-pain; aussi, en y comprenant les coups que les Européens prennent bientôt l'habitude d'administrer à tout le monde, on n'entend dans les rues qu'un roulement constant exécuté sur le dos des animaux ou des gens. Croiriez-vous, par exemple, que si vous circulez en voiture, à cheval ou bien à âne, un indigène armé de l'immense gourdin habituel ne cesse de vous précéder —

[1] Cette remarque ne serait plus juste à présent où le Caire est une station hivernale recherchée.

quelle que soit votre allure, — et n'a d'autre moyen de trouer la foule épaisse qui encombre les rues que de frapper sur elle à coups redoublés! Ces dociles Égyptiens s'empressent alors de s'écarter sans maugréer ni même se frotter l'échine; cependant le coureur frappe avec autant de conscience et de régularité que Strauss le fait sur son pupitre lorsqu'il conduit à l'Opéra quelque galop final et infernal.

Nous ne pouvions quitter l'Égypte sans visiter les Pyramides, et nous nous y rendîmes du Caire en nombreuse caravane. Quel gigantesque et stupide monument de l'orgueil humain! Il fut loin de me toucher autant que l'admirable panorama que nos regards pouvaient parcourir du haut de cet amas de pierres superposées. On a calculé qu'il avait fallu un espace de trente années à cent mille hommes pour élever la grande pyramide, avec les moyens dont on disposait à cette époque; je crois ce résultat encore au-dessous de la vérité, car on n'a pas tenu compte de la grande quantité de roches qu'il a fallu extraire pour n'y prendre que ces beaux blocs de choix qui composent le monument. Que de peine, mon Dieu, pour si peu de profit! Mais on ne faisait pas autrefois ce que nous appelons des prix de revient, et avec l'esprit de mon siècle je ne pouvais m'empêcher de songer que sous ce rapport nous avons fait des progrès, et que si nous avons encore des armées de travailleurs, la plus grande partie est dévouée à des œuvres utiles; ils coupent des isthmes, percent des montagnes de treize kilomètres, creusent des villes souterraines, en un mot, tous leurs actes tendent vers un but des plus louables, l'amélioration de notre sort sur cette terre.

II

Suez. — A travers la mer Rouge. — Les Anglais sur terre et sur l'eau. — Les *türnaments*. — Le *curry*. — Périm.

Du Caire, où nous passâmes cinq jours à voir tout ce que la ville présente de plus intéressant aux étrangers, nous prîmes la route de Suez, où nous attendait le steamer; là, nous eûmes à peine le temps de jeter un regard sur cette bourgade arabe, appelée cependant à un certain avenir; notre vapeur allumait déjà ses feux, et à peine l'avions-nous accosté sur une barque arabe qu'il prenait le large, pendant que chacun de nous se mettait aussitôt à la recherche de sa nouvelle cabine.

Un assez grand nombre de voyageurs supplémentaires nous avaient rejoints à Suez; n'étant pas régulièrement inscrits et les cabines étant toutes occupées, quelques-uns d'entre eux bivouaquaient sur le pont, — ce qui n'était pas une très-grande souffrance sous ces latitudes. — Cependant notre steamer, *la Nubia*, était un des plus vastes de la Compagnie *Peninsular and Oriental*, qui à cette époque avait encore seule le monopole de ces voyages dans l'extrême Orient. Je remarquai alors un fait qui n'aurait probablement pas lieu avec un service français : c'est que plusieurs des officiers du bord cédèrent leurs cabines à des voyageurs moyennant une livre sterling par jour — *one pound*, c'est le prix que tout se paye chez nos pratiques voisins; — mais je pensais qu'ils estimaient plus leur *home*, si pourtant on peut accorder ce nom à la demeure momentanée que l'officier occupe dans ces maisons flottantes. Un Français, d'autre part, abandonnerait facilement sa cabine (et j'ai été témoin du fait) à quelque famille dont le doux visage d'un de ses membres féminins aurait un instant captivé son imagination; mais il aurait considéré comme indigne d'en agir ainsi pour de l'argent. Ces bateaux à vapeur sont de véritables hôtels d'un comfort qui surprend. La table était surtout appréciée par plusieurs de ces braves officiers anglais qui retournaient mourir dans l'Inde, après être venus pendant un *congé* respirer encore une fois l'air natal; ils s'y mettaient dès l'aube et n'en sortaient que pour regagner leur couche, réalisant ainsi le rêve des épicuriens. Je dois reconnaître pourtant que plus d'une fois je surpris des regards méprisants que leur envoyaient quelques jeunes gentlemen du meilleur ton, qui se sentaient froissés dans leur dignité nationale. Qui sait si ceux-là mêmes, après dix ou douze ans du climat énervant de l'Inde, ne seront pas devenus à leur tour les esclaves du gin et du brandy! D'une manière générale, les Anglais, en dehors d'études qui ont un but immédiatement pratique, cherchent peu à approfondir le cercle de leurs connaissances ; aussi seraient-ils les gens les plus ennuyés du monde pendant une traversée qui les arrache subitement à toutes les occupations qui à terre remplissent leur existence, si la nature prévoyante, et sachant leur humeur voyageuse, n'avait eu le soin de les douer d'un estomac d'une puissance et d'une complaisance extrêmes. Que l'on en juge plutôt par la journée à bord d'un paquebot anglais : à six heures du matin, un *steward* (valet de chambre) vous éveille en vous présentant du thé, du café et des biscuits; on saute hors de son lit, on prend ce premier à-compte, puis on va dans une des salles de bain où pendant quelques minutes on se plonge dans l'eau délicieusement fraîche qu'une pompe aspire dans la mer ; cela fait, on s'habille, on monte sur le pont, que l'on arpente d'un mouvement régulier et en saluant ses connaissances d'un *good morning* et d'un *shake-hand* dont les Anglais ont seuls le secret. Je n'ai jamais vu les meilleurs amis montrer sur leur visage la moindre expansion bienveillante en s'adressant ce salut; on croirait plutôt un mot d'ordre que se passent avec indifférence deux soldats poussés par la consigne. Au reste, quand et où un Anglais perd-il sa roideur? Dès le principe, on pourrait croire qu'elle provient d'un sentiment d'orgueil personnel; mais heureusement, et c'est la meilleure excuse de ce peuple, cette roideur est encore chez lui un don de la nature. Mais huit heures et demie sonnent, et la cloche du maître d'hôtel, qui s'agite aussitôt, indique aux promeneurs que le *breakfast* est prêt; chacun regagne sa place devant une table chargée de mets qui nous sembleraient lourds et indigestes, mais que l'on fait disparaître avec une vitesse magique : le tout est arrosé de porter, de pale-ale et de vin en quantité proportionnelle. Néanmoins, bien que je n'aie jamais été un gourmet, il ne me fut pas difficile de reconnaître tout d'abord que les Anglais sont en retard de plusieurs siècles sur nous en ce qui regarde la cuisine, et j'ai pu m'en convaincre non seulement à bord des *packets* [1] et dans les colonies, mais en Angleterre même; s'ils sont habiles à bien préparer les quelques plats qu'ils connaissent, en revanche la liste en est bientôt épuisée. Que l'on me pardonne cette digression, que me suggère le sujet que je traite en ce moment. — A dix heures, les derniers retardataires du *breakfast* montent sur le pont. Les hommes vont à l'avant fumer dans de toutes petites pipes un tabac en tablettes, très-fort, mais parfumé. Quant aux dames, qui avec l'aisance particulière à leur sexe ont déjà noué d'amicales relations, elles se réunis-

[1] Paquebots anglais.

sent par groupes, assises sur de grands fauteuils à bascule, et causent vivement; quelques jeunes filles cependant, avec la liberté qui leur est accordée chez nos voisins, se suspendent coquettement aux bras de jeunes gens, des amis d'hier, qui les promènent ainsi de long en large sur le pont, et ne manquent point de les bien soutenir chaque fois qu'un coup de roulis plus violent pourrait faire perdre pied à la jeune miss : il faut reconnaître, à la louange du caractère anglais, que cette familiarité entre les jeunes hommes et les jeunes filles se tient toujours dans les limites de la plus stricte convenance. On voit souvent des jeunes filles abuser de la *flirtation* [1] et tourmenter sans pitié toute une série de bons gros garçons qui visent au titre de *sweet heart* de la belle; mais ce que l'on ne voit pour ainsi dire jamais, c'est le jeune homme abuser de la situation qui lui est faite; non-seulement, par une privauté trop hardie, il s'exposerait à la grande colère de sa belle, mais il serait assuré du mépris de tous ses compagnons. Cette conduite libre de la jeune miss a donné bien souvent lieu à des méprises de la part des Français qui arrivaient dans leur compagnie sans être au courant de ces mœurs si nouvelles pour eux; et, au fait, quel Français de vingt ans n'aspirerait pas à de nouvelles faveurs lorsqu'il voit,

[1] Coquetterie.

ainsi que je l'ai vu plusieurs fois en Australie, une jeune Anglaise, douée de ce teint éclatant dont elles ont le privilége, venir l'éveiller le matin en frappant le volet du pommeau de sa cravache et lui crier d'une voix douce, mais décidée : « Well, you lazy fellow, be quick, and come for riding. — Allons, paresseux, dépêchez-vous, et venez faire une promenade à cheval. » — On n'est point long, en effet, à rejoindre ce visiteur inattendu dont le cheval témoigne aussi son impatience en piaffant sans relâche, et bientôt on galope côte à côte, seul et en échangeant de gais propos avec la charmante fille de l'hôte qui vous reçoit; on franchit des barrières, des arbres tombés de vieillesse dans les herbes des ravins; on s'excite à cette lutte, on va si vite que les cheveux de son aimable compagne flottent au vent qui les épanouit; l'ardeur du sport attire sur son visage une admirable fraîcheur, ses yeux pétillent d'animation..... Devant cette beauté si vivante, ce laisser-aller qu'il voit pour la première fois, je l'ai dit, le Français s'oublie presque toujours; mais si, choisissant le moment favorable, il s'empare de la main de sa compagne et y dépose un baiser rapide, quel changement! Ce beau visage dont il admirait tout à l'heure l'éclat est devenu entièrement pâle, ces yeux qu'animait le plaisir sont froids et hautains; on a blessé la noble jeune fille; elle suspend sa course, et par un détour aussi peu apparent mais aussi court que possible, on est *ramené* à la maison, honteux et attristé. Mais aussi, que de Français, et des plus volages, se sont vus *pris* décidément après cette première et infructueuse tentative ! Quelques-uns assurent cependant, et je le signale pour rendre hommage à la vérité, qu'en Australie les choses sont ordinairement loin de se passer toujours ainsi ; mais si telle est la règle, je sais que l'exception a rendu malheureux plus d'un de mes amis.

Nous voilà bien loin du pont de *la Nubia;* mais, comme je l'ai dit, les dames causaient, les jeunes filles *fleurtaient*[1], les hommes fumaient leurs pipes courtes. Une toile tendue sur le pont recouvrait tout l'arrière; grâce à cette précaution et à la vitesse de notre navire, le thermomètre ne marquait pas plus de 40° centigrades à l'ombre. Mais voilà que tous les groupes, tous les âges, tous les sexes se confondent; c'est qu'il s'agit d'un *turnament,* c'est-à-dire d'une sorte de lutte générale, d'un *tournoi,* pour traduire le mot par celui qui lui correspond le plus directement. — Les Anglais, on le sait, sont des parieurs déterminés; mais à bord cette manie atteint d'effrayantes proportions : on parie sur toute chose, sur le vent qu'il fera le lendemain, sur le chemin qui aura été parcouru dans les vingt-quatre heures. J'ai connu des parieurs aussi malheureux

[1] Néologisme que je propose; racine, *to flirt, faire la coquette,* mais dans un sens qui nous manque.

qu'acharnés qui, dans l'espace de huit jours, avaient perdu plus de bouteilles de champagne que leurs dix ou douze amis ne pouvaient en absorber pendant le séjour à terre, et ce n'est certes pas peu dire. — Quant au *turnament*, il a cette supériorité, c'est qu'il est un pari intelligent. La série fut commencée par les échecs; chaque joueur engageait une somme dont le total devait revenir au gagnant général; le sort désignait à chacun son premier adversaire, et tous les perdants de ce premier tour étaient aussitôt exclus, pendant que les gagnants recommençaient entre eux la lutte jusqu'à ce qu'il ne restât que deux joueurs, qui faisaient ensemble la dernière et la plus glorieuse partie, celle qui devait faire connaître le vainqueur général de tous les concurrents. — Le noble jeu est très-pratiqué en Angleterre, aussi la lutte promettait d'être belle, et je regrette aujourd'hui de n'avoir pas suffisamment étudié les différentes phases de cette grande bataille, *qui eût certainement mérité d'être décrite.* En ce qui me concerne, j'avais eu la témérité d'entrer en lice, et le sort me désigna comme adversaire une charmante jeune femme qui s'en allait dans une des grandes cités australiennes, où elle accompagnait son mari, un gros et riche négociant. Ma brune partenaire eut bientôt raison de moi; j'accumulais les maladresses, au point que je fus si aisément *checkmate* que je pus lire, à ma honte, sur la physionomie un peu dédaigneuse de mon adversaire, qu'à vaincre sans péril elle triomphait sans gloire. Son mari vint encore aggraver les choses en disant que je n'aurais pas été Français si je ne me fusse pas laissé battre; c'est ainsi que commença, par une sorte de querelle amicale, une intimité peut-être d'autant plus grande qu'on la savait plus courte. Je ne sais rien de plus sur ce mémorable tournoi, si ce n'est que les dernières parties furent très-vivement disputées, et que la victoire, après avoir longtemps flotté entre un ingénieur allemand et une sorte de nabab indien, échut à ce dernier. Mais à ceux qui seraient assez amoureux de leur patrie pour regretter la mauvaise représentation que j'en ai faite en cette circonstance, je répondrai que j'ai eu aussi mon triomphe, sur un champ moins noble cependant, au simple jeu de *bucket,* jeu naïf et ne fatiguant pas l'esprit le moins du monde : le *bucket* est un seau de bois ; on le place sur le pont, et le joueur, se tenant à une certaine distance, cherche à lancer dans le *bucket* de petites rondelles de grosse corde.

Mais à midi la cloche du maître d'hôtel interrompt tous les jeux, et on s'empresse d'obéir à cette voix amie — bien que peu harmonieuse — qui convie tous les passagers au *lunch.* Si vous vous en souvenez, c'est déjà le troisième repas; il est vrai qu'il ne se compose que de pièces froides, jambon et volaille principalement. Pour ne point rester seul sur le pont, et aussi pour jouir du phénoménal appétit de mes compagnons, je ne manquai pas de regagner ma place; mais je ne pouvais m'empêcher d'avoir honte de ma sobriété, qui pourtant devait plus tard m'être plus d'une fois utile.

A une heure tout le monde est revenu sur le pont, j'excepte naturellement les quelques braves qui ne quittaient jamais le champ de bataille; les conversations, les jeux, les parties d'échecs recommencent au point où on les avait laissés, et nos jeunes et frêles miss n'ont point l'air de s'inquiéter, ni même de se douter du gigantesque labeur auquel leur estomac est occupé pendant ce temps-là. Certes les Français doivent paraître aux fils d'Albion au moins aussi sobres que nous semblent l'être les lazzaronis italiens, que chaque jour un seul repas de macaroni peut satisfaire.

Cependant, à quatre heures et demie, la cloche appelle à un quatrième repas, le *dinner;* on s'y rend avec une sorte de componction, car c'est le plus sérieux et le plus long de la journée. Je n'entreprendrai certainement pas de vous décrire tous les plats énormes d'oies, de canards, de volaille, de bœuf, de veau, de mouton, de *sucking-pig,* que l'on voit successivement paraître et disparaître; un service complet de pudding, de *fruit-tarts* et de *pastries* de toute sorte succède à cette première avalanche de nourriture; enfin le repas se termine par un dessert original dans lequel se trouvent côte à côte la pomme, l'orange, l'ananas, les pamplemousses, les raisins, les pastèques, etc., c'est-à-dire les fruits de tous les pays que le steamer traverse.

Au reste, dans ce vaste hôtel flottant, les provisions sont largement faites; comme on relâche tous les huit jours en moyenne, on trouve à chaque station, avec la provision nouvelle et indispensable de charbon, une cargaison toute préparée par des agents spéciaux, de bœufs, de moutons, de volailles, de légumes et de fruits : tous les deux ou trois jours on tuait un bœuf, chaque jour quelques moutons et un nombre proportionnel de volailles, qui voyaient ainsi bien vite s'éclaircir leurs rangs dans les vastes *cages à poules* où on les enfermait.

A sept heures le dîner finissait, et l'on arrivait juste à temps pour admirer ces splendides couchers de soleil dont la mer Rouge, à cette époque, a peut-être le privilége. Un coucher de soleil en mer est d'autant plus beau que les eaux sont plus calmes. Au loin, devant nous, la mer s'étendait comme un miroir; notre avant entr'ouvrait cette nappe immobile, et le navire n'avait d'autre mouvement que les trépidations qui lui venaient de la rotation de l'arbre moteur et de l'hélice de la machine; en se penchant sur les bastingages, on se mirait sur la surface de la mer, qui n'était pas même dépolie par la marche, et l'on y voyait, dans tous leurs détails les plus ténus, chacun des points de la coque qui dominait les eaux. C'est dans ces circonstances, dis-je, qu'un coucher de soleil est admirable; on voit son globe immense, incandescent, s'approcher rapidement de la surface des eaux, puis s'y plonger peu à peu, et l'illusion est si complète, qu'il me semblait que les vapeurs qui entouraient alors ce roi de notre système planétaire n'étaient autre chose que les eaux qui, frémissantes sous le contact de cette chaleur extrême, s'élevaient ainsi en vapeurs.

J'étais souvent tiré de mes réflexions par les accords du piano que le capitaine, dans ces beaux temps, avait l'amabilité de faire transporter sur le pont, et la soirée se terminait par des danses, des chansons, des airs d'opéras nouveaux. Puissance magique de la vapeur! pas un souffle d'air ne venait soulever même une ride sur les eaux; nos mâts s'élevaient nus, tristes et inutiles; cependant, grâce à notre hélice puissante, nous poursuivions notre route à raison de quatorze nœuds à l'heure, et les méridiens disparaissaient si vite devant nous, qu'il nous fallait chaque jour mettre nos montres d'accord.

A huit heures les tables de la salle à manger se regarnissaient, c'était l'heure du thé et du *grog*, et chacun se versait du whisky, du brandy ou du gin, que l'on ne manquait point d'assaisonner de quelques *toasts and butter*.

A dix heures on donnait le signal du couvre-feu, et chaque voyageur se retirait dans sa cabine. — Mais, dans la mer Rouge, la chaleur était ordinairement si insupportable en bas, que l'on n'y descendait que pour aller chercher sa couverture, et encore on se précipitait dans ces niveaux inférieurs ainsi qu'on le ferait dans une fournaise, c'est-à-dire en désespérés; malgré cela, dans le peu de temps qu'il fallait pour descendre et remonter avec son léger matelas, on était déjà tout en nage, et c'est avec volupté que les poumons retrouvaient l'air de la mer. Le pont n'était pas toujours assez grand pour recevoir tous ces émigrants, et l'on avait plus d'une fois à maugréer contre un retardataire gênant qui venait s'intercaler entre les dormeurs. Mais si l'on avait ainsi le plaisir de passer la nuit au frais, on était condamné à la passer courte, car à quatre heures du matin les matelots, armés de balais et de seaux, faisaient sur le pont une invasion devant laquelle il fallait céder; ainsi éveillé au milieu de son sommeil le plus profond, le mieux était de faire comme certains d'entre nous, c'est-à-dire de ne garder qu'un costume des plus légers, et de s'arroser ensuite réciproquement à grande eau.

Tel est, en résumé, l'historique d'une journée à bord; je ne sais sous quel jour j'aurai réussi à la peindre, mais ce que je puis certifier, c'est que nombre de gens entreprennent ces traversées non pas pour le plaisir de revoir des pays qu'ils connaissent depuis des années, mais simplement pour jouir de la bonne existence gastronomique, paresseuse et *quiète* qu'on trouve sur ces steamers.

Si la mer Rouge est l'effroi des passagers à cause de la haute température qu'ils y rencontrent, elle est aussi la terreur des marins à cause des vents qu'ils n'y rencontrent pas. Tous les steamers qui font habituellement la traversée de ce golfe allongé n'ont pour équipage que des noirs, qui supportent mieux les attaques du soleil; les seuls blancs sont les officiers, les midshipmen, les maîtres et les serviteurs immédiats des passagers. Dans la saison chaude, il arrive que les brises qui viennent de glisser sur les vastes plaines ou plages sablonneuses qui entourent cette mer sont tellement brûlantes, qu'on pourrait aisément se croire dans une fournaise; mais alors, si le *steamer* fait route à l'encontre du courant de l'air, il en augmente la rapidité de sa propre vitesse, et une fraîcheur relative ranime l'équipage; mais si, au contraire, on se dirige dans le même sens que la brise, l'air ne se change plus que suivant la différence ou la résultante des deux vitesses, celle du navire et celle de l'atmosphère : c'est alors que la souffrance parmi l'équipage atteint son apogée. On voit souvent, dans ce cas, des bateaux à vapeur être obligés de changer leur route pour se créer un peu d'air et échapper à cette intolérable situation, qui trop souvent fait des victimes. Aussi j'engagerai énergiquement les voyageurs à ne se mettre en route pour ces parages que pendant les mois les plus froids de l'année. A bord des paquebots, cependant, les tentes sur le pont garantissent contre les rayons du soleil; à table, de larges éventails ou *punkas* sont constamment agités au-dessus de la tête par de jeunes Indiens qui, accroupis derrière les convives, ne cessent d'entretenir ce mouvement de l'air.

Mais si un bateau à vapeur éprouve les tourments que je viens de décrire, ne sont-ils pas peu de chose en comparaison de ceux que les bateaux à voiles ont parfois à supporter sur la mer Rouge? Ceux-ci sont en effet complétement à la merci des brises capricieuses et chaudes de ces parages, et nous ne cessions de nous trouver heureux lorsque notre vapeur passait rapide auprès de ces malheureux voiliers qui, depuis des semaines peut-être, immobiles sur cette glace bleue et étincelante de la mer, y semblaient incrustés comme dans une masse solide; ces infortunés navires tournaient parfois sur eux-mêmes comme s'ils eussent voulu chercher à l'horizon l'indice de la brise. Je suis resté plus tard, à mon tour, dans cette position, et il faut y avoir passé pour en comprendre toute l'horreur : cette mer morte qui vous environne, cette atmosphère immobile qui pèse sur vous, ce soleil ardent qui vous grille à son aise, les marins inactifs que l'ennui rend silencieux et moroses. A tout instant le regard consulte l'horizon et la voile languissante qui bat l'air stupidement à chaque respiration de la mer; mais toute la nature semble endormie, et les jours succèdent aux jours dans cette intolérable position. Oh! combien la tempête et son cortége de dangers sont préférables! C'est qu'elle est encore la vie, et que ces calmes sont plus que le sommeil, c'est la mort.

Dans la mer Rouge, nous ressentîmes aussi les effets de cette haute température : les interminables parties d'échec ou de whist étaient alors abandonnées. Une chose m'étonnait cependant : c'était de voir mes compagnons ne rien perdre de leur appétit, pendant que le mien avait sensiblement diminué. Il est vrai qu'à chaque repas je m'obstinais toujours à refuser d'un inévitable mets, formé d'une sauce abondante et jaune dans laquelle flottaient çà et là quelques débris d'os maigres; malgré cet aspect peu attrayant, je m'étais un jour avisé de goûter à ce bizarre brouet, et je jurai intérieurement qu'on ne m'y reprendrait pas, car je crus dès la première bouchée que je venais de me cautériser la bouche avec un fer chaud. Cependant, sur le conseil d'un de mes voisins de table, qui s'était déjà familiarisé dans l'Inde avec ce condiment, je revins un jour sur ma première décision, et j'engloutis courageusement ma part : une transformation subite s'opéra

aussitôt; mon estomac me sembla aussi creux que si je n'avais pas mangé depuis plusieurs jours, et pendant le reste du repas je dépassai de beaucoup les plus formidables fourchettes qui m'environnaient. Tous ceux qui sont allés dans l'Inde ont déjà reconnu le brûlant *curry*, qui est formé d'un habile mélange des piments, poivres et épices, choisis parmi les plus énergiques de ceux que produisent avec tant de munificence ces chaudes contrées; grâce à ce précieux stimulant, qui semble ouvrir de force les voies digestives, il est possible de conserver au milieu de ces climats énervants un appétit sans lequel on ne saurait lutter longtemps. Les Indiens ont même si bien pris l'habitude de ces excitants, que plusieurs d'entre eux vivent parfois exclusivement avec des poivres rouges de Cayenne, et l'on sait qu'un de ces fruits, qu'un Européen introduirait pour la première fois dans sa bouche, suffirait pour lui mettre le palais tout en feu.

Notre navigation dans la mer Rouge touche à sa fin; nous voici déjà près de cet îlot célèbre[1] qui se dresse au milieu de l'étroit canal par lequel nous allons pouvoir entrer dans l'océan Indien. Un fort,

[1] Périm est le Gibraltar de la mer Rouge, dont les Anglais peuvent ainsi interdire l'entrée aux autres nations, et ce fait, pour nous, n'est pas moins redoutable que les écueils, les calmes ou les vents inconstants que l'on rencontre sur cette mer, qui mérita de recevoir des Arabes le nom expressif de *Bab-el-Mandeb,* porte de la mort.

une aire couronnent depuis peu la cime désolée de Périm ; nous passons sous ses canons et si près que nous pourrions compter les soldats anglais qui, vides des moindres distractions, se pressent sur ce roc nu comme la main, étroit, stérile. Tous les mois, ces esclaves du devoir et de la discipline reçoivent d'*Aden* de l'eau et des vivres.

« Que font-ils dans cet affreux séjour ? » demandai-je à un colonel de l'armée des Indes qui, accoudé près de moi sur le bastingage, regardait ses compatriotes ainsi emprisonnés sur un rocher brûlé du soleil.

— « Ils attendent qu'on vienne les relever », me répondit laconiquement mon compagnon de voyage.

Attendre ! n'est-ce pas, en effet, l'acte auquel nous nous soumettons le plus aisément ? Attendre, espérer, voilà les deux mots qui résument bien des existences et qui les conduisent sans trop d'impatience jusqu'à la mort.

III.

Aden, la mer des Indes et Ceylan. — Les éléphants. — A voyager on perd son orgueil national. — L'éducation française. — En mer pour l'Australie. — King George's Sound. — Chasses.

A peine sortis de la mer Rouge, notre steamer court sur *Aden :* c'est bien là l'Arabie et ses déserts ! du sable partout, pas d'eau, pas de verdure. Quelques maisons de bois venues d'Angleterre ont été remontées sur ces dunes ; elles sont maintenant des hôtels, des bazars où l'Anglais, comme partout, fait un commerce actif, et, comme partout, se nourrit de thé, de café, de gin et de *salt-beef.* Quelques Juifs sordides et d'un type curieux nous offrent des cornes d'antilope, de gazelle, des peaux de chat sauvage, de jaguar, des plumes d'autruche ; d'autres nous servirent de guides pour visiter les citernes immenses — restaurées par les Anglais — qui furent autrefois établies par un peuple intelligent et riche [1], et qui devaient suffire à recueillir assez d'eau à chaque pluie pour que les habitants pussent attendre les pluies suivantes. Que l'on juge des dimensions de ces réservoirs, lorsque j'ajouterai qu'il pleut à peine

[1] Ce peuple, a-t-on dit, n'était autre que les Juifs du temps de Salomon.

une fois tous les deux ou trois ans sur ces plages de sable brûlant !

Bientôt notre navire se fut de nouveau approvisionné de charbon, et pour moi, qui prenais volontiers pour devise : « *Nil admirari..... præter naturam* », ce fut avec joie que je quittai ces rivages désolés.

D'Aden à Ceylan notre traversée s'effectua encore avec une mer splendide, et dans une atmosphère extrêmement agréable. C'était le matin lorsque nous arrivâmes dans cette grande île verdoyante, où le commerce anglais a su atteindre un si haut degré de prospérité ; cette admirable végétation tropicale, que mes yeux apercevaient pour la première fois, nous semblait d'autant plus somptueuse que nous venions de quitter des sites plus désolés. Ce fut avec une sorte de volupté que nous parcourûmes la campagne tout étincelante de soleil, exubérante de vie, de fleurs, de parfums; nous nous plongions dans ces fouillis de verdure; nous pénétrions sous ces massifs d'arbres dont notre œil mesurait avec étonnement la grande hauteur, pendant qu'au milieu de l'épaisseur du feuillage, rempart impénétrable à tous les rayons du soleil, mille oiseaux divers et brillants parlaient et animaient ces majestueuses scènes où le grand maître avait déployé tout son art. Que m'importait la ville de *Pointe-de-Galles* avec ses rues poudreuses, ses bazars dépareillés, sa population quêteuse? J'aimais mieux dépenser les heures que je devais passer sur cette riche terre équatoriale, au milieu de ses campagnes accidentées et si belles. C'est ainsi que nous errâmes toute une journée dans les grands bois, que nous passâmes la nuit dans une cabane indigène, et que nous revînmes le lendemain, harassés, mais heureux. Cependant une chose manquait à notre bonheur : nous n'avions pas aperçu un seul éléphant sauvage, malgré les promesses — intéressées probablement — de notre guide, qui avait prétendu nous faire voir tout au moins des traces de ce grand pachyderme, autrefois si abondant au milieu des forêts de l'île. C'est encore là un roi qui s'en va; il disparaîtra certainement, bien qu'il puisse vivre en domesticité, car, paraît-il, sa nourriture coûte presque toujours plus cher que ne valent ses services, et je me souviens, à cet égard, qu'un de mes amis, officier dans un poste de l'Inde, ayant reçu en hommage d'un chef voisin un magnifique éléphant privé, fut bientôt obligé de s'en défaire, car il fallait bien plus de domestiques pour soigner et pourvoir à la nourriture de la noble bête qu'il n'en fallait à mon ami lui-même. Au reste, l'éléphant domestique, dans ces contrées, est presque toujours la propriété du riche, qui, pour s'en servir quelquefois en voyage ou à la chasse, entretient à grands frais ces animaux. L'éléphant sauvage a peut-être cela d'utile qu'il trace de larges sillons dans les forêts, permettant ainsi à l'homme de pénétrer à sa suite à travers des contrées qui, sans cela, seraient inaccessibles : c'est que, comme pionnier, un éléphant vaut mieux qu'une compagnie de sapeurs, et rien ne reste debout devant ce colosse lorsqu'il lui plaît de prendre sa course au milieu d'une forêt; sous sa poitrine, blindée d'une cuirasse raboteuse et robuste, les jeunes arbres ploient ou se rompent, les fortes lianes entrelacées, qui tiendraient un navire sur son ancre, se brisent comme de simples fils. Aussi lorsque plus tard, dans mes voyages, j'eus à traverser quelques halliers épais où nous ne pouvions avancer lentement que la hache à la main, je regrettai de ne pouvoir remplacer mes hommes épuisés et ruisselants de sueur par un de ces gigantesques éléphants dont nous n'aurions eu qu'à suivre le sillon.

Je n'emportai de Ceylan aucune des pierres précieuses que renferment ses hautes montagnes dont nous apercevions du large la silhouette sombre, que dominait le pic Adam, élevé de dix-neuf cent quarante-neuf mètres; je dédaignai aussi les jolis ouvrages d'écaille ou d'ivoire que les Indiens amphibies, nus, bronzés, bruyants, nous apportaient sur leurs flottilles de pirogues chancelantes, véritables embarcations de l'homme sauvage et primitif. Je ne voulus prendre qu'un petit éléphant d'ébène; ses défenses d'ivoire tranchaient sur le noir éclatant du bois, et je gardai longtemps cette jolie miniature du plus gros mammifère terrestre.

A Aden, nous avions déjà quitté ceux de nos compagnons qui se rendaient soit à Bombay, soit à Maurice et à la Réunion; ici nous laissons encore un plus grand nombre de passagers, ceux qui vont à Calcutta, en Chine et au Japon; mais nous avions eu le temps de resserrer nos relations, et ce n'est pas sans un certain sentiment de regret que l'on se dit « Au revoir », espérant que le hasard, qui vous a réunis une fois, se reproduira.

Nous restions tout au plus une vingtaine de passagers pour l'Australie, et nous mîmes le cap vers le sud à la nuit tombante, laissant la rade dans toute son animation et son activité.

Depuis mon départ de France, je sentais mon orgueil national se froisser en voyant partout la prépondérance anglaise; mais c'est dans l'Inde surtout qu'elle se montre au plus haut degré, dans l'Inde, où les Anglais dominent soixante millions de noirs — de *black people*, comme ils disent — les forcent à travailler ce sol fertile pour en extraire ces produits spéciaux, par leur nature ou leur qualité, que l'on revend au poids de l'or sur les marchés européens! Pendant notre relâche à Ceylan, je cherchai au milieu de cette forêt de mâts si je ne voyais pas flotter notre cher pavillon, et c'est à peine si je l'aperçus sur deux ou trois navires. Depuis quelques années on s'occupe cependant beaucoup de pousser chez nous le gouvernement et le pays vers la colonisation. Ceux qui ont vu comme moi les richesses, le bien-être, l'ampleur de la vie que procurent les colonies bien placées et bien régies, sont venus le répéter sur tous les tons à leurs compatriotes ; mais le mouvement ne s'accentue qu'avec lenteur. On ne jette pas un peuple du jour au lendemain dans une nouvelle direction; une masse semblable a une vitesse acquise, une force vive, comme on dirait en mécanique, qui brise tous ceux qui veulent lutter corps à corps avec elle. C'est par l'éducation première qu'il faut exécuter ces transformations radicales. Au lieu des usages et des langues de peuples qui n'existent plus, que l'on apprenne à notre jeunesse les usages et les langues de ceux qui existent; que l'on cesse d'encombrer les voies administratives, et que l'on s'aperçoive enfin qu'elles ne conduisent qu'à une existence paresseuse et si précaire qu'elles ne permettent jamais d'élever ses enfants au degré où on l'a été soi-même; en un mot, les générations de fonctionnaires descendent dans l'échelle sociale, pendant que les générations de commerce et d'industrie s'élèvent. Si l'on songe que ce fait évident, qui s'applique à la famille, s'applique aussi aux nations, on aura de suite la raison pour laquelle les peuples commerçants, colonisateurs, ont le plus de bien-être.

La géographie surtout est trop délaissée chez nous, et vous aurez fait faire un grand pas à cet esprit de colonisation que je voudrais voir cultivé, lorsque vous aurez appris aux jeunes gens la situation, le climat, les ressources minérales ou agricoles des pays où l'on émigre; vous ne verrez plus alors cet effroi absurde que ressentent beaucoup de gens au seul nom de colonies : c'est qu'une tradition erronée les a habitués à considérer tous ces pays lointains comme le séjour de la mort sous toutes les formes les plus redoutables, la fièvre, les massacres, la dent des fauves ou des reptiles, etc. On perdra aussi cette croyance trop répandue qu'en mettant le pied sur un navire on s'expose aux misères, aux fatigues, aux dangers les plus grands; on saura qu'un bon paquebot à voiles ou à vapeur, avec son capitaine et son équipage éprouvés, ne se perd pour ainsi dire jamais. Enfin une réaction complète aura lieu, et le Français montrera aux colonies comme ailleurs la supériorité incontestable de sa nature vive, ardente, intelligente et sobre; il fera concurrence à l'universel Anglais, que l'on trouve partout amassant l'or qu'il viendra plus tard dépenser dans nos propres villes, où il aura la primeur des jouissances.

Telles étaient les réflexions qui occupaient mon esprit à mesure que je comparais davantage notre nation à celle que j'avais sous les yeux depuis quelque temps; mais l'exemple que je vais citer mettra encore mieux en lumière ce génie de l'expatriation de nos voisins d'outre-Manche :

Parmi les passagers se trouvait un jeune Écossais avec lequel il m'arrivait souvent de passer, dans la causerie, plusieurs des longues heures du bord : c'était un homme du monde et un homme instruit. Aussi fus-je un peu étonné lorsqu'il me dit un jour qu'il se rendait en Australie pour se consacrer prosaïquement à l'élevage du mouton. J'avais alors des idées toutes françaises; il me paraissait bizarre, anormal, qu'un gentleman aussi accompli allât s'enterrer dans un désert à regarder croître, s'engraisser autour de lui une légion de ces stupides animaux à laine, d'autant plus que mon compagnon ajoutait qu'il était parti non-seulement de son plein gré, mais accompagné des félicitations et des subsides paternels, qui ne s'élevaient pas à moins de huit mille livres anglaises, deux cent mille francs. En voyant ma surprise, mon futur *squatter* ajouta :

« Mais c'est ainsi que nous faisons chez nous, et nos parents sont heureux de nous voir partir. Ils nous aiment cependant, et nous les aimons; mais la vie de luttes dans laquelle ils nous poussent — moins périlleuse pourtant que celle de vos campagnes militaires — nous permet de revenir des hommes, et des hommes riches, ce qui ne gâte rien.

N'allez pas croire que pendant l'absence nous perdions de vue notre vieux toit paternel et ceux qu'il abrite; non certes, leur souvenir nous suit toujours dans la lutte et nous empêche de faiblir. Quant à moi, je reviendrai dans dix ans; j'en aurai trente alors, et, que le sort m'ait été favorable ou non, je serai heureux si je trouve encore mes vieux parents, et si, en leur serrant la main, je puis dire que j'ai toujours été fidèle à ma devise : « *Ne vile templum.* »

Et, en effet, ces Anglais aiment leur patrie; j'ai eu bien souvent l'occasion de le constater. Que de fois dans la solitude des prairies comme dans les plus brillantes cités coloniales, sur la barque du *coaster* ou sur le somptueux *steamer*, ne les ai-je pas vus, sur le soir, alors que la nature elle-même semble se reposer des ardeurs d'une journée brûlante, se réunir, se grouper et parler en termes de feu de la « old England » ! Puis viennent bientôt ces chants traditionnels que personne n'ignore et qui sont comme des cris de ralliement, mais des cris du cœur, des cris pacifiques — tandis que les nôtres sont des cris de guerre —; les passions douces sont seules excitées, et plus d'un œil se mouille alors que l'on entonne : « Oh! Willy, we have miss'd you! [1] », ou bien le chant délicieux et plus populaire : « Home, sweet home. »

Comme le lecteur a pu le voir, mon jeune Écos-

[1] Oh! Willy, tu nous manquais.

sais était une de ces austères et droites natures qu'engendrent souvent la religion et le climat anglais; mais je dois ajouter, pour rentrer dans la vérité, que ces nombreux fils de famille, qui s'en vont aux colonies compléter leur fortune, sont loin d'être tous aussi puritains. Un grand nombre d'entre eux font un naufrage où ils se perdent *corps et biens*, et l'écueil qui les brise est toujours le même, c'est le *gin :*

« Voilà ce qui nous tue et nous perd », me disait un jour un officier anglais en mettant la main sur une carafe de brandy.

Et rien n'est plus vrai, en Australie surtout, où l'on ne peut entamer la plus simple négociation sans absorber quelque spiritueux, où les rues sont pleines de *public-houses* toujours inondées de consommateurs. Aussi on vous montre dans les villes des cochers de fiacre, des marchands d'oranges, qui portent les noms les plus honorables de l'Angleterre.

La distance qui sépare Pointe-de-Galles de King George's Sound est d'environ douze cents lieues kilométriques, et nous ne devions pas mettre moins de quatorze ou quinze jours pour accomplir ce trajet. On s'était muni de charbon en conséquence; non-seulement les soutes étaient gorgées de la précieuse pierre, mais une immense rangée de sacs, qui en étaient pleins, recouvraient le pont : on avait seulement conservé libre, pour les passagers, un petit espace à l'arrière. Dans ces conditions, si le gros temps fût venu nous surprendre au début, il aurait fallu se hâter de lancer à la mer ces sacs pleins de houille; non-seulement ils auraient gêné la manœuvre, mais ils chargeaient tellement le navire, qu'au départ, on l'aurait cru près de couler, tant il était bas sur l'eau. Aussi, bien que nos passagères fussent aguerries, c'était avec une évidente satisfaction qu'elles constataient chaque jour l'allégement du steamer, qui s'élevait à mesure que la houille s'en allait, en flots de gaz et de fumée, par la large cheminée des chaudières.

Bientôt nous sommes sous l'équateur, et nous franchissons cette ligne fictive qui sépare les deux hémisphères. Pour la première fois j'apercevais le ciel étincelant de cette partie du monde, et le soir je restais toujours le dernier sur le pont silencieux, plongeant mes regards vers cet infini, nouveau pour moi. A cette époque, je m'en souviens encore, la lune ajoutait sa clarté à celle des étoiles, et l'on pouvait lire un journal sur le pont à minuit, mieux qu'on le ferait certains jours à midi dans les rues de Londres; je vis même un de ces esprits mécontents — dont le caractère vaudrait certainement un chapitre — aller chercher son parasol pour se mettre à l'abri des rayons de cette lune étincelante : en tout cas, ces rayons peuvent encore subir la polarisation en traversant les gouttes de la pluie, ou, pour parler plus simplement, former un arc-en-ciel aussi net que ceux produits par les rayons du soleil lui-même.

Les derniers jours de cette traversée furent assez pénibles; la mer était tourmentée, l'air froid. En dépit de ce changement, la plupart des hommes n'abandonnèrent pas les bains froids du matin; je fis comme eux. Mais c'est une terrible sensation que de se plonger au réveil dans une eau aussi glacée; il est vrai que l'on en est bien payé par l'agréable réaction qui s'opère ensuite.

Enfin, vers le quinzième jour de notre départ, la terre est signalée : nous sommes en présence de l'Australie, ce vaste continent, aussi grand que les quatre cinquièmes de l'Europe, et que la race blanche connaît et habite depuis si peu de temps. Quel beau siècle que le nôtre! et comme nous arrivons justement à point pour profiter de l'expérience, des travaux, des découvertes qui sont le résultat de la prodigieuse somme de travail que les hommes ont dépensée pendant les siècles écoulés! Quel abîme entre nos ancêtres nus, ignorants, à la merci de toutes les forces naturelles, et l'homme civilisé de ce siècle qui les maîtrise; qui peut transmettre sa pensée d'un monde à l'autre en quelques heures, faire le tour de son domaine sphérique en quelques mois, vivre chaudement au milieu des glaces, et tirer sa nourriture des terres les plus froides!

Telles étaient mes réflexions à mesure que notre puissante hélice nous entraînait vers cette terre antipodiale que j'atteignais après un voyage aussi court et aussi peu fatigant. Nous entrions dans la baie de *King George's Sound*, qui est située à la pointe sud-ouest de l'Australie; c'est là que les Anglais ont établi un pénitencier et leurs dépôts de charbon pour les services à vapeur. La côte nous paraissait déchiquetée et d'un aspect quelque peu étrange; la rade était solitaire et calme. La ville nouvelle s'élevait dans le fond en pente douce; elle ne se composait encore que de quelques maisonnettes entourées de jardins dans lesquels nous retrouvons avec plaisir, outre quelques-unes de nos fleurs de l'Europe, celles que cette région possède avec une abondance merveilleuse. Quelle joie de retrouver ces chers parfums! que de souvenirs ils nous rappelaient! Nous arrivions au printemps de ces latitudes, c'est-à-dire au moment où la nature étalait ses merveilles. Nous eûmes le plus grand plaisir à cueillir nous-mêmes quelques-unes de ces fleurs, à les associer entre elles en bouquets odorants, que nos jeunes passagères n'acceptaient peut-être pas avec moins de plaisir que nous en avions nous-mêmes à les leur présenter; en tout cas, c'est ainsi que nos jeunes imaginations semblèrent nous montrer les choses.

Mais après quelques heures passées à parcourir les rues à peine tracées de cette ville naissante, le besoin de mouvement avait repris le dessus. Une partie de chasse fut organisée entre les jeunes gens ; nos armes sortirent de leurs étuis, nos havre-sacs se garnirent de vivres : le commandant nous prêtait le grand canot du bord, et bientôt, grâce à une brise favorable, nous quittâmes le steamer pour courir droit sur une petite île où nous devions trouver de quoi exercer notre adresse. — L'îlot vers lequel nous dirigeait un homme du bord se nomme *Rabbit's Island*, l'île aux Lapins : c'était assez significatif; cependant je trouvais peu de mon goût de n'avoir pas à tirer un plus noble animal. « C'est bien la peine d'avoir fait plus de quatre mille lieues pour tirer des lapins ! disais-je à l'un de mes compagnons. — Nous nous rattraperons demain sur les kanguroos, répondit notre pilote, qui m'avait entendu; en tout cas, si vous n'avez chassé le lapin qu'en Europe, je doute que vous ayez jamais eu une plus belle chasse que celle qui vous attend. »

Rassuré par cette assertion, je ne m'occupai plus avec mes compagnons qu'à tirer au vol les nombreux goëlands qui venaient à chaque instant planer au-dessus de nos têtes ; les cris que poussaient les blessés et les mourants attiraient les autres, de sorte que les cibles ne nous manquaient point. Bientôt cependant il fallut laisser en repos les oiseaux de mer, car nous approchions de l'île qui était le but de notre voyage ; elle était accidentée, couverte d'herbes, de broussailles et de quelques fourrés.

En nous avançant davantage, nous pûmes tout à coup apercevoir sur le rivage une nombreuse compagnie de lapins qui mangeaient, jouaient et gambadaient; grâce au peu de bruit que faisait notre canot, nous avions l'espoir d'arriver à portée sans éveiller les craintes de ces animaux. Nous préparâmes donc nos armes, nous nous rangeâmes tous de façon à pouvoir tirer en même temps sur la bande sans nous gêner les uns les autres; l'un de nous devait commander le feu à voix basse. A mesure que nous approchions davantage, nous pouvions mieux distinguer l'animal aux longues oreilles; ils étaient nombreux et paraissaient sans inquiétude : cependant—les plus vieux de la bande, sans doute—commençaient à humer l'air, à écouter, à faire de petits bonds effrayés à droite et à gauche, lorsque l'homme de barre *laissa arriver* de façon à présenter au rivage la longueur du bateau suivant laquelle les tireurs étaient disposés. Nous n'étions plus qu'à quarante mètres environ : le signal fut donné. Dix coups de fusil retentirent en même temps; puis plus rien sur le rivage, si ce n'est les cadavres de quatre malheureux lapins qui s'agitaient dans les dernières convulsions d'une rapide agonie. — Trois hurras retentissants célébrèrent notre triomphe, et nous débarquâmes.

Le soleil était déjà haut et la chaleur assez forte. Nous convînmes d'une heure pour la réunion du dîner, et chacun de nous se mit à arpenter l'îlot dans la direction qui lui convenait. — Il y avait, en effet, un grand nombre de lapins et quelques pigeons; mais ce qui était en plus grand nombre encore, c'étaient les bouteilles vides de champagne, de pale-ale, de gin, etc., qui attestaient que ce lieu était surtout fréquenté par des gens qui buvaient sec. En tout cas, si jamais quelque part on manque de bouteilles vides, les armateurs n'auront qu'à envoyer leurs navires à *Rabbit's Island*.

Nous fîmes une véritable hécatombe de lapins; car nous mîmes à cette chasse une ardeur extraordinaire; on est si heureux, après des mois de mer, de courir dans les herbes, les broussailles et les fourrés! Après un formidable repas, nous prîmes de nouveau la direction du steamer, dont on apercevait dans le lointain la mâture légère. — En arrivant à bord, nous reçûmes avec orgueil les compliments des dames; mais nous dûmes bientôt les leur rendre au centuple, car quelques-unes d'entre elles, imitant les gens de l'équipage, s'étaient mises à pêcher à la ligne : elles avaient pris des monceaux d'une sorte de poisson excellent, qui mordait avec tant de facilité que l'on n'avait souvent qu'à jeter la ligne et à la retirer [1].

[1] En repassant en 1898 dans ce port, qu'on appelle aujourd'hui Albany, je m'aperçus avec surprise que les poissons y sont devenus rares.

IV.

Une excursion dans les terres. — Les aborigènes et leurs chiens. — Prise d'un opossum. — Historique de la station.

Le lendemain, de bonne heure, nous étions debout pour une chasse sur la grande terre, dans laquelle nous devions trouver des perroquets et peut-être des kanguroos; le temps était magnifique, et, à peine débarqués, nous prîmes avec notre guide la direction de l'intérieur des terres. Nous n'avions pas encore traversé la ville, que nous nous arrêtâmes surpris devant le bizarre spectacle de quatre ou cinq indigènes des deux sexes, qui semblaient eux-mêmes parcourir pour la première fois cette cité nouvelle; silencieux et graves, ils regardaient attentivement ces installations européennes, si curieuses pour eux. Quant à nous, qui venions cependant de coudoyer des nègres africains, aux traits grossiers, à la peau absolument noire, nous restons ébahis devant la profonde dégradation physique de ces pauvres insulaires. Quelques-uns sont connus des colons, qui semblent les considérer comme des singes apprivoisés; mais la plupart de ces rares et singuliers visiteurs sont de simples curieux qui, pour voir de plus près les merveilles de nos installations, ont vaincu leur sauvagerie et se sont décidés à abandonner un instant leurs solitudes, auxquelles ils s'empressent bientôt de revenir.

L'un de ces indigènes, un vieillard, portait une sorte de manteau fait d'une peau de kanguroo, et retenu sur l'épaule droite au moyen d'une liane; mais comme nous étions dans la belle saison, le reste de la troupe était complétement nu, ce qui était loin d'être à leur avantage. Une femme surtout excitait notre attention. Elle avait la tête complétement rasée et le visage enduit d'une graisse qui répandait une odeur repoussante; ses épaules et sa poitrine présentaient des traces de blessures dont les cicatrices formaient un relief; mais ce que nous prenions alors pour des marques de mauvais traitements n'est autre chose, nous dit-on, qu'une distinction, et plus tard j'eus l'occasion de retrouver les mêmes usages chez les habitants de la Nouvelle-Calédonie.

Ces insulaires ne paraissaient point surpris de nos investigations. L'un d'eux, que nous avions tout d'abord remarqué à cause de sa jeunesse et de sa tournure moins grotesque, s'approcha de nous et nous demanda des cigares en mauvais anglais.

« Si nous le prenions pour guide! » s'écria l'un de nous.

C'était une excellente occasion, car nous étions simplement accompagnés par un matelot de l'équipage, qui, pendant les relâches, conduisait parfois les touristes dans les environs de la baie ; l'on ne pouvait raisonnablement avoir dans les connaissances topographiques de cet homme qu'une médiocre confiance, et ce fut une joie pour nous tous lorsque notre jeune insulaire eut enfin compris et accéda à notre proposition de nous guider dans la campagne, moyennant quelques menus objets. Comme nous n'étions pas préparés à cette rencontre, chacun de nous fit le sacrifice de quelqu'une de ses fournitures : l'un donnait son mouchoir, l'autre un faux-col, le troisième une cravate ; les allumettes et le tabac furent peut-être les mieux venus, et aussitôt le marché conclu, nous nous mîmes en marche à la file indienne derrière notre guide improvisé, qui, prenant de suite son rôle au sérieux, s'enfonça rapidement dans les herbes en nous faisant signe de le suivre. Il abandonna ses compagnons sans leur adresser un seul geste, une seule parole d'adieu, et ceux-ci le regardèrent s'éloigner avec la même indifférence.

Il est certain que la vie civilisée, si elle ne change pas grand'chose au fond du caractère de l'homme, en polit au moins énormément la surface ; les préjugés, la réserve du langage, le savoir-vivre, le bon ton, sont toutes choses ignorées des sauvages, qui non-seulement se laissent aller à tous leurs instincts, mais semblent se complaire dans cette manière d'agir.

Notre guide indigène était armé de zagaies longues et minces, d'un bois dur, poli et durci au feu : il portait en outre un morceau de bois enflammé, aussi sec que l'amadou ; parfois, lorsque ce tison menaçait de s'éteindre, il le ravivait de son souffle.

L'aspect de la contrée était légèrement accidenté, mais un peu trop uniforme : partout des herbes sèches, jaunâtres ; çà et là quelques bouquets d'arbres à gomme, d'eucalyptus et de melaleuca. Le matelot du steamer, notre guide détrôné, fut tout heureux de nous montrer en passant le *Dog's Head,* la Tête du Chien ; ce n'était autre chose qu'un rocher de plusieurs mètres de hauteur, qui, vu sous un *certain jour,* peut représenter, à la rigueur, la tête d'un chien énorme qui serait posée sur le sol : on en distingue l'œil, l'oreille et le museau.

Il était huit heures du matin, le temps était splendide ; le soleil commençait à s'élever à l'horizon et jetait une grande animation sur le paysage qui nous environnait. Nous avions essayé de faire comprendre à notre insulaire de nous guider auprès de la *rivière des Français* qui débouche dans cette baie, et dont l'amiral d'Entrecasteaux a levé les plans en 1792, pendant son voyage d'exploration à la recherche de l'infortuné La Pérouse. Nous ne savons si notre guide ne nous comprit pas, ou s'il préféra suivre une autre voie; toujours est-il qu'il s'enfonça de plus en plus dans les terres, et que nous n'aperçûmes pas le cours d'eau que nous désirions voir. Il agissait peut-être ainsi dans un but favorable à nos ardeurs cynégétiques, et nous le laissâmes faire.

Nous suivions depuis quelques instants une clairière, lorsqu'un chien étriqué qui accompagnait l'indigène, et auquel nous n'avions pas accordé d'attention, tant il était chétif, s'élança dans les herbes en poussant des hurlements étranges qui n'avaient rien de l'aboiement de nos chiens d'Europe. Au même moment, le guide bondit à la suite de son compagnon et disparut en un instant derrière les taillis, nous laissant seuls, surpris et légèrement anxieux. Guidés cependant par la voix du chien, nous pénétrâmes à notre tour dans les broussailles, et nous ne tardâmes pas à arriver auprès des deux fugitifs. Le chien, toujours hurlant, se dressait le long d'un arbre et bondissait comme s'il eût voulu arriver jusqu'aux branches. Quant au maître, il examinait attentivement l'écorce polie de l'arbre; enfin il poussa une exclamation joyeuse, et aussitôt, gardant une zagaie avec lui, il embrassa le tronc de l'arbre et monta avec une légèreté inouïe, sans cesser néanmoins de se pencher sur l'écorce, comme s'il eût suivi une piste au flair ou à la vue. A une certaine hauteur, l'arbre se bifurquait. Arrivé là, notre étrange compagnon resta un instant à considérer avec la plus grande attention les deux branches énormes qui étaient devant lui; enfin il se décida à grimper sur l'une d'elles, et bientôt le feuillage épais de l'arbre nous cacha en partie son corps. — Cette conduite était pour nous un mystère, excepté cependant pour le chien étique de l'Australien. Depuis que son maître s'était décidé à monter le long de l'arbre, son impatience s'était calmée; aplati sur le ventre, le nez en l'air, les flancs agités par suite de la course furibonde à laquelle il venait de se livrer, ses yeux intelligents suivaient tous les mouvements de l'indigène; parfois cependant un tremblement convulsif, un hurlement étouffé accusaient encore l'impatience contenue de cet associé de l'homme primitif. J'observais avec intérêt tous les détails de cette scène sauvage dans laquelle l'homme et le chien semblaient lutter entre eux de sagacité et d'habileté, lorsqu'un cri retentissant partit du sommet de l'arbre; le feuillage s'agita vivement autour de l'indigène qu'il nous cachait; le chien s'était dressé d'un bond, son œil ardent semblait vouloir percer les épaisseurs de notre dôme de verdure. Nous vîmes alors un corps noir apparaître au-dessus de nos têtes, rouler un instant d'une branche sur l'autre, puis tomber lourdement sur le sol, où le chien se précipita sur lui et se mit à mordre avec fureur cet ennemi mort ; nous étions en face d'un magnifique opossum, sorte de rat énorme, pourvu d'une queue courte et robuste. Tout s'expliquait : le chien avait levé ce gibier, qui à la hâte avait gagné sa demeure aérienne; notre guide, arrivé au pied de l'arbre, reconnut sur son écorce la trace des griffes de l'opossum, la suivit, arriva ainsi près du fugitif tout tremblant et blotti dans quelque creux d'une branche puissante; d'une main ferme et exercée, l'indigène transperça de sa zagaie le malheureux marsupiau, qui, poussé à bout et déjà à demi mort, se laissa choir sur le sol, où sa chute finit de lui arracher la vie.

Tel fut le drame auquel nous venions d'assister. Notre guide triomphant était descendu de l'arbre presque aussi vite que sa proie; il chassa brutalement son chien qui s'acharnait sur l'opossum, jeta celui-ci sur ses épaules, et silencieusement, comme si rien d'extraordinaire ne se fût passé, il reprit sa route.

Quant à nous, intéressés par ce spectacle, nous suivîmes notre guide original sans objections. Je voulus cependant caresser de la main le pauvre chien si mal récompensé, bien qu'il eût été le véritable héros de la chasse; mais ce sauvage habitant des broussailles répondit par un grognement furieux à cette flatterie. Dans ces contrées, le chien est plutôt l'associé de l'homme que son esclave. Il reste avec l'indigène aussi longtemps qu'il trouve du profit à chasser en sa compagnie ; mais vienne la disette, il s'éloigne et va chercher de son côté les rats, les baies, les fruits, les racines, les lézards, les insectes de toute sorte. Il ne revient qu'alors qu'il sent autour des huttes indigènes l'odeur des viandes de kanguroos, d'opossums, d'émus, etc., que l'on fait rôtir sur la braise, et que les naturels — la saison sèche aidant — ont réussi à prendre en enveloppant les retraits du gibier d'un cercle de feu, lequel se resserre de plus en plus, condensant vers son centre tous les animaux que l'on a ainsi emprisonnés et qui, dans leur stupeur, se laissent tuer avec la plus grande facilité. — Mais si le chien agit avec l'homme sans plus de cérémonie, on reconnaîtra qu'il n'a pas tort, lorsqu'on saura que les indigènes, dans les temps de disette, mangent sans délicatesse tous ceux de leurs anciens compagnons de chasse qui ont consenti à partager leur mauvaise fortune. Ces sauvages, dans les saisons malheureuses, se conduisent comme de véritables fauves ; ils se dispersent, et chaque famille cherche de son côté de quoi soutenir sa misérable existence. Pendant que la femme est en quête de racines, de lézards, d'œufs de fourmi, l'homme, immobile sur un rocher de la grève, sa lance à la main, attend qu'un poisson passe à la portée de son harpon. Le soir, chacun revient au rendez-vous désigné avec le butin du jour ; mais il n'est pas rare de voir, de part et d'autre, les membres de la famille cacher dans la terre une partie de leurs trouvailles, pour revenir en secret s'en nourrir seuls lorsque l'on n'a rien rencontré et que la faim tourmente.

Ainsi, sur une terre grande comme les quatre cinquièmes de l'Europe, les quelques milliers d'indigènes que nous y avons trouvés vivaient de la façon la plus précaire, enduraient souvent les horribles tourments de la faim; nous n'y sommes installés que depuis quatre-vingts ans, et déjà cette terre non-seulement nourrit abondamment deux millions d'êtres de notre race, mais encore fait des exportations considérables et ne produit qu'une part insignifiante de ce qu'elle est appelée à produire un jour. Voilà les résultats palpables, évidents, irréfutables de la puissance dont l'homme civilisé dispose et dont nous avons certainement lieu d'être fiers.

A part un certain nombre de cailles qui s'élevaient parfois des hautes herbes, de quelques perruches tapageuses et de pigeons peu sauvages, aucun autre incident ne vint marquer cette journée. Au reste, nous n'étions pas en mesure de chasser le kanguroo, que l'on force soit à cheval, soit avec l'aide de grands lévriers — les kanguroo-dogs — remarquables par leur force et leurs formes élancées. Vers le milieu du jour, nous fîmes halte auprès d'un ruisselet. Bientôt un feu fut préparé; l'opossum fut dépecé, cuit sur la braise et trouvé excellent. Nos provisions ne furent pas non plus dédaignées par notre noir compagnon, qui en dévora une quantité incroyable.

Tels sont nos débuts cynégétiques à la Nouvelle-Hollande, et, comme on le voit, malgré nos armes perfectionnées, nous n'y jouâmes pas le plus beau rôle ; mais plus tard, dans la campagne de la Nouvelle-Galles du Sud, nous devions nous dédommager par de brillantes chasses dans lesquelles le cygne noir, l'ému, le kanguroo de grande taille, devaient être le noble gibier destiné à tomber sous nos coups.

Vers le soir, harassés et enchantés, nous regagnâmes le steamer; déjà il avait fait son charbon, débarqué les passagers pour Victoria qu'attendait un petit bateau à vapeur. La mer et le temps étaient splendides, et nous allions quitter pendant la nuit même cette baie déserte, qu'entouraient les immenses solitudes australiennes.

C'est la situation admirable de cette baie qui décida les Anglais, en 1826, à y fonder un établissement; les plus grands navires peuvent mouiller dans le havre en toute sûreté, et très-près de la terre; mais étant situé par 35° 10′ de latitude sud, ce territoire est déjà soumis à un climat capricieux qui, joint à un sol un peu aride, ne permit pas à la colonisation un développement rapide : aussi abandonna-t-on une première fois le pays. On ne tarda pas cependant à revenir sur cette décision, car ce port est trop important comme point de relâche pour les bateaux à vapeur qui viennent d'Europe, et aussi pour les navires qui se rendent des établissements situés à l'orient de l'Australie à ceux que l'on a fondés sur la côte occidentale de cette grande terre, à *Swan River* (la rivière du Cygne), par exemple. — Pourtant, comme je l'ai dit, l'établissement de *King George's Sound* se présentait encore sous l'aspect d'une ville naissante; elle n'était qu'un petit village, comparée à Melbourne, par exemple, dont la fondation est pourtant bien plus récente.

V.

Melbourne. — Les côtes et leurs habitants. — Sydney. — Voyage dans l'intérieur. — Les Bushrangers. — Le vent chaud. — Les théâtres.

Toute la largeur du continent australien, c'est-à-dire huit cents lieues environ, nous séparaient de Melbourne, où nous devions faire la prochaine relâche. Pour la plupart d'entre nous, le voyage touchait à son terme, et une certaine impatience commençait à nous gagner. Jusqu'ici on s'était efforcé d'oublier le souci des affaires; mais à présent que l'on allait rentrer dans la vie réelle, *recommencer la bataille*, les fronts étaient devenus anxieux, impatients, songeurs. Au reste, nous avions quitté ce bel océan Indien et son ciel toujours pur; maintenant nous *roulions* et *tanguions* à qui mieux mieux sur une mer sans éclat. Ce furent les plus longues journées de mon voyage, et ce fut une grande joie pour moi lorsque nous pénétrâmes dans la rade longue et étroite au fond de laquelle se trouve Melbourne. C'est là cependant que je devais dire adieu à de véritables amis, à mon jeune Écossais surtout, qui me serra la main avec effusion, me souhaitant bonne chance au milieu des sauvages de la Nouvelle-Calédonie, pendant que je lui souhaitais non moins cordialement d'arriver à son but le plus tôt possible au milieu des prairies solitaires de l'Australie. Puissent mes vœux lui avoir été favorables ! et puisse le hasard mettre quelque jour ces lignes sous ses yeux, il y verra certainement avec plaisir le souvenir d'une amitié courte mais réelle !

Je ne vous parlerai pas de cette somptueuse cité de Melbourne, ni de son port si animé. Mon séjour dans cette ville fut, d'ailleurs, de trop courte durée pour me permettre de l'étudier en détail. Je dirai seulement que, née d'hier, elle avait déjà cent trente mille habitants, qu'elle ne s'est développée aussi vite que grâce aux richesses immenses qui sont venues y affluer de toute part. Possédant le levier le plus puissant, l'or, il lui a été permis de se payer tous les luxes et toutes les fantaisies. De plus, pour construire ses boulevards, ses chemins de fer, ses palais, elle n'avait pas besoin, comme M. Haussmann, d'avoir d'abord recours à la pioche du démolisseur, il lui suffisait de tracer et de tailler sur un sol immense et inoccupé. Aussi, avec une intelligence qui fait honneur aux villes australiennes, dans la construction de ces jeunes cités, ils ont su prendre à nos capitales ce qu'elles ont de bien et leur laisser ce qu'elles ont de défectueux. — Un seul exemple donnera une idée de l'ampleur qui préside à l'érection des monuments publics : la banque de Melbourne — d'une ville de cent trente mille habitants — a coûté un million de *pounds,* vingt-cinq millions de francs.

Quarante-huit heures de mer nous séparaient encore de Sydney, la doyenne des villes d'Australie. De nombreux passagers nouveaux prirent place sur le steamer pour cette petite traversée, et, encore une fois, le pont présenta une grande animation. D'un autre côté, dans le détroit de Bass, et même au delà, nous naviguâmes en vue des côtes, parfois même à une si faible distance, que nous pouvions apercevoir mille détails à l'œil nu. Tantôt c'étaient de grands bois qui couvraient toute la contrée, et dont nos meilleures lunettes étaient loin de nous permettre d'en sonder la profondeur; mais quelques-uns de ces arbres dominaient tellement tous les autres, qu'ils devaient avoir des dimensions colossales : que de siècles s'étaient écoulés depuis que ces géants d'aujourd'hui apparurent pour la première fois! Tantôt la côte ne nous présentait que des falaises tourmentées, à pic; la mer les battait avec violence, et elles résistaient insouciantes et dédaigneuses.

Un jour nous apercevions une famille sauvage qui s'installait dans des positions grotesques sur les rochers de la grève pour regarder notre steamer dévorant l'espace sur cette mer calme, et laissant derrière lui une longue colonne de fumée : parfois les jeunes gens de cette troupe sauvage répondaient à nos signes en agitant leur manteau ; quant aux vieillards, ils restaient immobiles ; était-ce abrutissement ou tristesse de se voir écrasés par la supériorité de cette race nouvelle qui les a si complétement envahis depuis si peu de temps !

Une autre fois, nous croyions apercevoir sur le rivage une troupe nombreuse de naturels ; ils étaient au moins cent. Mais à mesure que notre steamer s'approcha davantage, nous reconnûmes que nous avions près de nous une bande de phoques, jouant ou dormant au soleil sur la grève ; ils ne se dérangèrent point à notre passage : cet animal devra d'ailleurs sa perte à son peu de frayeur de l'homme. Il abondait autrefois sur toute la côte que nous suivions en ce moment, et c'est à peine aujourd'hui si on aperçoit çà et là quelque troupeau isolé de ces infortunés mammifères. Pour s'emparer de leur huile, on leur a fait une chasse acharnée qui fut une source de fortune pour un grand nombre d'armateurs ; aussi ne les rencontre-t-on plus aujourd'hui sur les plages de la Tasmanie et de la Nouvelle-Zélande, où ils étaient encore très-nombreux il y a quelques années. Ainsi voilà un animal qu'il faudra ajouter bientôt à la liste des espèces éteintes, liste que les géologues ne dressent que depuis peu et qui est déjà si longue. Ce fait nous sert à constater une fois de plus la mobilité des êtres et de la matière elle-même. Quant à l'homme blanc, terme ultime, et le plus parfait jusqu'ici de la création, il semble devoir jouer un rôle que ses prédécesseurs n'avaient jamais eu dans d'aussi vastes limites, et qui consiste à faire disparaître des espèces entières — même l'homme de couleur, — à en modifier ou multiplier d'autres, dans le règne animal, végétal, et, jusqu'à un certain point, le règne minéral. Voici ce que nous apprennent ceux qui ont cherché à lire dans les dernières pages des temps écoulés, tout en observant et rapprochant ce qui se passe aujourd'hui; mais aucune de ces savantes études n'a pu encore nous dire si nous tendons ainsi vers un but que s'est fixé la patiente nature, ou bien si ces changements de formes et de manières de vivre des êtres ne sont que des enveloppes dans lesquelles passe la vie qui remplit le monde, au fur et à mesure que, sous l'action du temps, les conditions climatériques de notre planète se transforment.

Le 16 novembre 1863, à sept heures du matin et par un temps superbe, nous entrions dans la magnifique baie de Sydney, une des plus vastes et des plus sûres du monde; elle a neuf milles de profondeur, et sa forme sinueuse met ses ports à l'abri des plus violentes tempêtes. Les coteaux qui forment les rivages intérieurs de cette baie, les nombreux îlots qui s'élèvent çà et là sont couverts de superbes plantations, de maisons de plaisance somptueuses ; tout annonce une existence pleine d'ampleur. Après avoir doublé une des nombreuses pointes qui s'avancent dans la baie, nous aperçûmes tout à coup le port rempli de navires marchands et la ville elle-même. Un officier du bord, jetant un coup d'œil à l'endroit de la rade où nos navires de guerre ont l'habitude de mouiller, m'annonça que celui qui vient ordinairement chercher le courrier de la Nouvelle-Calédonie, et qui devait m'emmener à mon poste, n'était pas encore arrivé. Je ne fus pas fâché de cette nouvelle, qui me permettrait probablement un séjour de quelque durée dans ce pays.

A peine installé à *Royal Hotel*, je me rendis chez le consul, où l'on m'apprit, à ma grande satisfaction, que j'avais au moins un mois à dépenser à Sydney, car le courrier de la Nouvelle-Calédonie était en retard. Aussitôt que cette nouvelle fut connue de quelques-uns de mes compagnons de voyage à Sydney, avec l'empressement le plus amical ils m'offrirent l'hospitalité de leur ville ou de leurs champs ; c'est cette dernière qui m'attirait le plus, et j'allai passer une quinzaine de jours des plus agréables de ma vie dans une station située le long de *Macquarie River*. C'est là que je fis connaissance avec les chasses merveilleuses de ces parages, que je parcourus au triple galop de mon cheval ces plaines sans fin, passant avec mes compagnons, comme de véritables ouragans, auprès de ces immenses troupeaux de bœufs qui nous regardaient d'abord stupéfaits; mais bientôt, subitement saisie d'une panique générale, cette masse, tout à l'heure paisible, inerte, se mettait en branle et s'enfuyait au loin à travers les prairies, pendant que le sol tremblait et que l'air était rempli de mugissements sans nombre. Nous rencontrions aussi en liberté des chevaux par centaines; ils sont tous d'un noble sang, car on a choisi pour l'importation les races les plus pures de l'Angleterre. Cet utile animal s'est tellement multiplié, que chez les propriétaires de l'intérieur on peut, pour vingt-cinq francs, choisir un cheval au milieu du troupeau : il est vrai qu'il faut en donner cent au *stockman* qui veut bien le dompter, et l'on appelle ici dompter un cheval le monter les quatre ou cinq premières fois.

Mais, malgré l'intérêt qu'elles présentent, laissons ces scènes de l'élevage des troupeaux en Australie, qui ont été si souvent et si bien décrites par nombre d'auteurs; au reste, nous aurons l'occasion d'y revenir au sujet de la Nouvelle-Calédonie[1].

J'étais de retour à la ville après une absence de quinze jours, enchanté de mes hôtes et de cet admi-

[1] Les naturels que je rencontrai dans ce voyage étaient beaucoup plus beaux que ceux de King George's Sound et ne soulevaient pas le même sentiment de répulsion.

rable pays. Le navire qui devait m'emmener n'était pas encore arrivé, et je profitai de ce loisir pour visiter l'intéressante ville de Sydney. Comme tous les voyageurs, je fus frappé d'étonnement en songeant que cette cité avait pu surgir en aussi peu de temps sur ces rivages lointains et rocailleux, car c'est en 1788 seulement qu'une troupe de convicts anglais vint en jeter les fondations : chemins de fer, omnibus américains, voitures de toute sorte, macadam, hôtels superbes, théâtres, jardins, parcs, journaux, pick-pockets, rien ne manque à cette ville née d'hier et déjà rivale de nos cités séculaires de l'Europe. J'ai dit pick-pockets, je dois cependant observer que cette classe est ici assez rare; comment, au reste, n'en serait-il pas ainsi dans une contrée où le salaire de l'ouvrier étant de huit à dix francs par jour, le prix de la viande n'est cependant que de quelques sous la livre. La différence entre le salaire et le prix des vivres n'est-elle pas toujours et partout la mesure de la richesse d'une nation? Eh bien, je ne crois pas qu'il existe un pays où cette différence soit plus considérable qu'en Australie; chaque ouvrier habile et rangé, aidé d'une bonne ménagère, peut en peu de temps amasser ici un petit pécule. Le commerce, l'industrie, sont très-sûrs à Sydney; aussi les capitalistes ne craignent pas d'y engager leurs fonds, et ces sources du bien-être des peuples s'agrandissent rapidement. Cependant, lors de mon passage, certains territoires étaient infestés par les *bush-rangers* (coureurs de buissons); les journaux étaient pleins des hauts faits de ces *Fra Diavolo;* ils étaient vraiment d'une audace inouïe, et l'on écrirait des volumes avec tous les épisodes dont ils furent les héros. Parfois ils apparaissaient subitement dans un bal de village, où on les reconnaissait à leurs allures et à leur costume; ils priaient les hommes et surtout les dames de n'avoir aucune crainte, et passaient ensuite quelques heures à la danse; enfin ils s'esquivaient et allaient rejoindre leurs montures cachées dans un fourré voisin, pour s'éloigner au galop sans avoir commis aucun dégât. Mais malheur au squatter qui dénonçait leur présence et mettait la police sur leur piste : ses moutons les plus gras disparaissaient, ses meilleurs chevaux étaient enlevés; parfois même, pendant une promenade, une balle partant d'un fourré venait siffler à son oreille; heureux encore si elle ne l'atteignait pas. Généralement les *bush-rangers* sont jeunes, adroits, robustes, et rompus à toutes les fatigues; il faut ces qualités pour mener une semblable existence : c'est la bête sauvage en lutte ouverte contre la société tout entière, couchant dans les bois, errant la nuit dans les plaines et vivant de rapines. De tels hommes sont très-difficiles à prendre, ils montent les meilleurs chevaux de la colonie, qu'ils n'ont eu que la peine de choisir dans les nombreux troupeaux et qu'ils changent aussitôt qu'ils les voient diminuer de vigueur; ils sont parfois tellement certains de leur monture, qu'on en a vu, poursuivis par la police à cheval, fuir devant elle au petit galop, s'arrêter un instant, lui faire face et lui envoyer la balle de leur carabine; repartir ensuite, recharger l'arme et tirer de nouveau. Si un jeu semblable est dangereux pour le bush-ranger, il ne l'est pas moins pour les hommes de la police, qui présentent à ce moment une large cible à l'œil exercé du bandit.

C'est souvent la crainte de quelques mois de prison après une première faute qui détermine ces hommes à se jeter ainsi dans la campagne et à y mener cette existence hors la loi, pénible, dangereuse, qui ne tarde pas d'habitude à finir par la corde.

On comprend qu'il faut le climat tempéré de ces régions pour que l'homme blanc puisse y vivre ainsi dans les champs. Cependant on voit quelquefois la neige et la gelée pendant les hivers; mais, ce qui est le plus insupportable, ce sont les vents chauds qui, dans la saison d'été, viennent désoler la contrée; on ne saurait les comparer qu'aux vents chauds de l'Afrique. On m'avait précisément parlé de ce mauvais côté du climat, et je ne savais pas que j'aurais l'occasion d'assister au passage du *hot wind*.

Ce vent vient de l'ouest; en été il a parcouru les plaines centrales de l'Australie surchauffées par un soleil brûlant. Aussitôt qu'on se trouve dans cette fournaise, on est anéanti; les animaux semblent en souffrir encore plus que les hommes, et l'on trouve au retour du beau temps des oiseaux morts au pied des arbres sur lesquels ils s'étaient réfugiés. Les chiens, les chevaux subissent parfois le même sort. C'est que le thermomètre peut monter dans ces moments jusqu'à 147° F., c'est-à-dire 64° de nos thermomètres! Après le vent chaud s'élève ordinairement une brise du sud qui est aussi accompagnée de circonstances assez singulières; elle emporte avec elle un nuage de poussière qui obscurcit le ciel autant que le brouillard le plus intense, mais présente encore sur ce dernier le désagrément de gêner beaucoup la respiration. Je venais de sortir de mon hôtel et me dirigeais vers *Botanic Garden*, lorsque je fus surpris par cette colonne de poussière fine; j'eus alors une idée du supplice enduré par les habitants de Pompéi, lorsque les cendres du Vésuve emplissaient l'atmosphère et que ces malheureux cherchaient à s'enfuir, aveuglés, asphyxiés, à travers les rues qu'ils ne savaient plus reconnaître. Enfin, avec beaucoup de peine, je parvins à regagner mon hôtel, et m'empressai, à l'exemple des habitants, de m'enfermer et de me calfeutrer dans ma chambre.

Bientôt cependant une tempête furieuse éclata sur la ville; les éclairs, le tonnerre, la pluie luttaient entre eux de violence, pendant que les humains, pâles et silencieux, immobiles sous leurs abris, pouvaient apprécier leur faiblesse en face de ces grandes forces de la nature.

Avant de m'engager pour longtemps peut-être dans la vie sauvage des montagnes de la Nouvelle-Calédonie, je ne voulus point négliger de visiter les théâtres de Sydney et d'y entendre encore les opéras italiens ou français que les affiches nous promettaient. Plusieurs habitants m'assurèrent encore, et très-sérieusement, que je serais ravi, et semblaient fortement douter qu'en Europe j'eusse jamais entendu mieux que madame Escott, qui, depuis quelque temps, excitait l'enthousiasme de tous les dilettanti de la colonie. Aussi, pour n'enlever d'illusions à personne, je ne donnerai point mes impressions sur *Lucrezia Borgia*, que j'entendis interpréter au théâtre de l'Opéra. Le spectacle de la salle, qui me parut bientôt le plus intéressant, absorba dès le premier acte toute mon attention. La foule qui se pressait dans l'enceinte était vraiment fort brillante, et, bien que je fusse fort peu expert, il me sembla remarquer que les toilettes avaient beaucoup plus de cachet que l'on ne se serait attendu à en rencontrer aux antipodes. On pouvait peut-être leur reprocher de reproduire trop naïvement les gravures de nos journaux de modes, mais il est bien permis à six mille lieues de ne pas savoir corriger comme à Paris ce que la *mode du journal* a d'inintelligent ou d'exagéré. Mais ce qu'il y avait de plus surprenant dans les usages des dames, c'était de voir avec quelle profusion elles se chargent de bijoux; c'est bien là le pays des mines d'or! Des chaînes immenses, des bracelets, des bagues à tous les doigts et par-dessus les gants blancs. Malgré cela, on ne saurait méconnaître que la race, bien que plus faible que celle de leurs ancêtres, a plus de grâce et de distinction; elle a perdu ici les formes anguleuses et la roideur britanniques. Chez la jeune fille, le teint est toujours blanc et rose, mais plus mat; les cheveux noirs avec les yeux bleus sont plus fréquents; les dents surtout sont plus petites et plus belles, mais, paraît-il, tombent de bonne heure.

Ainsi, en peu d'années, le climat, la nourriture, ont eu sur ce peuple leur action inévitable.

Après cette première audition, je ne fus plus tenté de retourner à l'Opéra, et je préférai chaque soir aller entendre des pièces de Shakspeare, qui, pour être jouées d'une façon prétentieuse et exagérée, gardaient encore suffisamment le cachet du grand maître pour me captiver tout à fait. Là, le public aussi était différent et me plaisait infiniment plus par la couleur locale qu'il présentait. L'Opéra seul, ici, a le privilége d'attirer le *high life;* les tragédies, même de Shakspeare, sont laissées au peuple, qui s'y rend avec assiduité; mais quel peuple! quels types remarquables de *Fra Diavolo!* D'abord c'est le mineur heureux, avec son large chapeau, sa barbe longue et inculte, sa ceinture de cuir bondée d'or; puis le *stockman* à la physionomie hâlée, reconnaissable surtout à son vêtement d'une simplicité rustique, longues bottes armées de lourds éperons, chemise de flanelle et ceinture de cuir. Il faut voir comme ces gens, qui passent leur vie dans les bois, loin de la civilisation, emploient bien les quelques jours qu'ils doivent passer dans la ville; quels tonnerres d'applaudissements aux bons endroits, mais aussi quelles énergiques protestations si l'acteur reste en route ou si l'allusion leur déplaît. Complétez ce public par une forte proportion de Chinois, calmes et réservés comme à l'ordinaire; des marins de toutes les nations, aux allures franches, mais tapageuses, et vous aurez à peu près la composition de cet amalgame qui, à Sydney, forme le public aux drames de Shakspeare.

Dans cette jeune cité, où la misère n'existe pas et ne peut actuellement exister, où les règlements et les lois sont des plus libéraux, qui s'est développée loin du vieux monde et des habitudes dissolues qu'il a acquises, on est frappé de la grande immoralité qui s'étale partout au grand jour; il est certains quartiers de la ville où la police elle-même n'ose s'aventurer, où les débauches de l'ancien monde s'ajoutent à celles que le nouveau a pu créer ; c'est là que les étrangers au pays sont souvent attirés par des sirènes, complétement dévalisés, sinon assommés, sans que la police puisse jamais, non-seulement défendre, mais venger les victimes. — C'est là une affreuse verrue au front de cette superbe ville, et ses racines, si profondément ancrées, ont peut-être pris leur origine dans les convicts que l'Angleterre *eut autrefois le tort* de jeter dans ces belles contrées.

VI.

Le navire postal entre Sydney et la Nouvelle-Calédonie. — Son commandant. — Réflexions. — Un aventurier et une actrice parisienne. — Ma cabine et ses hôtes.

Cependant le temps s'écoulait et le navire qui devait m'emporter à la Nouvelle-Calédonie arriva; je me rendis à bord afin de faire visite au capitaine et lier connaissance avec l'homme de qui je devais partager la société pendant la traversée. C'était — comme il se plaisait à s'appeler lui-même — un vrai loup de mer, dont les cheveux avaient blanchi ou disparu au service de son pays. Il prit connaissance des lettres ministérielles dont j'étais porteur, et m'avisa aussitôt du jour, où il comptait partir afin que je fusse à bord avec mes bagages. Nous nous promenions depuis un instant sur le pont, la conversation était tombée dans des généralités, lorsque le capitaine, qui semblait soucieux, me dit tout à coup :

« Monsieur, je ne sais vraiment pas à quelle table vous faire manger. »

Cette brusque interruption me surprit, et n'en comprenant pas tout d'abord le sens, je me contentai de m'incliner, pendant que ma physionomie était pleine de questions :

« Vous êtes ingénieur, chargé d'une mission d'exploration, mais vous n'êtes ni officier ni assimilé, poursuivit le capitaine.

— C'est vrai, répondis-je.

— Or, continua le commandant, les officiers supérieurs ont seuls le droit de manger à ma table, et je ne sais si je dois vous y recevoir sans déroger aux règlements.

— S'il en est ainsi, commandant, m'écriai-je en souriant, je ne devrais manger nulle part à bord, car si je ne suis pas officier supérieur, je ne suis pas davantage officier subalterne, sous-officier ou matelot. »

Ce raisonnement enleva la difficulté, et il fut convenu que je mangerais à la table du commandant; cependant mon hôte futur ne semblait pas bien certain d'avoir pris la meilleure solution, et je m'étonnai de cette sorte d'irrésolution sur un point qui paraissait aussi simple. J'ajouterai donc, pour édifier le lecteur peu au courant des usages de la marine militaire, que sur chaque navire le commandant mange toujours seul, les autres officiers du bord ont une table commune. S'il se présente des officiers passagers, ils ne sont admis à la table du commandant qu'autant que leur grade est supérieur au sien et à celui de l'officier le plus gradé de l'état-major. Il en résulte que si des particuliers obtiennent leur passage sur des navires de guerre, il leur reste encore à obtenir à bord d'être admis à l'une des différentes tables, c'est-à-dire, celle du commandant, de l'état-major, du poste des aspirants de marine, des maîtres, ou enfin des matelots. Généralement les officiers se font un plaisir d'accepter en qualité de commensal un passager de bonne compagnie, mais aucun règlement ne les y oblige. Si j'insiste sur ce point, c'est afin de montrer combien à cette époque — et même aujourd'hui où il n'existe pas encore de services de paquebots, — il était pénible pour un gentleman qui voulait se rendre dans notre colonie, d'être obligé, pour avoir le toit et le couvert, de suivre toute cette filière, c'est-à-dire d'aller d'abord chez le consul solliciter le passage sur nos bateaux-poste, ensuite auprès des officiers pour leur demander d'être admis à leur table — ce que ceux-ci refusaient assez souvent; — dans ce cas restait la table des maîtres, qui, eux, étaient toujours heureux d'avoir pour convive un passager aisé dont la bourse augmentait un peu l'*ordinaire*. Certes, je ne fais point un reproche à l'officier de marine de refuser sa table à un passager, il use en cela d'un droit qu'il possède avec raison. Ce navire est sa maison, à cette table il est en famille, et il fait bien d'éviter les intrus qui pourraient le gêner; aussi, en faisant ressortir ce qui se passe lorsqu'un passager veut se rendre à la Nouvelle-Calédonie, je prétends simplement montrer combien il est regrettable que le gouvernement de cette colonie n'ait pas depuis longtemps avisé à établir un service de paquebots avec Sydney. Plusieurs compagnies particulières se sont présentées pour cette entreprise, elles ne demandaient comme subvention que des sommes qui atteignent à peine ce que nous coûte actuellement le service postal fait par nos navires de guerre, et cependant leurs offres n'ont pas été acceptées. Aussi qu'arrive-t-il? c'est qu'un capitaliste désireux de voir de près la Nouvelle-Calédonie et d'y fonder, s'il y a lieu, des établissements, recule toujours devant un voyage qui nécessite des démarches qu'il considère comme humiliantes. L'Anglais surtout, avec sa fierté naturelle, n'a jamais consenti à s'y soumettre. Aussi, malgré les éloges que chacun fait à Sydney des richesses naturelles de notre colonie, les capitaux australiens, déjà si abondants, n'ont pas encore pris une seule fois la direction de la Nouvelle-Calédonie; les seuls et rares colons qui nous arrivent de l'Australie ne sont donc pour la plupart que des gens dénués de ressources, des hommes que les mille hasards d'une vie toujours à la recherche des aventures, poussent incessamment d'un rivage à un autre. J'eus précisément à cette époque l'occasion de voir l'un de ces types d'aventuriers. C'était chez le consul :

nous voyons entrer un homme vêtu misérablement, sa barbe, ses cheveux étaient incultes et il s'appuyait sur un solide bâton de bois vert; il prit la parole en un français très-pur, dans lequel on ne distinguait aucun accent qui pût trahir à quelle région de la France il pouvait appartenir; il nous raconta qu'il arrivait à pied de Melbourne, — un trajet de six cent milles environ, — tout exprès pour trouver de l'emploi à Sydney.

« Que savez-vous faire? lui demanda-t-on.

— Je suis chocolatier de mon état, répondit notre homme.

— Mais les Anglais ne mangent pas de chocolat en Australie.

— Oh! reprit-il, je sais encore soigner les chevaux, faire la cuisine, raccommoder les souliers, et s'il y avait un *théâtre français* à Sydney, j'irais me proposer comme acteur, j'ai joué les rôles de *père noble;* je chante aussi.

— Les Anglais, lui objecta le consul avec beaucoup de raison, veulent qu'on ne sache qu'une chose, mais ils veulent qu'on la sache bien. Voulez-vous aller à la Nouvelle-Calédonie cultiver la terre?

— Mais oui, certainement, » s'écria notre homme.

Et nous avions un passager de plus. Comme en nous quittant il nous prévint qu'il n'avait pas un sou, je lui donnai une demi-couronne. A peine futil parti que le consul me fit en riant cette remarque sentencieuse :

« Si vous donnez une demi-couronne à chaque Français qui vient ici nous débiter les mêmes histoires, vous verrez bientôt le fond de votre bourse. »

Je dois ajouter que ce qu'il y a de plus regrettable dans nos colonies, c'est que la majeure partie des Français qui s'y rendent sont dans le cas de celui-ci ; ouvriers des villes pour la plupart, ils ignorent tout à fait le travail des champs, pour lequel, au reste, ils n'ont ni goût ni aptitude. D'autre part, ignorant la langue anglaise, il leur est difficile, par ce seul fait, de trouver un emploi, quelque habiles qu'ils puissent être dans leur métier, car les Anglais ont cela de regrettable qu'ils n'ont confiance que dans les hommes de leur nation et pensent trop souvent que rien de bon ne peut être fait en dehors de leurs méthodes.

Mais pour revenir à mon sujet, j'étais donc sur le pont de *la Calédonienne,* — c'est le nom du bateau-poste qui devait m'emmener, — lorsqu'un des nombreux *boat,* à la marche rapide, à la forme gracieuse et légère, qui sillonnent la rade, accosta notre navire; une dame qui s'y trouvait sauta légèrement sur le petit escalier suspendu en dehors, et, une minute après, elle était devant nous. Elle salua le commandant avec une grâce parfaite et dans un style des plus corrects, bien qu'un peu recherché, et se mit aussitôt à lui expliquer qu'elle était Française et actrice, arrivée depuis peu à Sydney avec l'espérance d'être engagée dans quelque théâtre français, mais que n'ayant trouvé aucune scène de ce genre et ignorant la langue anglaise, elle avait pris la décision de se rendre à la Nouvelle-Calédonie, où, dans tous les cas, il lui serait certainement plus facile, au milieu de Français, de se créer des moyens d'existence.

C'était à peu près la répétition de la scène que j'avais entendue chez le consul, à cette différence près que notre acteur et factotum avait l'air d'un drôle et d'un ours mal léché, tandis que cette nouvelle émigrante possédait vraiment toutes les allures d'une actrice parisienne. Bien qu'elle eût déjà dépassé la trentaine depuis un nombre d'années difficile et délicat à apprécier, elle avait cette beauté particulière et agréable que certaines brunes ont le talent de soustraire à l'influence du temps lui-même, le tout rehaussé par une sorte de *crânerie* toute française et bien de saison. Le commandant n'avait cependant point l'air de se laisser séduire le moins du monde, et ce fut plutôt avec roideur qu'il accepta de donner passage à cette recrue. Pour moi, j'étais stupéfait, car je ne me serais jamais attendu à avoir comme compagnon de route, pour un pays d'anthropophages, une charmante ex-étoile d'un théâtre de boulevard.

Cependant cette arrivée d'une jolie femme à bord de *la Calédonienne* y produisait une sorte de révolution; le second et le docteur, deux jeunes gens — qui composaient tout l'état-major, — regardaient de loin et d'un air intrigué cette visiteuse inaccoutumée. Ce n'était pas jusqu'aux matelots qui, tout en parant les manœuvres, jetaient des regards obliques sur notre groupe et échangeaient à demi-voix leurs observations. — Quant à moi, pressé de retourner à terre, car notre départ était prochain, je pris congé du commandant, fis approcher mon *boat* et retournai au rivage, me félicitant *in petto* du compagnon que le hasard nous envoyait pour rompre sans doute la monotonie d'un voyage sur un navire où, suivant toute apparence, je ne trouverais ni la société, ni le confortable des grands paquebots sur lesquels je venais d'accomplir la première partie de mon voyage.

Nous partions le 27; suivant les instructions du commandant de *la Calédonienne*, je me rendis à bord la veille au soir; je m'étais fait précéder de mes bagages, qui étaient nombreux, car j'emportais une foule d'instruments nécessaires aux études que j'allais entreprendre. Le ciel avait été menaçant tout le jour, et le temps était franchement orageux lorsque j'arrivai sur le quai. La rade était sillonnée de lames courtes que les rafales écrêtaient pour former une pluie horizontale. J'eus de la peine à trouver un homme qui consentît à mettre son *boat* à la mer pour me conduire à bord de *la Calédonienne;* il ne le fit même qu'après m'avoir fait observer que notre navire, avec un temps pareil, ne pourrait sans doute pas mettre à la voile le lendemain matin; cependant j'insistai et nous partîmes: mais je n'arrivai à bord que mouillé des pieds à la tête par les embruns[1] et les vagues elles-mêmes, qui embarquaient parfois d'une façon presque dangereuse. *La Calédonienne* était sous les armes; les échelles étaient enlevées, et je dus me hisser sur le pont à l'aide d'un cordage; je saluai le commandant, qui se promenait dans l'étroit couloir qui séparait le *rouff* du bordage, car pour l'aisance du capitaine, — et non pour celle de l'officier de quart et des gens de l'arrière, — on avait élevé sur sa chambre un *rouff*[2] qui tenait à peu près toute la largeur du pont, si j'en excepte toutefois un espace d'à peine un mètre de largeur qui formait, entre ce rouff et le bordage, une étroite galerie dans laquelle deux personnes ne pouvaient se promener de front. — C'est donc dans ce passage que se trouvait le commandant :

« Monsieur, me dit-il après quelques instants de conversation, craignez-vous le mal de mer?

1 On nomme ainsi la pluie d'eau salée que le vent emporte avec lui à la surface de la mer.

2 De l'anglais *roof* toiture.

— Je n'ai pas eu l'occasion de l'éprouver depuis que j'ai quitté la France, lui répondis-je; c'est à peine si les estomacs les plus délicats sont restés une ou deux fois sans paraître aux repas.

— Eh bien, monsieur, me répondit le commandant en jetant un regard sur le ciel, je vous souhaite la même chance demain. »

Là-dessus, ce digne marin appela l'officier de quart, donna ses ordres pour la nuit :

« On m'éveillera demain à cinq heures, » dit-il enfin.

Puis, au moment où il allait disparaître dans l'escalier qui menait à sa chambre, il se retourna de nouveau de mon côté et me dit :

« A propos, monsieur, votre cabine est dans le *carré* [1], c'est la seule qui soit disponible à bord; le timonier vous y conduira. »

A ce moment un matelot s'approchait de moi, son bonnet à la main : c'était celui qui devait faire mon service pendant la traversée; il me conduisit dans ma cabine, qui, en effet, donnait sur le carré des officiers; elle était assez vaste, éclairée par un *hublot*, et je n'avais certes pas à me plaindre de mon logement.

Je remontai bientôt sur le pont, car l'atmosphère était étouffante en bas, et quoique nous fussions

1 Salon des officiers.

aussi bien abrités que possible, la goëlette ne cessait de tanguer et rouler à l'extrémité de la chaîne de son ancre, comme un albatros pris à l'hameçon et qui cherche à s'échapper. Les deux officiers du bord dont j'ai parlé, un aspirant et un chirurgien, à demi-couchés sur le rouff, aspiraient la fumée de leur pipe avec cette nonchalance et cette quiétude qu'on ne trouve qu'à bord; je saisis cette occasion de faire leur connaissance, et bientôt, grâce à cette franc-maçonnerie naturelle de la jeunesse, il eût semblé que nous nous connaissions depuis longtemps. Je répondis avec plaisir aux nombreuses interrogations qui me furent faites sur la France.

Loin de France on s'occupe peu de ce que deviennent dans la mère patrie la politique et la religion; c'est là un des meilleurs côtés des colonies que cette indifférence que l'on y apporte pour ces deux grandes questions de nos sociétés, qui en ont été et en sont encore trop souvent le fléau, puisqu'elles divisent à chaque instant non-seulement les peuples, mais les familles. Nous parlâmes donc théâtre, art et littérature; puis la conversation tomba sur la Nouvelle-Calédonie, et je pus, pour la première fois, avoir une idée un peu nette sur cette île, encore à cette époque si mal connue de nos géographes, — partant si mal décrite.

Tout en causant avec ces jeunes officiers, je remarquai chez eux un peu de dépit lorsque je leur appris que le commandant m'avait pris à sa table; ils auraient été heureux de m'avoir pour commensal. Je ne pouvais que leur savoir gré de ce sentiment, qu'en vérité je partageais un peu.

« Mais, dit tout à coup le second; nous sommes consolés, car nous aurons à notre table l'actrice française que vous avez vue l'autre jour.

— Et je lui ai cédé ma propre chambre, poursuivit le docteur; je vais coucher sur un canapé pendant toute cette traversée.

— Ne craignez-vous pas, ajoutai-je, qu'avec un temps pareil elle n'ose venir à bord, et que le commandant appareille sans l'attendre?

— Il en serait bien capable! s'écria le docteur; mais comme les malles de cette dame sont à bord et que nous ne partirons pas sans pilote, si elle n'ose venir ce soir dans un *boat*, elle prendra ses dispositions pour arriver demain matin avec le bateau-pilote. »

A ce moment notre causerie fut brusquement interrompue par de larges gouttes de pluie qui se transformèrent bientôt en une grande averse. Nous gagnâmes nos chambres à la hâte, et bientôt après, enveloppé de ma couverture, je m'enfonçai dans ma couchette. J'étais là comme dans une boite qui aurait un peu plus de ma longueur et de ma largeur, mais dont la hauteur n'excédait pas deux pieds. Que l'on juge de ma stupeur lorsque, sur le point d'éteindre ma bougie, je m'aperçus que les nombreux joints des pièces de bois qui m'environnaient étaient garnis d'animaux avec lesquels j'étais encore peu familier et qui ne m'en paraissaient que plus effrayants; les uns, montrant la moitié de leur corps, semblaient me contémpler avec calme et suivre tous mes mouvements, les autres, plus prudents, ne laissaient sortir que leurs antennes, dont quelques-unes n'avaient pas moins de sept à huit centimètres de longueur; c'étaient les fameux cancrelas dont j'avais déjà eu l'occasion de connaître la hideuse existence, mais j'avais toujours été loin de m'attendre à me voir ainsi entouré dans mon lit par un millier de ces êtres nocturnes, qui, suivant leur usage, aussitôt ma lumière éteinte, devaient se mettre en devoir de parcourir mon lit dans tous les sens, marchant sur ma figure et sur toutes les parties de mon corps que, dans les pays chauds, on laisse si volontiers à découvert, mangeant mes cheveux, mes ongles, ma barbe et les dermes de la surface..... Je restai ainsi quelques secondes immobile et stupéfait de ce voisinage, lorsque ces êtres fétides, reprenant courage, se mirent à sortir de chaque fente, et, avec toute la rapidité de leurs longues jambes déliées, commencèrent leur course tout autour de moi et sur ma couverture; je n'y tins plus, en un clin d'œil j'étais hors de cette boîte empestée, qui continuait à se remplir des phalanges de ces hideux insectes...

J'entrai dans le carré; le docteur y prenait un grog en fumant son éternelle pipe :

« Pour Dieu, docteur, m'écriai-je, venez voir l'armée de cancrelas qui vient de me chasser de ma couchette.

— N'est-ce que cela? répondit le docteur en riant, dans huit jours vous n'y ferez plus attention et leur laisserez dévorer à l'aise le bout de vos oreilles; moi, j'ai une certaine affection pour ces insectes : quand je veux faire ma sieste et que le sommeil n'arrive pas, je suis leurs pérégrinations pendant des heures entières, et je vous dirais des choses très-curieuses sur leurs mœurs.

— Mais il est impossible qu'il y en ait autant dans votre lit que dans le mien, ajoutai-je.

— Vous allez en juger, » dit simplement notre chirurgien. Et, prenant une lumière, il me fit entrer dans sa cabine; là je n'eus besoin que d'un seul regard pour me rendre; soit que le temps orageux eût mis en émoi ces animaux, soit toute autre cause, on les voyait se promener dans les couvertures du lit, le long des murs, sur les meubles..... Le docteur sortit alors vivement deux ou trois volumes d'un des rayons d'une petite bibliothèque, et nous vîmes une troupe de cancrelas, qui s'abritaient derrière ces livres, se sauver effrayés dans toutes les directions; l'un d'eux, même, déployant ses longues ailes, prit son vol, mais d'une manière si stupide, qu'il vint lourdement s'abattre sur mon visage pour retomber ensuite sur le sol. J'en demeurai interdit.

« Et voilà, m'écriai-je, la chambre et le lit que vous abandonnez à la dame française passagère! Mais je préfère de beaucoup les coussins du carré, au moins on est là à découvert et l'on voit arriver l'ennemi. »

Ce disant, et comme il se faisait tard, je m'étendis sur un des coussins qui recouvraient les coffres d'armes placés tout autour du carré, et je ne tardai pas à y trouver le sommeil, en dépit des oscillations toujours croissantes du bateau et surtout des cancrelas, dont quelques-uns vinrent me visiter et passèrent légèrement sur mon visage; mais le sommeil était plus fort que ma répugnance, et ils purent bientôt s'ébattre à leur aise sur ma personne.

Le cancrelas, cet affreux et fétide insecte, est semblable aux *cafards* ou *ravets* de France, mais taillé sur un bien plus vaste patron. Comme on vient de le voir, ces animaux sont la plaie des navires qui stationnent dans ces parages; ils deviennent bientôt si abondants à bord, qu'on n'a pas d'autre ressource pour s'en débarrasser que de couler les bateaux de temps en temps; mais le remède est loin d'être radical, car les cancrelas ont laissé des œufs sur lesquels non-seulement l'eau, mais les froids eux-mêmes, n'ont pas de prise. Aussitôt émergés, ces œufs éclosent; de même, si le navire traverse ou même séjourne dans des parages trop froids, les cancrelas meurent; quant aux œufs, ils souffrent peu et fournissent de nouvelles générations de cancrelas aussitôt que l'on arrive dans les parages suffisamment chauds pour permettre leur éclosion.

VII.

L'appareillage. — La volupté de la vitesse. — Le requin et ses mœurs. — En calme. — Encore l'actrice parisienne; ses décadences et sa grandeur. — La pyramide de Ball. — Un danger évité.

Le lendemain, dès l'aube, le bruit des pas des matelots sur le pont, celui des cordages qui y étaient jetés, la voix du commandant, m'éveillèrent en même temps qu'ils m'annonçaient que l'*appareillage* était commencé; c'est toujours là une scène intéressante, et je m'empressai de grimper l'escalier qui y conduisait. J'étais déjà assez habitué à la navigation pour que mon premier coup d'œil fût pour l'état du ciel; il était rien moins que rassurant : des nuages déchiquetés, teintés de noir et de gris, le traversaient rapidement sous les efforts d'une brise puissante qui se transmettant jusqu'à nous, malgré la ceinture de collines qui nous environnait, sifflait dans nos cordages et soulevait les eaux de la baie. Le pavillon qui appelle le pilote était hissé, mais aucune voile déployée dans la direction des quais de la ville n'indiquait l'arrivée de ce guide; malgré cela, notre commandant poursuivait l'appareillage avec autant de calme que s'il eût eu à son bord tous les pilotes de Sydney.

La Calédonienne est une belle goëlette, renommée pour son allure supérieure; elle a été, dit-on, taillée sur un patron américain et de la façon la plus heureuse du monde; basse sur l'eau, allongée, effilée, s'élevant sous l'action des lames les plus légères, tout en étant fort stable, portant la toile de la meilleure manière; telles sont les excellentes qualités de cette jolie goëlette que j'eus plus d'une fois l'occasion d'éprouver, et à laquelle je n'eus jamais d'autre reproche à faire que celui de posséder des hôtes aussi incommodes que les cancrelas.

Notre commandant, je l'ai dit, n'était pas ce que l'on nomme parfois dans la marine une *malle en cuir*, c'est-à-dire un de ces officiers de l'escadre méditerranéenne dont l'oncle ou le protecteur habite Paris, et qui, sous le plus léger prétexte, se rend aussitôt dans la capitale avec sa confortable *malle en cuir*, et là, loin même des rafales du golfe du Lion, jouit du prestige attaché à l'état de marin sans en éprouver autrement les misères; notre commandant, je l'ai dit, était un loup de mer; d'une brusquerie peut-être exagérée, mais qui plaisait néanmoins par une tournure typique et *sui generis*.

Au moment où je parus sur le pont, les hommes viraient au cabestan; ils aidaient cette opération par leurs chants habituels, où l'on trouve l'improvisation dans la plus naïve simplicité; les grands enfants que ces hommes à la peau hâlée, que rien ne rebute ou ne fait trembler!

« L'ancre est à pic, commandant! » s'écrie tout à coup le maître de manœuvre. C'est le moment solennel : l'homme de barre, dont la mission est surtout maintenant importante, est plus attentif que jamais; on hisse les voiles rapidement, presque avec frénésie, pendant que l'ancre cède sous un dernier effort au cabestan et *dérâpe;* libre maintenant sur les flots, la goëlette se met en marche obéissant au gouvernail et à l'impulsion de la brise qui presse sur ses voiles.

Cependant je l'ai dit, malgré le pavillon qui appelait le pilote, celui-ci, voyant l'aspect du temps, ne se décidait pas à se rendre à bord; mais lorsque du rivage on s'aperçut que nous hissions nos voiles et que décidément nous allions prendre le large, le pilote s'empressa de nous donner la chasse, soit pour gagner sa prime, soit pour sauvegarder son amour-propre blessé de la fausse supposition qu'il avait faite, en pensant que nous ne prendrions pas la mer avec ce gros temps; mais notre commandant n'était pas homme à attendre; il connaissait suffisamment la route, et avec toutes nos voiles inférieures au *bas ris,* nous avions encore les jambes plus longues que le pilote, qui faisait cependant tous ses efforts pour nous atteindre. Cette lutte avait surtout de l'intérêt pour le docteur, qui ne donnait aucune excuse au commandant pour ne pas avoir attendu la passagère française.

« Elle est peut-être sur le bateau-pilote, ajoutait-il, et il ne l'attend même pas. »

Malgré notre faible voilure, mais à cause de la force de la brise et de la douceur relative de la mer dans la baie, notre allure était rapide, et nous pûmes bientôt franchir le goulet; mais nous tombâmes alors subitement dans une *mer démontée;* notre goëlette mettait tout à son aise *le nez dans la plume,* suivant la pittoresque expression marine; c'était admirable de voir comme *la Calédonienne* se comportait bien au milieu de ces vagues furieuses qui s'entre-choquaient et se brisaient sans cesse tout autour de nous; on eût dit une créature animée et intelligente, sachant glisser rapidement entre deux lames, s'élever légère sur la côte de cette montagne liquide qui arrivait sur elle menaçante et semblait devoir l'engloutir; aussi, bien que le pont fût très bas sur l'eau, les lames n'avaient pas le temps d'*embarquer*.

Nous étions à peine en pleine mer que nous aperçûmes plusieurs grands navires : nous les reconnûmes aussitôt; ils avaient quitté la veille le port de Sydney et avaient dû passer la nuit *à la cape;* ils reprenaient leur route sous une si faible voilure, que nous gagnions rapidement sur eux; l'un de ces vaisseaux était un de ces solides et rapides *clippers* qui font le trajet de Sydney à Londres. Il sembla éprouver quelque honte en voyant notre petite goëlette affronter, avec une pareille brise et une semblable voilure, une mer aussi tourmentée; aussi déploya-t-il de la toile et se perdit bientôt à nos regards dans une direction autre que celle que nous suivions nous-mêmes. Quant au reste de cette flottille, qui comptait de beaux trois-mâts marchands, nous les atteignîmes avant le milieu du jour, et vers le soir ils étaient perdus dans les brumes qui recouvraient nos sillages de la journée. Nous avions, il faut le dire, l'allure *au plus près*, c'est-à-dire la plus favorable avec les voiles latines; et dans ces conditions *la Calédonienne* aurait hardiment entamé la lutte avec la meilleure frégate à voile de nos flottes.

Cependant les allures saccadées de notre navire se traduisaient chez nous par les symptômes du mal de mer, et bien que je me fusse flatté moi-même d'être pour toujours à l'abri de ce fléau des voyages en mer, je vis en cette circonstance que personne n'en est exempt; la plupart des hommes de l'équipage ne purent même pas *boire leur quart de vin;* c'était là une preuve péremptoire du mauvais état de la mer et des secousses épouvantables que nous éprouvions; mais en dépit du malaise qui s'était emparé de moi, je ne quittai pas le pont de la journée. Je ne pouvais détourner mes regards de ce grandiose spectacle de l'homme en lutte avec les éléments, et j'éprouvais cette volupté du danger qui est certainement une des plus grandes, mais aussi une des moins connues et des moins appréciées ; je n'en avais jusqu'alors trouvé qu'une seule qui lui fût comparable, bien qu'elle soit loin aussi d'avoir été célébrée autant que celle des tempêtes, je veux parler de la *volupté de la vitesse ;* c'est à cheval, à fond de train, à travers la campagne, loin des chemins, sans but autre que celui de dévorer l'espace et de franchir les obstacles, que l'on éprouve cette violente sensation ; vient ensuite la sensation, plus rarement appréciée, mais incomparablement plus grande, que l'on ressent sur une locomotive au moment où elle atteint cent vingt kilomètres à l'heure, deux kilomètres par minute, trente-trois mètres à la seconde, c'est-à-dire aussi vite que les ouragans qui déracinent les arbres, emportent les toitures. Ce n'est point sur les coussins d'un vagon qu'il faut se placer pour jouir de ce spectacle ; c'est sur la locomotive elle-même, sur ce coursier de bronze, de fer, d'acier, dont chaque pièce témoigne de la grandeur du génie humain ; vous la voyez alors, cette masse vibrante, qui s'élance éperdue dans l'espace ;

elle bondit sur les rails d'où se dégagent des gerbes de feu, éclairant l'obscurité de la nuit ou celle des tunnels; elle serpente comme si elle voulait se dégager de ces guides de fer, pendant que son pilote, son âme, accroché sur elle comme un Pygmée, active encore cette vitesse furibonde en lançant toujours dans la fournaise de nouveaux aliments; mais ce coursier d'un nouveau genre n'est jamais haletant, et si le manque de vapeur, la fusion des barreaux de fer de la grille au contact d'un brasier dont la violence du courant d'air décuple l'ardeur, enfin la terreur qui finit par s'emparer de l'homme lui-même, ne mettaient jusqu'ici un terme à cette vitesse, elle arriverait sans doute à dépasser de beaucoup celle des vents les plus violents qu'on ait jamais mesurés sur la terre. — C'est pendant que la goëlette fuyait à toute vitesse devant la brise, à travers les lames courroucées, que je me rappelai ces impressions de voyage en locomotive.

Le gros temps dura deux jours, et nous permit de faire une route rapide. Tout nous promettait donc une prompte arrivée, lorsque peu à peu le vent tomba au point que nous ne filions plus que trois nœuds à l'heure; c'était le pronostic d'un calme qui, en effet, ne se fit pas attendre bien longtemps, car vers le soir du quatrième jour de notre départ la brise cessa tout à coup, la mer devint aussi polie qu'une glace, et les voiles tombèrent mortes, immobiles le long des mâts. De nombreuses galères se mouvaient lentement dans les eaux transparentes de la mer, et nous en prîmes un certain nombre pour les examiner de plus près; cette distraction devint bientôt monotone, et nous tombâmes dans cette inquiétude, cette tristesse insurmontable qui ne manque jamais d'envahir l'esprit du marin lorsqu'il voit son navire immobile et silencieux, mort pour ainsi dire au milieu de cette nature muette. Mais un cri tout à coup s'éleva de l'arrière. Un des hommes de quart, en se penchant sur le bastingage, avait aperçu un requin; ce fut une révolution à bord, et je ne crois pas que si le feu eût été au navire, on eût mis plus d'empressement à courir aux pompes que l'on en mit à s'armer pour combattre cet ennemi héréditaire et naturel des matelots, le requin. En quelques secondes l'émerillon fut apporté par le maître d'équipage, le cuisinier fournissait en même temps un énorme morceau de lard bien gras, et c'est avec mille précautions que cet appât fut ficelé autour des trois branches de l'émerillon. Cet instrument, dont chaque navire est muni pour prendre le requin, est un hameçon à triple bec, en fer, aussi gros que le pouce; il est retenu sur une certaine longueur par une chaîne qui peut résister aux dents du squale, et celle-ci par une corde. Enfin le maître, penché sur le couronnement de l'arrière, laissa filer doucement sa ligne dans la mer; quant au reste de l'équipage, officiers et matelots, ils se pressaient de toute part, pour ne perdre aucun des détails de la scène.

Le requin se meut avec lenteur dans la mer, et je ne crois pas qu'il lui soit possible de faire la chasse aux poissons autrement que par surprise; je pense même que la plupart du temps il ne mange que leurs cadavres et les débris de toute sorte qui flottent au sein des eaux. Sa principale nourriture consiste dans les nombreuses méduses et les innombrables mollusques dont les mers chaudes sont remplies. C'est le long des rivages surtout qu'il vit d'une façon plus normale et qu'on le rencontre avec la plus grande abondance; là, j'ai eu occasion de le voir en troupes de huit ou dix, rasant lourdement les bas-fonds ou la surface des coraux, et y *paissant* les coquillages, les holothuries, les mollusques de toute sorte qui y abondent : c'est dans ce cas que la bouche du requin est bien placée, car, au lieu d'être sous son menton, si elle se trouvait comme celle du brochet, par exemple, il serait obligé de se tenir vertical et la tête en bas pour prendre sur le sable les uns après les autres tous ces petits mollusques dont il fait sa nourriture habituelle. Ainsi, une fois de plus, nous reconnaissons que dans la structure de chaque animal existe une harmonie complète entre les organes et les fonctions qu'ils sont appelés à remplir habituellement.

Le requin, outre la lourdeur de ses mouvements dans l'eau, semble encore très-mal doué sous le rapport de l'intelligence, et je crois que la plupart de ceux que l'on rencontre en pleine mer y sont contre leur gré; ils se sont laissé emporter loin des côtes à la suite d'un banc de méduses peut-être, ils n'ont plus su revenir, et ils errent à travers l'Océan, perdus et affamés. Heureux s'ils rencontrent un navire, ils suivent son sillage pendant des journées, faisant leur proie de tout ce que l'équipage jette à la mer; aussi ne doivent-ils abandonner le bâtiment que s'ils rencontrent sur la route quelque autre proie à laquelle ils se mettent à donner la chasse. Ce qui vient à l'appui de cette thèse, c'est que la plupart des requins que l'on trouve ainsi en pleine mer ont l'estomac complétement vide de nourriture autre que celle qu'ils ont reçue du bord.

Nous étions donc dans de très-mauvaises conditions pour prendre *Jean Requin.* Outre le voisinage de quelques petites terres, la mer, comme nous l'avons vu, était chargée de méduses; aussi notre squale, au lieu de se précipiter goulûment sur l'hameçon, se contenta de flairer l'appât; il le poussa plusieurs fois du bout de son nez comme s'il eût voulu jouer avec lui; une ou deux fois même, il se retourna à demi et commençait à nous montrer sa formidable mâchoire. Mais trouvant sans doute ce mouvement trop pénible, la paresseuse et lourde bête reprit sa position normale et s'enfonça lentement dans les profondeurs des eaux; sa silhouette, que l'on apercevait si bien tout à l'heure, s'assombrit de plus en plus, et enfin disparut aux regards ardents et désespérés de l'équipage, qui avait suivi chacun des mouvements du squale en passant par toutes les transitions de la joie au désespoir.

C'était la première fois que je voyais un requin, et je regrettai avec autant de force que le dernier des mousses du bord de voir cette proie nous échapper; mais depuis lors j'eus bien souvent l'occasion d'en examiner de près, et si je n'avais peur de soulever contre moi les *holà* des marins en disant tout ce que je pense du squale, je pourrais assez facilement montrer que leur ennemi légendaire est presque une victime de la calomnie. En tout cas, dans cette circonstance, ce requin dédaigneux nous fit perdre une excellente occasion de nous distraire pendant une heure, et d'oublier la triste immobilité dans laquelle l'absence de brise nous plongeait.

Le lendemain, dès l'aube, j'étais sur le pont, le commandant m'y avait devancé, et pendant que nous échangions nos salutations, je m'aperçus que sa physionomie avait un cachet d'inquiétude inusité. Le calme de la veille continuait à régner, et je m'étonnai qu'un aussi faible contre-temps pût tourmenter à ce point cet homme, qui m'avait semblé posséder une véritable philosophie de marin; mais en parcourant moi-même l'horizon d'un regard, quel ne fut pas mon étonnement en voyant tout près de nous deux terres élevées qui se dressaient au-dessus du miroir des eaux, éclairées par les premiers rayons du soleil! Ce spectacle était magique, et je ne pus retenir un cri de surprise. Nous étions nous-mêmes restés immobiles depuis la veille. Ces terres avaient donc surgi du sein des eaux pendant la nuit!

« Mais, commandant, m'écriai-je, expliquez-moi donc ce phénomène, auquel je ne comprends absolument rien.

— Il n'est cependant que trop facile à expliquer, répondit le capitaine. Les courants nous ont fait marcher cette nuit, et pour notre malheur peut-être, dans la direction de ces maudites roches; si le calme et le courant durent encore dans le même sens, nous sommes exposés, cher monsieur, à coucher sur ces nids de goëlands. »

Je comprenais maintenant l'inquiétude que j'avais remarquée chez le commandant; mais l'équipage ne semblait pas la partager le moins du monde, tant le marin s'habitue à ne plus compter sur autre chose que sur la volonté absolue qui le gouverne. A l'avant, les matelots, rendus oisifs par le calme, jouaient entre eux et poussaient des éclats de rire inusités, au point que j'en voulus savoir la raison, et, m'avançant de ce côté, j'y trouvai que la cause de l'hilarité était le Français, que l'on n'a peut-être pas oublié, et que notre consul de Sydney avait engagé à se rendre à la Nouvelle-Calédonie. En sa qualité d'acteur et de chanteur, il avait organisé une sorte de tréteau sur lequel, avec deux ou trois matelots de bonne volonté, il jouait une pièce de circonstance. J'arrivai juste au moment où notre homme entonnait quelques couplets de sa façon dans lesquels la prosodie n'était pas fort respectée, mais qui ne manquaient point par ailleurs d'une tournure originale ; aussi enleva-t-il les bravos de l'auditoire goudronné. Le poëte rappelait dans ses chants toutes les misères des premiers jours, la tempête, les vents, la pluie, le mal de mer ; enfin il célébrait le retour du soleil et du calme, promettant qu'une brise favorable ne tarderait pas à s'élever pour nous conduire jusqu'au port.

Le docteur, qui avait écouté toutes ces tirades, riait aux larmes, et fit servir une rasade à chacun des acteurs.

« Je vous assure, me dit-il, que ce drôle ne manque pas d'esprit, et, si cela était possible, je l'aurais invité au *carré*, où il nous eût divertis en nous faisant oublier l'absence de la gentille actrice.

— Vous devez vous consoler, cher docteur, car vous la retrouverez certainement quelque jour, soit à la Nouvelle-Calédonie, soit à Sydney ; il faudra bien que vous lui rendiez ses bagages qui sont à bord.

— En effet, poursuivit le docteur; elle a même envoyé un assez grand nombre de caisses. Si l'on en juge d'après leur volume, elle doit avoir tous les costumes des différents rôles qu'elle a joués dans sa vie; mais je crains bien pour leur fraîcheur le séjour du navire : on a mis tout cela dans la cale, et les cancrelas ont dû s'empresser d'élire leur domicile au milieu des robes de soie et des dentelles, où ils seront plus douillettement que sur les vareuses des matelots ou dans les plis des toiles à voiles. »

Hélas! cette supposition du docteur n'était que trop réelle, et l'histoire des péripéties de ces malheureuses malles, pleines de costumes de princesses, marquises ou autres, nous pourrait encore retenir pendant deux ou trois pages; mais comme le lecteur a peut-être hâte d'arriver à la Nouvelle-Calédonie, je donnerai seulement un récit sommaire des pérégrinations que subirent les bagages de la dame française.

Lorsque notre goëlette fut arrivée dans la colonie, elle transborda les malles de l'actrice sur le brick *la Gazelle*, qui allait partir à Sydney pour y chercher le courrier suivant; mais ce navire ayant reçu un contre-ordre, dut se rendre aussitôt dans une autre direction, et cela si précipitamment, que son capitaine ne songea point à débarquer ces bagages. Ce n'est qu'un mois après que ce brick revint et partit pour Sydney. Pendant ce temps, qu'adve nait-il de notre abandonnée? Une colère assez légitime s'était emparée d'elle lorsque, arrivant sur le quai le matin où nous devions lever l'ancre, elle ne put assister que de loin à l'appareillage et au départ à pleines voiles de la goëlette qui emportait tous ses costumes de théâtre, la ressource sur laquelle elle avait compté pour vivre. Si encore elle eût parlé la langue anglaise! Cependant elle se consolait en pensant que le navire suivant lui rapporterait ses malles. Mais cette mésaventure l'avait quelque peu désenchantée sur notre colonie et lui enlevait tout désir de s'y rendre; pourtant, lorsque le *courrier* français revint et qu'elle ne trouva point ses bagages et ses costumes à bord, elle changea d'avis et se décida à aller les chercher à la Nouvelle-Calédonie même. La mauvaise fortune qui se jouait alors de cette pauvre dame n'avait point terminé avec elle, car elle arriva précisément dans notre colonie le lendemain du jour où *la Gazelle* lui ramenant ses bagages était partie pour Sydney. C'était encore un retard de plus d'un mois; aussi, lorsqu'elle put enfin recouvrer ses malles qui avaient séjourné si longtemps dans les cales, elle les trouva habitées par des milliers de cancrelas qui avaient troué ou sali tous ces beaux costumes destinés à faire l'admiration de la population antipodiale. Cependant, tant de traverses courageusement et dignement supportées ne devaient pas rester sans récompense, et quelques mois après son arrivée à la Nouvelle-Calédonie, la brune et sémillante Parisienne épousait un des plus riches colons de l'île.

Maintenant que j'ai rassuré le lecteur sur le sort de la dame française que nous avions laissée sur le quai de Sydney pendant qu'une violente brise nous emportait au large, je reviendrai sur le pont de *la Calédonienne.* Elle était toujours immobile au milieu du calme, mais sensiblement portée par les courants sur les deux terres que le hasard nous faisait ainsi rencontrer, et qui sont bien rarement aperçues d'aussi près par les navigateurs. Pendant que je faisais un croquis de ces deux îlots dont les profils se détachaient si nettement sur un fond des plus clairs, le lieutenant m'en donnait l'historique [1].

En 1878, un des navires qui vint avec des *convicts* anglais en Australie pour y créer les premiers établissements européens, rencontra ces deux terres par 31° 36′ de latitude sud et 159° de longitude : l'une d'elles est une aiguille gigantesque, mais un

[1] Ce sont peut-être les îlots du monde les plus élevés relativement à leur faible surface ; les falaises de Lord-Howe atteignent huit cents mètres de hauteur.

D'après ces caractères extérieurs, je suppose que ces deux îlots sont d'origine volcanique, et cela d'autant plus que l'on me rapportait que leurs rivages étaient couverts de pierres ponces, émanées sans doute de volcans sous-marins peu éloignés.

peu penchée; on la nomma *Pyramide de Baîl,* du nom du capitaine du navire qui la rencontra; l'autre, qui fut baptisée *Lord-Howe,* est un îlot presque partout entouré de falaises d'un accès difficile. Les Anglais y abordèrent néanmoins; ils trouvèrent les rivages couverts d'excellentes tortues, dont la plus petite pesait au moins cent cinquante livres : ils purent en embarquer dix-huit, qui furent même d'un grand secours à l'équipage, extrêmement affaibli par le scorbut.

Lord-Howe, dont le sol est presque partout stérile, n'a que vingt milles de circonférence. Elle nourrissait encore une sorte d'oiseau de la forme et de la grosseur de la poule de Guinée, mais qui avait un plumage blanc et la tête surmontée d'une membrane charnue, rouge et fine; ces oiseaux, qui ne volent pas, ont tous été détruits à coups de bâton ou de pierres par les premiers navigateurs qui touchèrent ces rivages, et il est fâcheux pour la science que l'on n'ait pas conservé quelques spécimens ou dessins de ces bipèdes, d'autant plus que dans la plupart des îles de ces parages on a trouvé des oiseaux analogues, ne pouvant pas voler, et dont la ressemblance ou l'identité aurait pu, dans certains cas, donner une nouvelle preuve que des terres aujourd'hui éloignées, communiquaient autrefois. Qui sait, par exemple, si cet oiseau de *Lord-Howe,* dont il ne nous reste qu'une description sommaire, n'était pas le même que Cook rencontra en domesticité chez les indigènes de Balade à la Nouvelle-Calédonie, et que l'on n'a plus retrouvé de nos jours, soit que les indigènes l'aient détruit pour lui substituer nos poules, soit qu'ils aient été vendus comme vivres aux baleiniers qui relâchèrent souvent dans ces parages depuis le commencement du siècle?

Au reste, aujourd'hui où les sciences sont poussées assez loin pour qu'on ait le désir de faire des recherches, non-seulement sur les causes, mais encore sur l'origine des choses, on trouve à chaque instant de ces lacunes dont la plupart ont été faites par la main brutale de l'homme lui-même, insouciant ou ignorant.

Lord-Howe est encore visitée en ce moment par des baleiniers, qui y trouvent de l'eau et quelques vivres que leur fournissent deux ou trois familles européennes qui végètent sur ces rochers, vivant de pêche et de culture, échangeant ainsi leur superflu avec les rares visiteurs que le hasard amène. J'aurais certainement été fort satisfait de voir de près de semblables êtres, qui, de leur propre mouvement, viennent ainsi au travers des mers s'isoler avec leur famille sur un roc de cinq ou six lieues de largeur. Quelles vicissitudes, quelles déceptions, ou quelle organisation particulière les a déterminés à subir cet exil volontaire? Car il ne faudrait point croire que les hommes qui s'y condamnent soient tous des aventuriers brutaux et ignorants; loin de là, plusieurs d'entre eux connaissent la civilisation et y pourraient tenir un rang par leur savoir. Méprisent-ils nos sociétés aux vues étroites, aux préjugés sans nombre, ou bien est-ce la soif de l'indépendance et l'amour de la domination qui leur font préférer d'être les premiers sur un rocher que les derniers dans leur patrie? Oui, j'aurais été heureux de les voir de près, ces Européens qui se sont pliés par goût à toutes les exigences de la vie du sauvage, alors que celui-ci ne saurait se soumettre à la nôtre; mais notre commandant n'était pas d'humeur à envoyer un de ses canots à terre, il ne quittait plus le pont, et son œil scrutait chaque point de l'horizon pour y chercher quelque indice d'une brise qui nous eût éloignés de ces rochers dont les courants nous rapprochaient toujours. Mais nous devions échapper à ce danger. Vers le soir, quelques rides apparurent sur les eaux : ce n'était qu'un souffle qui les formait, insensible pour l'homme, mais suffisant pour relever nos voiles, appuyer le navire, lui permettre de gouverner et de reprendre sa route avec une vitesse de deux nœuds à l'heure : nous étions sauvés.

VIII.

La mer des tropiques et ses bêtes. — La Nouvelle-Calédonie et ses récifs. — Une illusion d'optique. — Nouméa, le chef-lieu, et son origine. — Critique. — Civils et militaires. — Un chef indigène.

Le lendemain, la brise avait fraîchi, et le seul incident de la journée fut la présence d'une troupe de petites baleines ou souffleurs qui resta en vue pendant plusieurs heures ; cette famille était probablement en fête, car ils ne cessaient de bondir et de se culbuter, sautant parfois si loin hors de l'eau, que l'on voyait reluire au soleil leur ventre humide et d'un blanc jaunâtre. Nous approchions des tropiques; les bandes de poissons volants de plus en plus nombreuses nous en auraient, au reste, prévenus. Qui n'a entendu parler de ce curieux animal, qui dans son vol peut s'élever jusqu'à cinq mètres hors de l'eau et parcourir, à raison de six mètres par seconde, une distance de trois cents mètres sans retremper ses ailes dans la mer? A l'approche de notre goëlette, ne comptant pas sur leurs longues nageoires, qui ne leur permettent pas dans l'eau une fuite rapide, ils s'envolaient de toute part en bandes nombreuses, car rien n'est timide comme ce malheureux poisson, qui compte tant d'ennemis. Il lui est surtout difficile d'échapper à la dorade, aux nageoires si puissantes; il a beau prendre son vol, il faudra qu'il retombe à la mer pour humecter ses ailes : c'est une perte de temps. Enfin, au deuxième ou troisième vol, s'il n'a pas réussi à dépister l'ennemi, il tombe fatigué, hors d'haleine, à la merci de l'implacable dorade, qui, à chaque bond au milieu de ces petits êtres sans défense, fait une nouvelle victime; la moitié de la bande est déjà engloutie avant que les autres aient eu le temps de s'enfuir et de se disperser. Mais ce n'est là qu'une simple répétition de ce qui se passe toujours dans la mer, où nous retrouvons au plus haut degré cette exigence de l'organisation de certains animaux qui les force à dévorer leurs semblables pour conserver l'existence. N'est-ce pas aussi dans la mer que, sur notre planète, la vie a pour la première fois revêtu une forme? Quoi d'étonnant alors que ce point de départ de tous les êtres actuels possède ce cachet brutal d'un premier essai?

Nous eûmes l'occasion d'assister à une de ces chasses dont je viens de parler, et que le marin suit avec d'autant plus d'intérêt que lui-même ne tarde pas à se mettre de la partie. La dorade, loin d'être effrayée par la présence d'un navire, se plaît au contraire à en faire le tour pendant quelques instants; c'est alors qu'on cherche à s'en emparer. On a préparé pour cela un hameçon qui a exigé toute l'adresse du maître voilier, car il n'est autre chose qu'un morceau de toile à voiles, enveloppant de l'étoupe, et cousu de façon à représenter très-exactement un poisson volant; seulement le fil de fer de la ligne le traverse dans toute sa longueur, et l'hameçon est dissimulé dans la queue. Pour mieux tromper sa proie, on donne ensuite à la toile la couleur du poisson volant. Aussitôt que la dorade est signalée, on jette sa ligne, et toute l'adresse consiste à la tirer rapidement à soi lorsque la dorade n'est plus qu'à une petite distance de l'hameçon; trompé par ce mouvement et la forme de l'appât, le poisson chasseur s'élance comme un trait, avale l'appât et se laisse haler à bord le plus facilement du monde. C'est ainsi que nous prîmes un de ces poissons, les plus rapides qui existent, puisqu'ils peuvent en jouant faire le tour d'un navire lancé à toute vitesse et se promener avec aisance de l'avant à l'arrière. — La dorade, avant de mourir, présente un phénomène que nous eûmes l'occasion d'examiner et qui n'est pas sans intérêt; à peine sur le pont et pendant les quelques minutes qui précèdent sa mort, ce poisson change constamment de couleur, affectant d'une manière successive toutes les nuances de l'arc-en-ciel. — Notre prise avait environ quatre-vingts centimètres de longueur, elle passa sur la table du commandant et celle des officiers; mais, malgré les efforts des cuisiniers, nous trouvâmes que la chair en était sèche et coriace.

La distance qui sépare Sydney de la Nouvelle-Calédonie est de trois cent soixante lieues environ; mais comme on passe de la zone des vents variables à celles des alizés, c'est-à-dire que l'on doit traverser une région qui présente soit des calmes plus ou moins longs, soit des coups de vent, soit des brises inattendues, la durée du trajet pour les navires à voiles peut varier entre cinq jours et un mois; pour nous, ce fut la quinzième journée de notre départ que cette terre, le but de mon voyage, fut enfin signalée. La mer et la brise étaient des plus favorables, et nous approchions rapidement de ce point noir qui peu à peu s'élevait au-dessus de l'horizon, s'allongeait, se profilait; mais voilà qu'entre ces rivages et nous, apparaît sur la mer une ligne blanche qui, s'étendant à perte de vue, parallèlement à la direction des terres, semble nous en interdire l'abord : c'est la ceinture de corail qui enveloppe l'île de toute part et qui fit dire aux premiers navigateurs que l'on ne ferait jamais rien de ce pays, car il n'était possible d'y aborder que dans un très-petit nombre de points. Mais, avec le temps, on a fini par reconnaître que cette ligne de corail était coupée de distance en distance de façon à présenter des canaux plus ou moins droits, plus ou moins larges, qui prennent le nom de passes et qui permettent aux navigateurs d'atterrir; ces ouvertures correspondent ordinairement à l'embouchure des rivières un peu importantes de l'île : il semble que le courant de ces fleuves, se prolongeant dans la mer, et leurs eaux plus douces, suffisent pour rompre la continuité de la barrière madréporique, en s'opposant au développement, à la vie, aux travaux des infatigables et innombrables zoophytes qui forment ces murailles.

A mesure que nous approchions davantage, les officiers du bord, *relevant* les sommets et les caps connus qui se détachaient maintenant avec une grande netteté sur le ciel pur, s'assuraient à chaque instant, sur la carte marine, de la bonne direction du navire. L'aspect des récifs devenait de plus en plus saisissant, et il est en effet difficile d'imaginer un spectacle qui présente plus de grandeur et plus de majesté. Que l'on se figure, en effet, des milliers de lames rapides, silencieuses, gigantesques, qui s'élancent sans cesse, béliers puissants, contre cette barrière d'animalcules infiniment petits; mais elles ne parviennent pas même à l'ébranler, malgré la puissance de leurs chocs : chaque vague se brise avec un bruit tantôt sourd, tantôt retentissant, que la brise emporte à de grandes distances et qui éveille la nuit l'attention du pilote. Sur le pont d'un navire on n'entend jamais ce grondement lointain sans être pénétré d'une certaine terreur, et le marin le plus expérimenté est celui-là même dont le front devient le plus soucieux. Mais notre goëlette va entrer dans la *passe*, c'est le moment solennel; un silence absolu règne à bord, troublé seulement par le clapotement de la lame qui frappe les flancs du navire, le *fasiement* d'une voile ou le grincement du gouvernail; le capitaine lui-même ne parle que du geste aux hommes de barre attentifs : c'est qu'une fausse manœuvre, une saute de vent, un calme subit, un courant imprévu, une bourrasque, seraient peut-être pour tous un arrêt de mort... Nous voilà dans la passe elle-même; deux murailles d'écume étincelante nous entourent; le mugissement des flots qui se brisent, se déchirent, s'élancent avec furie, remplit l'espace... Notre légère goëlette poursuit sa route au milieu de cette lutte acharnée des éléments, insouciante de ces écueils qui pourraient l'anéantir en un instant..... et moi, pensif, étonné devant un spectacle aussi grandiose, j'admirais le génie de l'homme, qui lui permet, malgré sa faiblesse physique, d'affronter et de vaincre avec autant de facilité la force incalculable des éléments en courroux.

Mais si de nos jours, où le navigateur possède des cartes et l'expérience du danger, on tremble encore en face des récifs, quelle habileté, quelle hardiesse ne fallut-il pas à celui qui découvrit cette île pour lancer ses navires au travers de cette barrière de corail et gagner le rivage ! Cet acte seulement suffirait à la gloire d'un homme; mais celui qui en est capable devait nécessairement avoir montré son génie en mainte autre circonstance, et c'est là un des hauts faits du capitaine Cook qui se perd au milieu de tous les autres.

Absorbé dans ces réflexions, je suivis assez longtemps de l'œil la barrière écumante que nous venions de franchir, et lorsque je reportai mes regards vers la terre, nous en étions assez près pour en distinguer exactement les détails au moyen de la lunette. C'est avec une sorte d'avidité que je m'empressai de promener mes regards sur ces contours élevés, sombres et nuageux, que je devais parcourir en explorateur.

Une légère goëlette avait apporté le pilote à bord, et le commandant put me donner quelques détails : « Nous sommes, me dit-il, dans le canal qui sépare la terre des récifs; ceux-ci forment, contre la haute mer et les grandes lames des gros temps, une jetée solide qui arrête leurs assauts et leurs efforts. Ce canal se poursuit sur une grande longueur de côte, formant ainsi une sorte de rade continue, dans laquelle les embarcations du plus petit tonnage, comme les grands navires, peuvent circuler impunément. Voyez comme les mouvements de la goëlette se sont adoucis et comme les vagues ont perdu l'ampleur de la haute mer ! »

Le commandant me donna ensuite les noms de plusieurs îlots aux falaises escarpées ; l'un d'eux surtout attira mon attention par sa forme particulière : « Celui-ci, me dit en souriant le capitaine, c'est la *Frégate au père D...*, et je vous dirai l'origine de ce nom, qui a servi à égayer la colonie il y a quelques années : M. D... fut ici pendant quelque temps un des principaux fonctionnaires ; mais lorsque son retour en France fut décidé, on le voyait chaque matin, armé de sa lunette, parcourir l'horizon dans l'espoir d'y découvrir la frégate qui devait le rapatrier. Un jour son regard s'arrête sur cet îlot, qui, comme vous le voyez, présente des pics et des bouquets d'arbres que, de loin, l'œil peu expérimenté d'un officier d'infanterie pourrait prendre pour des mâts chargés de leurs voiles : « Voilà la frégate ! » s'écria tout joyeux M. D..., après avoir toutefois » essuyé plusieurs fois les verres de sa lunette et » regardé de nouveau avec la plus scrupuleuse at- » tention. » Cependant le sémaphore ne signalait aucun navire en vue ; M. D... en conclut que le veilleur dormait ou avait déserté son poste. Vite, il expédie du monde vers la tour du guetteur pour faire reconnaître le navire qu'il apercevait ; mais on revint bientôt en lui affirmant qu'au sémaphore nul ne s'était absenté, et qu'aucune voile n'était en vue.

M. D..., à cette annonce, reprend sa longue-vue et jette un nouveau regard vers le large; puis, rassuré par cette inspection, il s'écrie :

« Eh bien! je vais la leur montrer, la frégate! »

» Joignant l'action à la parole, il gravit jusqu'au sémaphore, où on eut grand'peine à lui démontrer que sa frégate n'était qu'un îlot. »

Cependant nous entrions dans la rade de *Nouméa,* le chef-lieu de l'île. Devant nous l'horizon se rétrécissait de plus en plus; nous franchissons une passe étroite, entre la *Pointe de l'Artillerie* et un îlot : nous voilà dans le port, heureux d'être au terme d'un aussi long voyage, mais remplis d'une vague anxiété. J'étais bien dans une de ces îles océaniennes où les souvenirs des lectures du jeune âge me montraient des hommes olivâtres, nus, farouches, ornés de plumes, des flèches et des lambeaux de chair humaine à la main; et j'allais vivre au milieu d'eux, explorer leurs montagnes, partager leur genre de vie!... Ces souvenirs et ces pensées étaient peu rassurants, et, comme je l'ai dit franchement, j'étais inquiet.

Je dois ajouter encore que ma première impression sur le pays ne fut point favorable; je m'attendais aux paysages moelleux des tropiques, et j'étais en face de montagnes sans nombre, sans direction ni altitudes uniformes, couvertes d'une herbe longue et jaunâtre. Au fond du port, quelques habitations environnées de jardins, capricieusement étagées sur un sol en amphithéâtre, adoucissaient un peu la sécheresse du tableau : c'était *Nouméa*, le chef-lieu, que l'on a ainsi fâcheusement placé dans une des parties de l'île les plus déshéritées de la nature.

Il n'y a qu'un hôtel à Nouméa. C'est une grande caserne aux murailles légères, et dont les chambres sont séparées les unes des autres par des cloisons en planches; quant au plafond du premier et unique étage, il est simplement construit avec une toile légère tendue et clouée au-dessus de chaque chambre. On comprend que dans de semblables conditions on est loin d'être chez soi, et que l'on entend absolument tout ce qui se passe chez les voisins; aussi, les moustiques aidant, je fus tenu éveillé une bonne partie de la nuit par une réunion de jeunes officiers qui buvaient, chantaient et jouaient dans la chambre voisine. La propriétaire, qui était une Anglaise de Sydney, m'apprit le lendemain qu'il en était de même chaque nuit; aussi mon premier soin fut, tout en visitant la ville, de me mettre en quête d'une de ces petites maisons entourées d'un jardin, dans laquelle je pourrais m'installer pour toute la durée de mon séjour. Mais avant de visiter la ville, je crois qu'il serait bon de jeter sur ce petit chef-lieu d'une grande île un coup d'œil rétrospectif.

C'est M. le capitaine de vaisseau Tardy de Montravel qui en 1854 jeta les fondations de Nouméa.

Je ne crois pas que dès l'abord ce gouverneur eût l'intention de placer là le chef-lieu de la colonie; mais comme tous les nouveaux colons venaient, en débarquant, se grouper autour de ce *poste*, on laissa les choses suivre leur cours : quelques habitations se construisirent, et cet embryon de ville prit le nom de *Port-de-France*. Plus tard, de peur de confusion avec la ville de Fort-de-France de notre colonie de la Martinique, le chef-lieu fut baptisé *Nouméa*, du nom que les indigènes donnaient à la contrée.

En se reportant à l'époque où M. de Montravel s'établissait à Nouméa, on explique jusqu'à un certain point le choix qu'il avait fait; cet officier ne cherchait qu'un point facile à défendre et un port sûr, deux conditions admirablement remplies par le site de Nouméa. Que l'on imagine, en effet, une longue presqu'île montueuse; son extrémité, profondément échancrée, contourne une baie dont l'ouverture est en grande partie fermée par une île allongée, l'île *Nou* ou du *Bouzet*. Dans ce port, les navires sont complétement à l'abri; les blockhaus placés à l'extrémité de la presqu'île ne sauraient être entourés par des ennemis venant de l'intérieur, ni même surpris, car quelques sentinelles sur les hauteurs dominent la contrée. Au début, c'était donc le meilleur point stratégique que l'on pût choisir dans cette partie de l'île, et cela n'avait point échappé au génie d'un Anglais dont j'aurai encore

p. 128.

VUE DE LA PRESQU'ILE DUCOS

l'occasion de parler, le capitaine Paddon, qui, longtemps avant notre arrivée, avait des établissements en Nouvelle-Calédonie, où il était pour ainsi dire souverain. Or il occupait déjà cette position, lorsque M. de Montravel passa dans ces parages et résolut d'y fonder un établissement; mais la *station* Paddon était sur l'île Nou, qui ferme le port, auprès d'une abondante source d'eau fraîche, et non pas à l'extrémité d'une presqu'île manquant absolument de tout cours d'eau de grande ou petite dimension.

Peut-être cette heureuse et forte situation stratégique épargna-t-elle dans le principe beaucoup de sang; l'audace des naturels était grande alors, si grande que maintes fois ils osèrent pousser leurs attaques jusqu'au milieu de la ville naissante. Mais cet état de choses dura peu. Les Kanaks — c'est le nom que l'on donne généralement aux insulaires de l'Océanie — furent enfin réduits complétement, et dès lors les raisons qui avaient fait choisir cet emplacement devenaient en grande partie sans valeur; mais des installations considérables avaient été faites, et l'on ne songea plus à transporter la capitale dans un lieu plus convenable. Ce fut là l'erreur, car ce qui se serait alors effectué sans grande perte deviendrait aujourd'hui presque impraticable, bien que l'essor de la colonisation soit en grande partie paralysé par cette fâcheuse situation du chef-lieu. C'est qu'une ville d'agriculture de commerce, n'a pas les mêmes besoins qu'un fort, ou du moins ne les a pas au même degré. En premier lieu, sous les tropiques, un établissement européen ne doit-il pas avoir l'eau en abondance? Eh bien, à Nouméa, le *ruisseau* le plus voisin est au *Pont-des-Français*, à dix kilomètres. Ainsi, à la Nouvelle-Calédonie, dans une des îles les mieux arrosées du monde, on a installé le chef-lieu dans un point où l'eau manque tout à fait, et où l'on est obligé pour s'en procurer de recueillir, quand il pleut, celle qui découle des toitures. Quant aux puits que l'on creuse, ils ne rencontrent généralement les eaux qu'au niveau de la mer, et celles-ci sont saumâtres. Les toitures étant ainsi les surfaces qui servent à colliger les eaux pluviales, les pigeons domestiques sont sévèrement interdits. Mais lorsqu'il n'a pas plu depuis quelques semaines, on boit un liquide de conserve rempli de larves de moustiques et autres que l'on voit s'agiter et se mouvoir dans tous les sens au milieu du fluide; et, supplice d'un autre genre! sous ce soleil brûlant, où de larges, de fréquentes ablutions sont non-seulement agréables, mais encore hygiéniques, on est forcé de n'en jouir qu'à la façon de l'avare le plus parcimonieux.

Tant que la population de cette ville naissante se réduisait aux marins ou soldats de marine et à quelques colons, tous gens habitués aux privations et aux eaux souvent corrompues des navires, cet état de choses pouvait subsister sans amener de maladies; mais la population s'est augmentée de femmes, d'enfants dont la santé exige plus de ménagements; en outre, l'influence de l'agglomération plus grande de la population est venue ajouter ses effets pernicieux, et ce que l'on prévoyait est arrivé, c'est-à-dire que dans ce pays, où la santé générale était excellente, où l'on *ne mourait pas*, le chiffre de la mortalité s'est élevé sensiblement — sans être toutefois aussi considérable que dans bien d'autres colonies —, ainsi que le témoignent les dernières statistiques.

Plusieurs fois cependant le gouvernement colonial s'est ému de cet état des choses, et l'on avait proposé de faire venir au chef-lieu le ruisseau qui passe au Pont-des-Français, à dix kilomètres de Nouméa; mais outre que ce petit cours d'eau se tarit à peu près complétement à l'époque de la sécheresse, il faudrait lui faire traverser un grand nombre de collines et de marais, ce qui serait un énorme travail devant lequel, au reste, on s'est arrêté. — J'avais alors proposé d'établir un réservoir des eaux pluviales à Nouméa même; ce projet avait sa raison d'être non-seulement dans la forme particulière qu'affecte le sol où s'élève la ville et qui est celle d'un immense entonnoir, mais encore dans la nature même du terrain, qui présente à peu près partout, soit à la surface, soit à une faible profondeur, une couche imperméable d'argile rouge dont l'épaisseur atteint souvent plusieurs mètres : en tout cas, il eût été facile et peu coûteux de rapporter de l'argile dans les points où elle manque. — Je ne crois pas que mon projet ait été mis à l'étude ; mais, tout dernièrement, le gouvernement de la colonie s'est arrêté à une solution inattendue et vraiment d'une telle simplicité qu'elle rappelle l'œuf de Christophe Colomb. On a installé à Nouméa des appareils de distillation de l'eau de mer. Je ne les connais pas ; mais on peut facilement calculer que, pour être effectifs, ils doivent pouvoir fournir un minimum de 5 litres par habitant et par jour, ce qui ferait 7,500 litres par jour, en supposant une population de 1500 âmes : or, 1 kilogr. de charbon de terre *bien employé* peut distiller 17 litres d'eau. Admettons 8 litres pour les appareils de Nouméa, et nous aurons une dépense par jour de 1,000 kilogr. de houille — dont on peut manquer —, et qui coûte environ 60 francs. En ajoutant à ce prix les frais de chauffage et entretien d'appareils, nous arrivons au chiffre de 100 francs par jour, soit 36,500 francs par année.

Ainsi, dans une colonie pauvre qui cherche par tous les moyens à faire des économies et à tirer de l'argent des colons qui viennent y chercher fortune, on ne craint pas de dépenser 36,000 francs par an dans une installation insuffisante et absurde.

Dans les petites colonies on a bientôt lié des

relations, et lorsque je me mis à la recherche d'un logement, je trouvai dans un jeune fonctionnaire un complaisant *cicerone*. La plupart des maisons sont en bois; elles ressemblent à une cage posée sur le sol et calée avec de grosses pierres, qui servent à remédier aux ondulations du terrain et à donner au tout l'horizontale. Une maison pareille, y compris le terrain qui l'environnait, coûtait de deux à six mille francs, et on la louait de mille à deux mille francs; aussi je ne fus pas longtemps à me faire ce raisonnement qu'en achetant un terrain et y faisant une maison, je serais logé à mon goût, chez moi et économiquement. C'est, d'ailleurs, ce que faisaient à cette époque la plupart des officiers de la colonie à qui leur budget permettait cette dépense; ils aidaient ainsi au développement de la ville, et se procuraient ce confortable nécessaire dans ces contrées. Les colons étaient encore loin d'être aussi nombreux que les gens du gouvernement; ceux-ci, y compris les militaires et marins, s'élevaient à un millier environ, tandis qu'il n'y avait pas plus de 4 ou 500 *civils*. Cet état de choses, à lui seul, suffit pour montrer l'abîme qui sépare nos colonies de celles de nos voisins les Anglais, qui, dans la riche et populeuse province de Victoria, n'ont que 350 soldats; 16 dans celle de Brisbane, qui compte 100,000 colons; enfin, en Tasmanie, pour 200,000 habitants, on n'a que 7 soldats, comme échantillons sans doute. Ces chiffres ont une éloquence naturelle qui m'évitera tout commentaire.

Tout en parcourant les rues de la ville, nous rencontrions çà et là quelques indigènes à l'allure indolente; ils me rappelèrent un peu les types les plus relevés d'indigènes que j'avais vus dans les campagnes de Sydney, mais ils étaient beaucoup plus beaux que les Australiens de King George's Sound, bien que non plus vêtus; cependant il est à remarquer que cette nudité qui nous semble si étrange les premiers jours, devient ensuite si familière, qu'un indigène habillé nous étonnerait bien davantage. Quant à la ressemblance entre certains indigènes de la Nouvelle-Calédonie et de l'Australie, il serait trop long ici d'en donner l'origine, et je prendrai pour cela la liberté de renvoyer le lecteur aux *Migrations humaines en Océanie*, que j'ai publiées à la Société de géographie et chez Baudry, éditeur, à Paris.

Cependant j'examinais avec attention ces spécimens apprivoisés d'une nation qui était loin de l'être alors dans toute l'île; ils appartenaient aux tribus qui occupaient ces mêmes territoires à l'époque de notre arrivée; nous les y trouvâmes cependant assez disséminés, car le sauvage n'aime pas la terre stérile. Aujourd'hui ces peuplades, complétement soumises, vivent retirées dans des vallées situées à quelques lieues de Nouméa et le long de cours d'eau

p. 134.

GUERRIERS KANAKS

qui fertilisent les terres et leur permettent d'établir leurs plantations. Mon compagnon adressa quelques questions à ces insulaires dans un jargon composé d'anglais, de français et de kanak, mais nous ne pûmes obtenir que des réponses brèves et insignifiantes; aucun de ces hommes ne tenait à engager une conversation suivie. « Ah ! voici le chef Jack ! » s'écria tout à coup mon cicerone en apercevant au détour d'une rue un indigène vêtu d'un vieil uniforme de chef de bataillon, nu-pieds et fumant une grosse pipe. C'était là le chef d'une des principales tribus des environs sur lequel j'aurai quelquefois l'occasion de revenir; j'étais charmé de faire sa connaissance, qui pouvait m'être utile en d'autres circonstances, et après lui avoir été présenté par mon compagnon, je l'invitai à venir avec nous à l'hôtel pour y boire un verre d'eau-de-vie; il n'eut garde de se faire prier, et lorsque l'*eau de feu* l'eut déridé, qu'il eut enfoui dans sa poche un demi-paquet de tabac et quelques menus objets d'Europe, il me sembla, à ses protestations, que je m'étais acquis un ami véritable; s'il faut en croire le poëte, je n'avais donc pas perdu ma journée. Ce furent surtout mes armes que mon chef sauvage examina avec la plus grande attention et l'œil brillant du feu de la convoitise. Un Lefaucheux surtout, arme qu'il voyait pour la première fois et dont il saisissait très-bien l'utilité, le transportait d'admiration, et ce ne fut pas sans quelque peine que je parvins à la lui enlever pour la réintégrer dans son fourreau. La photo-gravure ci-jointe représente la case de ce chef près de Païta où je devais plus tard le visiter[1].

J'employai le reste de la journée aux visites officielles; le gouverneur me prévint que je ne tarderais pas à recevoir des indications pour une première exploration, et, en effet, dès le lendemain je faisais mes préparatifs pour une visite à des gisements de houille qui avaient été signalés dans les environs de Nouméa. — J'avais eu le temps cependant d'acheter à une vente publique faite par le gouvernement un petit terrain, non loin de la mer, dans une partie un peu retirée et plus pittoresque de la ville; je m'entendis, en outre, avec un entrepreneur qui devait m'y bâtir une *case* dans le plus bref délai possible, car j'avais hâte de quitter mon logement d'hôtel bruyant et incommode.

[1] Voir : *Les Iles des Pins Loyalty et Tahiti*, chez Plon-Nourrit et Cie, Paris.

p. 136.

CASE DU CHEF JACK QUINDO, A PAITA

IX.

Excursion autour de Nouméa. — Un squatter français. — Lutte dans la *brousse*. — La station de Koé. — En forêt; chasse au pigeon Goliath. — Le bain. — Notre bivac. — Combat contre un feu de prairie.

On pouvait circuler dans un rayon de dix lieues autour de Nouméa avec la plus entière sécurité ; c'est ce qui me permit de me rendre seul et à pied sur les bords de la *Dumbéa*, où je devais examiner les couches de houille qui avaient été signalées dans ces parages.

Je partis dès l'aube, muni simplement d'un marteau, d'une boussole de géologue et d'un fusil de chasse ; pour le reste, je comptais sur le hasard — si cher aux esprits aventureux — et aussi sur l'hospitalité proverbiale des colons de l'Océanie. C'était au mois de décembre, c'est-à-dire dans la saison chaude ; les brises ordinaires à ces latitudes rendaient, le matin, la chaleur très-supportable. — Il y a bien autour de Nouméa quelques sentiers tracés par les indigènes et les troupeaux, mais on n'y trouve qu'une seule route « carrossable », ce qui ne doit point étonner, parce qu'on ne crée pas facilement des débouchés à une ville située comme celle-ci à l'extrémité d'une presqu'île montagneuse. C'est cette route que je devais suivre d'abord; elle longe, au sortir de la ville, les rivages de la mer dans la direction du nord ouest, traverse quelques marais saumâtres, puis, à dix kilomètres environ, elle rencontre le ruisseau du Pont-des-Français que nous avons déjà mentionné; là, elle se bifurque en deux chemins plus étroits; l'un de quatre kilomètres, conduisant à la *Conception*, siége central de la mission catholique; l'autre, un peu plus court, qui aboutit à l'établissement de la ferme-modèle élevée et entretenue par le gouvernement de la colonie.

Les terrains que je traversai d'abord sur ce premier parcours, comme ceux de toute la presqu'île, n'ont point la fertilité ordinaire au reste du pays; les sources manquent, c'est tout dire; l'herbe des collines est sèche, jaunâtre et triste à l'œil; cependant les troupeaux qui s'en nourrissent prospèrent encore, tant les conditions climatériques sont favorables. Certes, le nouveau débarqué qui aura entendu vanter la richesse du sol calédonien, doit être désillusionné à l'aspect de la campagne des environs de Nouméa! — Au *Pont-des-Français*, je devais quitter la route et m'engager dans les sentiers qui conduisent jusqu'à ma destination; je trouvai sur ce point une compagnie de soldats disciplinaires occupés sur la route, qu'ils étaient chargés d'entretenir; ce sont ces mêmes hommes qui ont tracé cette voie, sans laquelle les habitants de la ville seraient à peu près prisonniers chez eux; c'est grâce à elle encore que des cultivateurs ont pu s'établir sur des terrains avoisinants, les cultiver et apporter leurs produits à la ville. — Cette route, commencée en 1861, n'a été achevée qu'en 1865 : elle nécessita des travaux de tranchée et de ponts assez considérables.

Cependant, aussitôt que j'eus quitté cette voie pour m'engager dans le sentier, je ralentis insensiblement mon allure, car, à chaque pas, un arbre, une fleur, un oiseau ou une roche, attiraient mon attention par leur nouveauté. Le sol ingrat de la presqu'île avait fait place à une brillante végétation; à chaque instant je trouvais sur ma route des ruisseaux d'une eau limpide qui arrosaient d'excellents pâturages. Je traversai des bouquets de haute futaie, propres aux constructions, et peuplés de pigeons, de perruches, etc. Ainsi distrait par ces spectacles grandioses et nouveaux, je ne m'aperçus point que je venais de quitter le vrai sentier pour suivre une des nombreuses *pistes* que tracent au milieu de ces vastes pâturages les troupeaux de bœufs et de chevaux, et j'errai ainsi longtemps dans la campagne; aussi, grande fut ma satisfaction en apercevant tout à coup une belle habitation sur le sommet d'une colline; ce sentiment sera compris de tous ceux qui savent ce que sont six heures de marche au soleil, sous les tropiques, surtout quand, à la suite d'une longue traversée, on a les jambes peu flexibles et les poumons habitués à l'air frais de la mer. J'étais arrivé à *Koutio-Koueta*; ce qui veut dire « passage des pigeons » en langage indigène; c'était la première station de M. Joubert, un des principaux colons de l'île. Comme son nom reviendra plus d'une fois sous ma plume, je le présenterai de suite au lecteur, ainsi que ses deux fils.

M. Joubert était depuis longtemps négociant en Océanie lors de la prise de possession par la France de la Nouvelle-Calédonie; il se rendit alors dans cette île et y obtint du gouvernement une concession de terrain de quatre mille hectares comprise entre le Pont-des-Français, la rivière de *Dumbéa* et la chaîne de *Koghi*. Il divisa cette immense propriété en deux stations; la première, *Koutio-Koueta*, dans le voisinage du Pont-des-Français, entourée de bons pâturages, est destinée à l'élevage des bœufs et des chevaux. Au moment de mon passage, mille têtes d'animaux de la race bovine et cent chevaux paissaient sur le *run* [1] en liberté et très à l'aise sous la direction active et intelligente de M. Numa Joubert, l'aîné des deux fils; mais nous aurons, je pense, l'occasion de revenir sur cet élevage des troupeaux à la Nouvelle-Calédonie.

[1] *Run*, la partie de la propriété habitée par les troupeaux.

MAISON D'UN COLON AU BORD DE LA DUMBEA

La deuxième habitation de M. Joubert est celle de *Koé* (sauterelle); destinée à l'agriculture, elle est située sur un petit plateau qui domine une vaste plaine d'une fertilité remarquable. Arrosée par de nombreux ruisseaux, bordée par la belle rivière de Dumbéa, cette plaine offre une situation très-favorable au but que l'on se proposait lors de mon passage, l'établissement d'une sucrerie. La plaine devait être transformée en un vaste champ de cannes à sucre; quant à l'usine, elle s'élèverait sur les bords d'un des principaux affluents de la Dumbéa, qui fournirait la force motrice des moulins à cannes. La Dumbéa elle-même, navigable jusque dans ces parages, serait une voie facile et économique pour l'écoulement des produits. Les rives de la Dumbéa sont ici tellement gracieuses que je rêvais de m'y bâtir un abri sur un des monticules boisés qui dominent ses eaux limpides : un autre, dont j'ignore le nom, réalisa mon désir et je donne ci-joint la photographie, que le hasard m'a procurée, du « cottage » qu'il a construit, dominant la Dumbéa.

Quand j'arrivai à la station de Koutio-Koueta, j'étais affamé, altéré et harassé. Tout le monde était au travail. M. Numa ne devait revenir que le soir ; on m'introduisit dans un salon confortable et meublé avec une certaine élégance que je ne m'attendais certes pas à rencontrer au milieu de cette solitude, mais que tout d'abord j'appréciai peu, à cause de la soif ardente qui me tourmentait. Comme par enchantement, une table fut en quelques instants couverte d'un frugal repas ; on s'était empressé de prévenir tous mes souhaits avant même de savoir qui j'étais. Telle est l'habitude de la *brousse,* nom que l'on donne ici à la savane, et, par extension, à la campagne elle-même.

Je fis le plus grand honneur au bœuf salé, aux pommes de terre, au beurre frais et aux bananes qui m'étaient si libéralement offerts ; puis, ayant ainsi réparé mes forces, je songeai à l'emploi du reste de ma journée. Je crus que le mieux était d'atteindre le plus tôt possible les bords de la Dumbéa, c'est-à-dire le terme de cette petite exploration, et je me préparai aussitôt à poursuivre jusqu'à Koé — deuxième station de M. Joubert — qui m'avait été indiquée comme le point central des gisements de la houille. J'informai de mon projet la domestique australienne qui m'avait servi, la priant de m'indiquer la route que je devais suivre, car j'avais pu m'apercevoir le matin qu'il n'était pas aussi facile de circuler sans guide au milieu de ces collines sans fin et sans chemin, qu'on me l'avait assuré à Nouméa, où, par parenthèse, bien peu de gens avaient poussé leurs promenades au delà de la seule presqu'île de Nouméa. C'est vraiment là un fait qui m'a toujours surpris aux colonies, que ce peu d'empressement à explorer le pays. Dans une garnison qui compte près de cent officiers ou fonctionnaires, c'est à peine si on en trouve deux ou trois qui, soit amour de la science, soit passion pour la chasse, consentent à parcourir les environs des points où leurs fonctions les appellent. Le fait le plus curieux que j'aie vu dans ce genre est celui d'un officier qui, pendant une relâche de près de deux mois dans un pays qui lui était inconnu et présentait mille études originales, ne descendit pas une seule fois à terre.

Je demandai donc ma route à la jeune Australienne, mais, à mon grand étonnement, elle essaya de me dissuader de continuer le voyage sans guide, objectant que je serais ainsi dans l'impossibilité de suivre le véritable sentier au milieu de tous ceux qui le croisent sans cesse. J'insistai cependant; alors, me montrant une montagne élevée à l'horizon, elle ajouta :

« Dirigez-vous toujours de ce côté; c'est le mont Koghi, et la station de Koé est à ses pieds. »

Je la remerciai et m'enfonçai vaillamment dans les hautes herbes qui bordaient le sentier; ce n'était pas sans un peu d'inquiétude, car, si le matin je m'étais égaré dans un pays plus fréquenté, les chances devaient m'être encore plus contraires en pleine *brousse*.

J'étais parti depuis une demi-heure à peine et

déjà vingt sentiers divers s'étaient présentés devant moi; je ne pouvais plus avoir la prétention d'être dans le véritable. Évidemment celui où j'étais engagé ne se dirigeait pas vers le mont Koghi, au pied duquel était Koé. Je tombai alors dans une faute dont tout voyageur en pays tropical doit se défendre : je quittai tout sentier. Ce fait, insignifiant peut-être à première vue, a une importance réelle, car un sentier mène toujours à un gîte quelconque, sinon à celui que l'on cherche; tandis que dans la *brousse* on éprouve une fatigue extrême à se mouvoir au milieu des hautes herbes, on se heurte à chaque instant contre les roches ou les troncs d'arbres qu'elles cachent; on rencontre des fourrés épais que l'on ne traverse qu'avec une peine infinie, tout en y laissant des lambeaux de ses vêtements et de son épiderme; plus loin, c'est un fossé trop profond et trop large que l'on doit contourner; enfin une rivière vous arrête, il faut suivre ses bords épineux et touffus jusqu'à ce que l'on ait trouvé un point guéable; pendant ce temps on perd sa direction, on n'avance pas, tout en marchant beaucoup; la faim et la soif arrivent avec la nuit; une espèce de fièvre vous saisit, on se hâte, on s'empresse, et chaque pas ne fait que vous égarer davantage dans ce désert où nul secours ne vous sera porté. — C'est ce qui m'arriva après avoir quitté le sentier. Par bonheur j'avais un point de repère, le mont Koghi; autrement j'aurais pris de fausses directions et n'aurais jamais pu sortir de ce fouillis inextricable. — Enfin, parti à une heure du soir de Koutio-kouéta, j'arrivai seulement à six heures à Koé, après avoir gravi et descendu deux chaînons de montagnes assez élevés et très-abrupts, que le chemin ordinaire contourne; en cinq heures de marche forcée, je n'avais franchi à vol d'oiseau que sept à huit kilomètres au plus.

Je fus reçu de la façon la plus cordiale par M. Ferdinand Joubert, qui, apprenant le but de mon voyage, non-seulement me promit de me donner tous les renseignements en sa possession, mais encore de m'accompagner dans les différents points où la présence d'affleurements de charbon pouvait faire supposer l'existence de couches exploitables de ce précieux minéral. J'acceptai avec empressement cette proposition de mon hôte.

La station de Koé était le type du genre comme installation et comme manière de vivre; depuis elle a subi des transformations qui, tout en la dotant d'un confort plus grand, lui ont enlevé son originale simplicité. — La *case* principale se composait d'une solide et vaste charpente à l'épreuve des *coups de vent;* des planches clouées par-dessus les poteaux de la charpente formaient les murs, mais ne joignaient pas si bien qu'à travers leurs interstices les brises du soir ne fissent toujours vaciller la lumière des lampes. Le toit, à l'épreuve des pluies, se prolongeait sur tout le pourtour de la *case*, formant une large *varande*, plus habitée que l'intérieur, ce qui, du reste, est toujours l'usage dans les pays chauds. — Des cloisons en planches divisaient l'intérieur de la *case* en quatre ou cinq chambres à coucher, laissant au milieu une assez vaste salle où l'on mange, où l'on cause et où l'on reçoit les rares visiteurs; l'ameublement de cette pièce importante était modeste; une très-longue table, que longent deux bancs, quelques tabourets, une pendule, un buffet, un fusil suspendu le long de la cloison, rien de plus. Quant aux chambres, l'une était réservée aux étrangers, une autre servait au maître, et le reste était occupé par les employés blancs de la *station*; un lit à moustiquaire, une chaise, un petit bureau, quelques livres et journaux, un fusil, étaient les meubles ordinaires de chacune de ces chambres, où d'ailleurs ces actifs travailleurs vivaient peu, car voici l'emploi ordinaire de la journée d'un colon néo-calédonien :

A six heures du matin on prend le thé ou le café avec du lait et du biscuit, et on se rend au travail; à dix heures on vient déjeuner avec du thé, du biscuit, du bœuf salé, des patates, du riz. — On dîne à deux heures, on soupe à six heures et demie. Ces aliments, peu variés, sont attaqués avec un appétit homérique et rapidement consommés. L'heure de chaque repas est annoncée par le *cook* ou cuisinier à l'aide d'une conque marine retentissante. Ici, suivant la méthode de la plupart des *stations* australiennes, le maître ou *squatter* et ses hommes (*stockmen, stock-keeper*, etc., hommes du troupeau, gardiens du troupeau, etc.), vivent dans une parfaite égalité; la seule différence entre eux est que l'un indique aux autres le travail à faire; tous vivent à la même table et mettent la main à la même besogne. Après le dîner du soir, tout en fumant la pipe et prenant le *grog* au *gin*, on parle du travail de la journée et des incidents qui se sont produits; quelquefois un voyageur, connu ou inconnu, qui est venu s'asseoir à la table à l'heure du repas, raconte les nouvelles de la ville, qui sont attentivement écoutées et commentées ensuite.

La plupart de ces hommes de la *brousse*, de ces *bushmen*, sont passionnés pour la lecture; ils ont chacun une petite bibliothèque qu'ils se prêtent mutuellement, et maintes fois j'ai été surpris de l'urbanité des manières, du savoir-vivre natif de quelques-uns de ces rudes travailleurs. On ne saurait les comparer aux habitants de nos campagnes; du reste, parmi eux, on rencontre fréquemment des jeunes gens instruits, titrés quelquefois, que des revers de fortune ont forcés de s'exiler de l'Europe; ils sont venus dans ces pays pleins de ressources, essayer de reconquérir, par un travail pénible mais rémunérateur, la situation qu'ils ont perdue. Cependant ceux-là se distinguent aussi quelquefois par leur instabilité, leur caractère irritable; ils supportent mal le joug. — Près de l'habitation principale est la cuisine où règne le *cooka*, qui est ordinairement un *Kanak* du pays; on comprendra facilement ce choix en tenant compte de la simplicité des mets et de leur préparation. Un jardin potager et fruitier s'étale en pente douce devant l'une des grandes faces de la *case*, pendant que des hangars, des écuries, des magasins s'élèvent devant l'autre; un peu plus loin, des cases coniques en paille, qui servent de demeure aux Kanaks employés sur la propriété, apparaissent çà et là; l'ensemble de toutes les habitations est entouré d'une barrière qui renferme quinze hectares de terrain environ. Cette enceinte prend le nom de *paddock;* c'est là qu'errent en liberté les chevaux de selle que l'on monte ordinairement et les bœufs de travail; tous ces animaux sont ici sous la main et ne peuvent aller rejoindre les autres bêtes du troupeau qui, plus libres encore, paissent sur les immenses pâturages composant le reste de la propriété et que l'on nomme *run;* je n'ai pas besoin d'ajouter que les parties cultivées sont aussi entourées avec grand soin. Tous ces détails m'étaient donnés après souper par le chef de la *station*, et l'heure s'avançait; nous devions nous lever avec le soleil le lendemain pour commencer notre excursion; on me montra ma chambre, et mon hôte me quitta en me souhaitant une bonne nuit, souhait presque inutile après une pareille journée, aussi fallut-il qu'on m'éveillât à six heures du matin; je n'avais fait qu'un somme, en dépit des moustiques. Tout était déjà prêt pour le départ; deux Kanaks nous accompagnaient, portant des vivres et leur petite hachette ou tomahawk; M. Ferdinand et moi nous avions nos fusils, une gourde d'eau-de-vie en bandoulière, un marteau et une hachette passée dans la ceinture.

Les affleurements de charbon que nous allions visiter ne sont pas loin de la *station,* mais nous avions le projet d'explorer un peu la montagne et d'y passer trois jours. Pendant la marche j'examinai les Kanaks qui nous servaient de porteurs et de guides; c'étaient deux jeunes gens de vingt ans environ; ils étaient grands et bien faits, comme le sont ordinairement les naturels de la Nouvelle-Calédonie; leurs traits, trop accusés et rappelant ceux du nègre, ne manquaient pas cependant d'une certaine douceur; ils marchaient en avant d'un pas silencieux et rapide.

Nous traversâmes d'abord, au milieu des hautes herbes, toute la plaine qui s'étend au pied de l'habitation, dont une bonne partie, déjà labourée, était prête à recevoir les plants de *cannes à sucre*. Nous

nous engageâmes ensuite dans la montagne, en remontant un petit ruisseau, affluent de la Dumbéa. Sur les bords de ce cours d'eau la végétation est si belle, qu'on ne peut se lasser de la contempler; des arbres de toute dimension et de toute nature se pressent les uns contre les autres et sont reliés par d'innombrables lianes, souples et sans fin, qui serpentent d'abord le long des troncs, puis, arrivées à l'extrémité d'une haute branche, retombent quelquefois verticalement jusqu'au sol d'une hauteur prodigieuse; la terre est couverte, sur une grande épaisseur, de feuillage et de branches qui, s'accumulant ainsi d'année en année au pied des arbres, forment un humus d'une richesse surprenante, entretenue encore par une humidité constante. Un fait remarquable est qu'aucune plante épineuse ne croît habituellement dans ce genre de forêts; s'il en était autrement, la circulation serait impossible au milieu de cet inextricable amas de jeunes arbres et de lianes aussi solides que des cordes, à travers lesquels on est obligé de passer tantôt en hissant péniblement son corps, tantôt en rampant le long de terre. Nous étions engagés depuis quelques minutes déjà dans cette forêt; nos deux Kanaks nous précédaient, brisant sur leur passage les arbustes avec la main et les pieds, écartant les grosses lianes et coupant avec leurs dents les petites, nous créant ainsi un passage plus facile, lorsque, tout près de nous, un mugissement sourd se fit entendre. Les Kanaks et M. Ferdinand s'arrêtèrent sur-le-champ. Comme je savais qu'en Nouvelle-Calédonie n'existait aucun animal féroce, j'étais porté à attribuer ce mugissement à quelque bœuf égaré dans ce dédale; mais mon compagnon, qui paraissait surexcité comme un chasseur qui entend près de lui la voix des chiens, me dit tout bas : « *C'est un notou.* » En même temps, armant doucement son fusil, il me faisait signe de ne pas remuer. Sur un de ses gestes, un des Kanaks continua d'aller en avant, pendant que l'autre s'arrêtait, livrant passage à M. Ferdinand, qui suivit le premier indigène. Ils s'éloignèrent ainsi lentement, avec des précautions infinies, pour ne pas soulever trop de bruit sur cet amas de feuilles sèches et de branchages; en un instant ils disparurent dans l'épaisseur du feuillage. J'attendais avec intérêt l'issue de cet incident, lorsqu'un second mugissement fit une fois encore retentir la forêt, et fut suivi presque immédiatement d'un troisième qui partait d'un autre point : « Notou ! » murmura à voix basse le Kanak resté avec moi, en levant deux doigts et me regardant avec une figure pleine de joie; à ce moment la détonation d'une arme à feu ébranla les échos de la vallée, et, comme une flèche, mon compagnon basané se précipita dans la direction suivie par M. Joubert, s'évanouissant subitement à son tour dans le fourré, sans s'occuper davantage de mon individu, fort embarrassé de le suivre à la course dans un pareil chemin. Mais la voix de M. Ferdinand qui m'appelait me servit de guide, et je le rejoignis bientôt; il tenait à la main un oiseau aussi gros qu'une poularde : ce n'était autre chose qu'un énorme pigeon. Je fus un peu honteux alors d'avoir pris le roucoulement d'un pigeon pour le mugissement d'un bœuf; mon compagnon me consola en me disant que je n'étais pas le premier auquel ce pigeon géant, le *Carpophage Goliath* des naturalistes, eût fait commettre cette méprise. Cet oiseau, très-abondant dans ces forêts, est le plus gros gibier de l'île; vivant de graines, de fruits et de baies, suivant les saisons, il va, dans le cours d'une année, depuis le bas jusqu'au sommet de ces épaisses forêts qui longent les ruisseaux et atteignent à un niveau très-élevé au-dessus des rivages de la mer. Les naturels ont une curieuse façon de le chasser : ils établissent sur une des branches bien découvertes d'un arbre à graine, fréquenté par le notou, quatre ou cinq nœuds coulants, assez grands pour embrasser la branche et laisser encore à sa partie supérieure un arc sous lequel le pigeon peut passer facilement. Ce nœud est maintenu dans cette position par une liane fine et cassante; mais il est formé lui-même par une liane que l'on a, au contraire, le soin de choisir très-forte et très-longue, de façon qu'une de ses extrémités formant le nœud coulant, l'autre descende jusqu'au pied de l'arbre, où elle est à la portée de la main du chasseur. A la tombée du jour, celui-ci vient se poster au pied de l'arbre, et là, appuyant sa bouche dans l'angle formé par le sol et le tronc, il fait entendre avec une justesse étonnante le cri sourd et étouffé du notou; ceux de ces oiseaux qui entendent l'appel arrivent immédiatement, et plusieurs, dans le nombre, à la vue de la branche la plus découverte, s'y posent naturellement, mus par la curiosité : ils vont et viennent rapidement le long de ce rameau. Cependant, avec ses yeux de lynx, le Kanak épie le moment où le pigeon passe sous l'arc du nœud coulant d'une des lianes dont il tient l'autre extrémité à la main; alors il tire celle-ci violemment à lui; la petite liane qui tient le piége suspendu se brise, le nœud se serre et étreint contre la branche le malheureux notou : il ne reste plus qu'à monter pour s'emparer de la victime. Il est bien rare que le chasseur ne prenne pas ainsi, en quelques minutes, autant de pièces de gibier qu'il a disposé de nœuds coulants.

Lorsque l'Européen veut chasser le notou, il est à peu près indispensable qu'il emmène avec lui un guide kanak, qui puisse tout à la fois lui enseigner le chemin et lui montrer le gibier; sans cela, à moins d'une longue habitude, on doit renoncer presque toujours à découvrir soi-même dans l'épaisseur du fourré le pigeon que l'on cherche, et que sa couleur de bronze florentin permet difficilement de distinguer au milieu des mille teintes des ramilles et du feuillage. Anticipant un peu sur les événements, je puis citer comme exemple une occasion assez plaisante où j'avais pour compagnon un officier de mes amis, M. D..., qui était venu passer quelques jours avec moi dans la *brousse*, et qui chassait pour la première fois le notou. Nous étions partis dès le matin : bientôt le Kanak signale un pigeon. M. D... s'approche avec mille précautions, pour ne point faire de bruit, de l'insulaire qui, de la main, lui montrait l'énorme oiseau sur une haute branche; mais mon ami avait beau écarquiller les yeux, il ne pouvait apercevoir l'animal. Deux minutes, deux siècles, se passèrent ainsi; le bruit d'une branche sèche brisée sous leurs pieds fit à la fin partir le notou. Mon malheureux compagnon était désespéré; mais quelques minutes plus tard, l'œil perçant de notre guide découvrait un nouveau notou, et M. D... ne pouvait encore rien apercevoir. Cette fois j'étais près de lui, et, en réalité, il fallait une longue habitude pour distinguer un pigeon aux quelques plumes rougeâtres de son estomac que seules l'on voyait au milieu du feuillage à quarante-cinq mètres de hauteur environ; aussi, au bout d'un instant, mon ami, plein d'impatience et de dépit, était-il couvert de sueur : « La! la! » lui disait tout bas le Kanak, non moins désespéré que lui. A ce moment, craignant de voir fuir ce notou comme les précédents, je fis feu subitement, et l'oiseau sans vie tomba à nos pieds.

Mais revenons à ma première excursion.

Sur les dix heures du matin, nous fîmes halte au bord d'un bassin naturel creusé dans le roc, au milieu du lit du ruisseau, par les eaux de ce petit courant qui tombaient en cascade. Selon l'usage, — que je commençai alors à bien connaître et duquel je ne me suis jamais départi depuis, — nous commençâmes par nous plonger dans cette eau si claire, si vive, si fraîche. J'engage l'habitant et surtout le voyageur en Nouvelle-Calédonie à se baigner au moins une fois par jour; je crois les nombreux ruisseaux de ce pays doués d'une vertu réparatrice particulière. Souvent, à l'imitation des naturels, je me suis plongé dans l'eau fraîche des rivières, couvert de sueur, après de longues et pénibles routes, je me suis baigné le matin après avoir été refroidi toute la nuit par une longue pluie, et toujours après le bain mes fatigues avaient disparu, mes forces étaient renouvelées. Je comprends que des eaux stagnantes puissent ne pas être sans mauvaises influences; mais il n'en est plus de même quand il s'agit de ces eaux rapides qui descendent de cascade en cascade, souvent sous forme de pluie, en s'imprégnant d'oxygène. Ces eaux sont pour ainsi dire vivantes, et respirent. Le Kanak, s'il a chaud, s'il transpire, cherche l'eau la plus fraîche pour s'y plonger; l'Européen, qui l'a vu agir ainsi, a attribué à cette coutume les maladies de poitrine dont cette race a tant à souffrir; mais, d'après mes propres observations, cette immersion est au contraire une des plus rares causes de maladie chez ces insulaires, si toutefois même elle en est jamais une.

Pendant qu'avec bonheur nous savourions les charmes de ce bain naturel, les Kanaks étendaient sur une roche, à l'abri du soleil, le menu de notre modeste repas, c'est-à-dire de la viande salée et du biscuit; c'était peu. Eh bien! c'est un des meilleurs repas que j'aie jamais faits : une eau cristalline murmurait à côté de nous, et nous n'avions qu'à étendre la main pour remplir nos verres; une charmante sensation de fraîcheur et de pureté naissait pour nous du voisinage de cette eau vive et scintillante. Nous réservions les pigeons (car j'en avais tué à mon tour) pour le dîner; quant à nos guides, ils dévorèrent quelques biscuits, puis mordirent de leurs belles dents blanches les cannes à sucre dont ils avaient fait provision.

Le soleil était presque au zénith, mais le voisinage du ruisseau et des grands bois entretenait dans ces lieux une certaine humidité qui rendait la température très-supportable; nous étions, au reste, déjà à une certaine altitude. A midi nous reprîmes notre voyage, et nous vîmes les travaux de recherches de houille déjà tentés et qui n'avaient pas eu de résultat heureux; il est vrai qu'en ce point l'affleurement exploité ne paraissait pas promettre grande chance de réussite.

Vers les cinq heures du soir nous cherchâmes un campement pour la nuit; nous étions sortis des bois, il nous fallait un emplacement qui, situé à une certaine hauteur, à cause des moustiques trop nombreux dans les bas-fonds, ne fût cependant pas trop loin de l'eau. Notre choix s'arrêta sur un petit monticule qui dominait la rivière Dumbéa et les grandes plaines. Aussitôt chacun se mit à l'œuvre. Les Kanaks avec leurs tomahawks coupèrent rapidement quelques jeunes arbres très-droits, qu'ils appuyèrent sur les branches d'un *niaouli* au pied duquel le sol était uni; le même arbre et quelques-uns de ses frères des environs nous prêtèrent leur écorce, imperméable à la pluie; les Kanaks s'en emparent assez simplement : après avoir fait le long du tronc de l'arbre une incision longitudinale, ils la déroulent en longues bandes avec une merveilleuse adresse; ces bandes, étalées sur les perches inclinées et fixées au moyen de branchages, devaient nous protéger contre la rosée et la pluie. Vingt minutes suffirent à notre installation. — Un grand feu était déjà allumé; c'est par là que commence toujours le Kanak, qui, en voyage, porte ordinairement à la main un tison de bois très-sec, enflammé, et dans chaque halte qu'il fait, ne fût-elle que de quelques minutes, il allume un petit feu, qu'il oublie souvent d'éteindre quand il repart. Il en résulte, dans la saison sèche, des incendies qui s'étendent jusqu'à ce que des terres stériles ou des ruisseaux les arrêtent.

Tout en donnant la main aux préparatifs de notre souper, M. Joubert m'instruisait des mœurs et coutumes du pays. Il me montra la plaine au-dessous de nous; alors seulement je m'aperçus qu'elle était en feu sur une grande surface. Un tourbillon de fumée planait au-dessus d'elle. Favorisé par la sécheresse de la saison et la brise du soir, le feu se répandait avec une rapidité effrayante, se dirigeant en partie de notre côté; à cet aspect, je me rappelai tous les récits lamentables de voyageurs malheureux surpris par l'incendie au milieu des prairies, et je manifestai mes craintes à mon compagnon de voyage :

« Nous n'avons rien à redouter, me répondit-il. Ce sont probablement nos Kanaks qui ont incendié les herbes sur notre route; c'est leur habitude d'en agir ainsi lorsqu'ils voyagent sur le territoire de leur tribu, et qu'ils y rencontrent des terres propres à une bonne culture. Ils détruisent alors par le feu les herbes et les jeunes plantes dans l'espoir d'y revenir établir leurs plantations après la saison des pluies. Quant à du danger, s'il y en avait, nos indigènes nous en tireraient certainement. »

Pendant ce temps, un de nos Kanaks avait creusé un trou en terre et faisait chauffer dans un feu immense des galets gros comme les deux poings. Son camarade était allé chercher de l'eau; comme nous n'avions pas de vase, il l'avait mise dans un sachet en écorce de niaouli bien saine, dont les bords relevés étaient retenus par une liane très-mince. Quand les cailloux furent chauds, ils enveloppèrent deux pigeons et quelques *taros*, mêlés à des plantes aromatiques, dans des feuilles de bananier : le tout fut mis dans le trou, entouré de cailloux presque rouges et rapidement recouvert de feuilles d'abord et de terre ensuite, afin de fermer hermétiquement le passage aux matières volatiles de notre rôt. Au bout d'un certain temps la terre fut enlevée, puis les cailloux supérieurs, et nos pigeons nous apparurent bien rôtis et répandant une odeur des plus appétissantes; ils étaient en effet délicieux. Les viandes cuites de cette manière conservent tout leur arome et se dessèchent peu.

La nuit, qui succède si rapidement au jour sous les tropiques, était arrivée. Le feu de la plaine que nous dominions était maintenant beaucoup plus apparent et assez rapproché pour que nous pussions entendre le crépitement des flammes qui, par moments, s'élançaient à une grande hauteur, tordant les jeunes arbres verts qui craquaient sous leur étreinte ; le niaouli, à l'écorce combustible comme de l'amadou, s'enflammait du pied à la tête, en répandant une immense lueur autour de lui. Lorsque l'incendie rencontrait des parties bien desséchées, il les traversait avec une vitesse qui ressemblait à de la furie.

J'étais ravi à la vue de ce spectacle, et mes yeux suivaient avec le plus grand intérêt chaque détail de ce combat entre la flamme et ces pauvres végétaux à demi desséchés.

Cependant la mer de feu s'approchait de plus en plus de nous. Quoi qu'on m'eût dit, le sentiment du péril me rappela à la réalité; je regardai mes compagnons. M. Ferdinand, couché le long du feu, fumait avec délices une pipe noire et courte; quant aux naturels, ils étaient accroupis, à quelques pas de nous, près d'un second feu et sous un abri des plus élémentaires : l'un d'eux fumait la pipe commune en surveillant la cuisson de quelques racines, tandis que son camarade chantait sur un air monotone probablement les incidents de notre voyage; il balançait son corps en mesure, frappant en cadence deux pierres l'une contre l'autre.

« Tous ces gens-là ne s'aperçoivent point du danger, me dis-je; cependant il existe. »

Je m'approchai doucement alors de nos guides; je leur offris un peu de tabac, qu'ils acceptèrent avec le plus grand plaisir, et je leur dis : « Tayos (amis), nous allons être brûlés, le feu n'est pas loin. »

Les deux jeunes gens, pour toute réponse, se regardèrent en souriant ; l'un d'eux me sembla avoir quelque chose de dédaigneux dans son sourire : j'avais évidemment dit une grosse bêtise. J'attendis un instant pour renouveler mon appel sous une autre forme ; nous restâmes ainsi côte à côte et silencieux ; mais le feu n'était plus qu'à quelques centaines de mètres ; la vive lumière qu'il projetait nous éclairait presque *à giorno ;* les crépitements qui annonçaient la marche de l'incendie devenaient de plus en plus distincts à nos oreilles. Je me levai anxieux, et m'approchai de mon compagnon, M. Joubert ; il était toujours couché, et sa respiration sonore m'apprit qu'il dormait profondément. Je tournai de nouveau les yeux vers les Kanaks ; l'un d'eux faisait passer la pipe à l'autre, qui se mit à la charger avec le soin le plus minutieux. Je n'y tins plus :

« Ne voyez-vous pas que le feu sera ici dans cinq minutes ? » m'écriai-je exaspéré.

L'un des deux Kanaks alluma alors sa pipe, pendant que son camarade lui parlait ; puis tous deux éclatèrent de rire ensemble, mais du rire le plus franc, le plus gai, le plus épanoui, rire que les sauvages seuls connaissent : leur figure, ordinairement grave, sévère même, semblait fleurir ; leurs dents, admirables de blancheur et de forme, se montraient toutes, tant leur bouche se dilatait; chaque éclat de rire se terminait par un cri aigu : *Hou! hou!* tellement retentissant, que M. Ferdinand en fut éveillé, heureusement pour moi, car j'étais dans une fâcheuse position, et je ne savais point s'il fallait rire en chœur ou me mettre en colère.

Il est un langage en Nouvelle-Calédonie qui se parle sur toute la côte et sert de moyen de communication entre les Kanaks et les blancs, et quelquefois entre les blancs eux-mêmes quand ils sont de nation différente; ce langage a pour base l'anglais, mais on y rencontre des mots français, chinois, indigènes, tous plus ou moins altérés. Quelques phrases tirées de ce langage, que j'aurai occasion de citer dans le courant de ce récit, montreront que le génie de cette autre *lingua franca* est des plus simples, et qu'au moyen d'un très-petit nombre de mots on peut toujours assez bien s'entendre sur les choses usuelles de la vie. Voyant M. Joubert éveillé par l'hilarité bruyante de nos guides, je le mis en quelques mots au courant de la question.

« Ne vous étonnez pas, et surtout ne vous montrez pas blessé de cette gaieté, me dit-il; elle vient de ce qu'ils trouvent très-bizarre votre frayeur devant ce feu qu'ils vont combattre si facilement tout à l'heure; du reste, ils comprennent mal le français, et donnent à vos paroles un sens autre que celui qu'elles avaient réellement. »

Se tournant alors vers nos guides, M. Ferdinand ajouta : « *Tayos, look out belong faïa* » (Amis, faites attention au feu). Nos deux guides se levèrent aussitôt, regardèrent un instant la flamme, qui n'était plus qu'à une très-faible distance ; puis, tout en poussant des cris, ils saisirent leurs tomahawks, s'élancèrent auprès des arbres voisins, coupèrent en quelques secondes des branches de niaouli chargées de feuilles, et les assemblèrent de façon à former pour chacun d'eux un long balai ; ensuite, toujours bondissant et hurlant, ils prirent une torche de niaouli et coururent du côté du feu jusqu'à quarante mètres environ du point où nous étions. Là, ils enflammèrent les herbes, propageant l'incendie tout autour de nous en divers points ; nous fûmes bientôt dans un cercle de flammes, mais dont l'intensité n'avait pas le temps de devenir considérable sur la faible longueur qu'elles avaient à parcourir, de sorte qu'au moment où elles arrivèrent près de notre abri, les deux Kanaks les éteignirent sans peine au moyen des longs balais dont j'ai parlé. Le tout s'était passé en quelques minutes ; il était temps ; l'incendie arrivait à la limite que nous venions de lui assigner, et nous fûmes un instant dans un nuage de fumée et de flammèches, dans une atmosphère brûlante ; après quoi l'incendie fit le tour de notre camp et s'éloigna dans la direction de la montagne. Pendant ce temps, nos deux Calédoniens, semblables à des démons de bronze et brandissant leurs longs balais de brindilles, bondissaient autour du cercle qu'ils avaient tracé, frappant avec de grands cris sur les points où l'herbe mal brûlée d'abord menaçait de s'enflammer de nouveau.

« *All right!* dit M. Ferdinand, vous voyez que ces gaillards n'ont pas été longs ; ce feu nous vaudra au moins de n'être point trop tourmentés par les moustiques. Nous avons une longue route à faire demain, je vous engage à vous envelopper dans votre couverture et à dormir : mettez une pierre entre le feu et vos pieds pour ne pas incendier votre couverture ; sur ce, *good night and good dreams.* »

Et mon brave compagnon, bien roulé dans sa couverture, le corps à l'abri sous notre hutte grossière, s'endormit bientôt ; pour moi, assis à ses côtés, je suivis longtemps des yeux la retraite de l'incendie. Nos deux Kanaks venaient de s'endormir à leur tour, après avoir dévoré une immense quantité de taros. Je m'étendis enfin sur le sol, et en dépit de la dureté de cette couche inaccoutumée, de quelques moustiques et d'une certaine émotion due à la pensée que j'étais en pleine brousse à côté de deux anthropophages, je sommeillai bientôt paisiblement.

Telle fut en Nouvelle-Calédonie ma première nuit de bivac ; bien d'autres semblables devaient la suivre.

X.

Les mines de houille. — Retour à Koé et à Nouméa. — Encore la ville. — Une entreprise cyclopéenne. — Situation commerciale de la Nouvelle-Calédonie. — Topographie et aspect de l'île.

A cette époque, on s'accordait généralement à dire que notre colonie nouvelle était riche en mines de diverses espèces, et que les gisements de charbon présentaient surtout de grandes espérances ; cette matière pouvant être considérée aujourd'hui comme le dynamomètre d'un pays, c'est-à-dire donner jusqu'à un certain point la mesure de sa force, c'est vers cette étude que je tournai d'abord mes soins les plus attentifs. Malheureusement, dans cette courte exploration, je commençai déjà à penser qu'il fallait à peu près renoncer à tout espoir de rencontrer dans les parages que j'avais visités un combustible minéral avantageusement exploitable, au point de vue économique où l'île se trouve; plus tard, un examen complet des terrains, des essais du combustible rencontré et quelques travaux d'exploration vinrent encore corroborer cette première et défavorable opinion.

Pendant la seconde journée nous parcourûmes

des sommets élevés, du haut desquels notre vue s'étendait à l'infini; moi qui n'étais pas encore fait à ces grandioses spectacles, uniques au monde, où tout ce que la nature a créé de beau se trouve réuni pour plaire aux yeux et aux sens, je ne cessais d'admirer cette mer calme et bleue qui semblait venir jusqu'à nos pieds, ce soleil resplendissant, ces brises fraîches et parfumées, ces grands bois ombreux et calmes, ces cascades, ces sommets aux mille formes. Mes impressions furent alors si vives qu'aujourd'hui même, malgré l'influence des quelques années qui me séparent de cette époque, au souvenir de ce premier voyage sur les montagnes de Koé, j'éprouve une de ces délicieuses réminiscences comme à peine un petit nombre de jours de la première jeunesse savent en provoquer chez quelques hommes.

Nous restâmes ainsi deux jours dans la montagne; vers le soir du troisième, chargés d'échantillons [1], harassés par les marches pénibles que nous venions de faire, nous approchions de Koé. Notre pas était lent et lourd, lorsqu'une troupe de chevaux en liberté se présenta subitement devant nous; à notre vue, ils se mirent à hennir et à s'inquiéter, puis prirent la fuite, un seul excepté, qui, au contraire, s'avançait lentement :

[1] Parmi ces échantillons se trouvaient les premiers minerais de nickel que je recueillis enclavés dans des quartz caverneux de la rivière Dumbéa.

« *By Jove!* s'écria mon compagnon, c'est ma vieille Mauguy! » Et oubliant la fatigue, il s'avança rapidement, son chapeau à la main et l'agitant d'une façon particulière en poussant le cri habituel : « *Come, come!* »[1]. Quelques minutes après, nous étions en possession d'une monture; une liane nous servit de bride, et mon compagnon et moi, juchés sur le dos de cette bête tranquille, nous pûmes accélérer notre marche. Nous ne fîmes pas à la station de Koé une entrée bien triomphale, mais, dans cette occasion, notre amour-propre parlait moins haut que la fatigue.

Le lendemain, dans la matinée, et avant de quitter mon hôte pour revenir à Nouméa, j'écoutai avec intérêt ses projets d'installation d'usine à sucre : là devaient être les champs de canne; ici un canal dont les eaux, détournées du ruisseau, feraient mouvoir la roue hydraulique destinée à commander la meule à broyer les cannes; auprès seraient les chaudières pour l'évaporation des sirops.

Lorsque, trois ans plus tard, je quittai la colonie, chacune de ces choses était en place et fonctionnait; la frégate *la Sibylle* emportait déjà en France quel-

[1] « Viens, viens! » Lorsqu'on veut prendre un cheval dans le paddock ou parc, on y pénètre avec une poignée de maïs dans un plat que l'on agite devant soi; presque tous les chevaux viennent, attirés par le grain, et l'on peut ainsi prendre dans le groupe celui que l'on désire.

ques échantillons du sucre et du rhum fabriqués à Koé : c'étaient, en ce genre, les premiers produits fournis par notre jeune colonie.

De retour à Nouméa, je reçus l'ordre de me tenir prêt à partir pour le nord afin d'y reconnaître des terrains où l'on avait trouvé quelques parcelles d'or. J'abandonnai donc l'exploration des environs de la ville, et m'occupai exclusivement de mes préparatifs de voyage. J'ai déjà dit que les environs de Nouméa étaient complétement sûrs; cependant, à part un poste à Kanala, composé d'une centaine d'hommes environ, et un autre à Poëbo, où j'allais précisément être débarqué, toutes les forces de la colonie, groupées à Nouméa, s'ennuyaient franchement, et avec raison, sous le soleil ardent qui frappait ses rues solitaires. Quant aux colons qui, séduits par la richesse plus grande des autres points de l'île, auraient désiré s'y rendre, ils ne le pouvaient faire qu'à leurs risques et périls.

J'ai parlé du poste de Poëbo, c'était le plus éloigné du chef-lieu, et il ne fallait pas moins de quinze jours pour s'y rendre à la voile; cependant c'était de beaucoup le plus faible de tous, et sa garnison se composait seulement d'un brigadier et de deux gendarmes. Aussi un résultat — qui n'était que trop facile à prévoir pour ceux qui connaissaient les Néo-Calédoniens — vint peu de temps après confirmer les craintes; ces malheureux représentants de la France et de l'ordre furent massacrés par les indigènes, en même temps que des colons qui, se fiant au calme qui régnait depuis quelque temps dans cette partie de l'île, avaient cru pouvoir sans danger s'établir à l'ombre du drapeau de ce petit poste. Mais n'anticipons point sur les événements.

Avant mon départ pour le nord, j'eus le plaisir de voir jeter les fondations de ma maison, et je suivais avec complaisance ces travaux, à mes heures de loisir, et cela d'autant plus que l'absence d'ouvriers exercés se faisait vivement sentir; mais je pus, en outre, m'apercevoir encore davantage de la détestable situation qui a été assignée à ce chef-lieu d'une de nos plus grandes et de nos plus belles colonies, et voici comment : La chaîne de montagnes qui, je l'ai dit, forme l'arête de la presqu'île de Nouméa, est d'une assez grande altitude et se termine par une échancrure à pentes escarpées, de laquelle se détachent divers contre-forts étroits et accidentés; c'est sur ces derniers et sur toutes ces parois à pentes roides que la ville a dû s'étager, et, pour comble de malheur, par je ne sais quelle cause erronée, à la surface de cet emplacement aux brusques et incessantes ondulations, on a tracé les rues en ligne droite et perpendiculaires les unes aux autres, sans s'occuper le moins du monde des courbes de niveau : de sorte que l'exécution soit des rues, soit des édifices, nécessite des travaux de tranchée devant lesquels aurait reculé notre légendaire préfet de la Seine, malgré son immense budget et les moyens non moins puissants dont il disposait. Mais ici les travaux exécutés depuis des années par les disciplinaires et les troupes n'avaient abouti qu'à creuser à travers ces collines de profondes tranchées, laissant les maisons juchées au sommet des talus; pour comble de malheur, ceux-ci ont des niveaux très divers, ce qui fait que les habitations offrent l'aspect le plus irrégulier et le moins symétrique que l'on puisse imaginer. Cependant, comme j'avais acheté mon terrain dans un endroit de la ville encore à peu près vierge de rues, je me flattai que ce système, qui avait pu être suivi dans les premiers moments de la colonisation, serait abandonné; espérances vaines! Lorsque je revins du nord, huit mois après, je trouvai bien ma maison terminée, mais une centaine d'hommes travaillaient, avec une ardeur digne d'un meilleur but, à creuser le long de mon terrain une malheureuse rue qui devait laisser, comme un fort, ma case et mon jardinet à cinq ou six mètres du sol; mais il n'y avait rien à dire, le tracé de la ville avait été fait sur un *plan sans côte,* et on devait hiérarchiquement, sans observation et surtout sans modification, l'exécuter tel quel. *Alas! poor Yorick!*

Toutefois les abondants déblais que ces tranchées produisaient servirent à combler les marécages qui bordaient les rivages du port en un grand nombre de points. Mais si la situation de Nouméa à divers points de vue est critiquable, comme nous l'avons expliqué, il faut reconnaître qu'elle présente certains avantages qui ont une réelle importance; et d'abord, dans cette île où les roches calcaires sont extrêmement rares, elles abondent, au contraire, dans la presqu'île de Nouméa : j'y ai signalé des pierres à chaux très pures, de l'étage géologique « dévonien » , permettant d'obtenir une excellente chaux grasse; et ce fait me permit d'établir ma fonderie de nickel à Nouméa même, à côté de ces calcaires qui m'étaient indispensables pour faciliter la fusion du minerai : en plus de cela, certains de ces calcaires, d'origine géologique plus récente, abondent aussi à la porte de Nouméa, sur la route du Pont-des-Français, et, selon nous, leur composition naturelle en fait de la véritable pierre à ciment naturel. Ce même calcaire se présente en barres parallèles, faciles à exploiter, et peut fournir une pierre de construction commune mais suffisante et, en tout cas, bien supérieure aux roches habituelles des autres parties de l'île qui sont ou trop dures, ou trop fendillées pour servir à une construction à la fois économique et régulière; croirait-on, cependant, que, dès l'origine de l'occupation de Nouméa, on s'aperçut si peu de la présence de ces matériaux de construction sur la place même, que l'on fit venir à grands frais de Sydney la mauvaise pierre à bâtir qui s'y trouve, qui est un grès des plus friables?

Enfin tous mes préparatifs de départ étaient terminés; sept hommes d'infanterie de marine devaient m'accompagner, avec la double mission de me servir d'escorte et de m'aider dans mes travaux de fouille, et c'était encore la goëlette *la Calédonienne* qui devait nous transporter jusqu'à Poëbo.

J'ai dit que ce territoire, où l'on avait trouvé l'or, était en plein pays sauvage, et j'allais me trouver au milieu des anthropophages, parcourant leurs montagnes, obligé de me tenir constamment sur le *qui-vive* dans des parages où non-seulement notre autorité était à peu près inconnue, mais où plusieurs tribus n'avaient encore jamais vu d'Européens; mais j'avais pris franchement mon parti, et lorsqu'on me racontait tous les actes de cannibalisme commis par les indigènes de ces parages, je pensai, à part moi, que je ne me laisserais pas dévorer sans protestation ni résistance.

Pour nous rendre de Nouméa à Poëbo, nous devions, comme d'habitude, naviguer entre la ligne de récifs et la terre. De cette façon, tous les soirs, d'assez bonne heure, nous pouvions aborder à une baie pour y passer la nuit. Ordinairement encore, nous avions le temps de descendre à terre et de visiter un peu le pays.

Poëbo étant situé sur la côte de l'ile opposée à celle où se trouve Nouméa, il nous fallut d'abord courir dans le sud pour doubler la pointe méridionale de l'ile, et remonter ensuite au nord jusqu'à notre destination, en suivant la côte orientale.

Il serait, je pense, à propos maintenant de donner encore quelques détails sur la topographie et la situation commerciale de cette île.

La Nouvelle-Calédonie se dirige du nord-ouest au sud-est, elle s'élève au-dessus des eaux suivant une bande de 75 lieues marines de longueur et large seulement de 13; cette dernière et faible dimension permet aux brises de la mer, qui sont les alizés de sud-est, de circuler partout, rafraîchissant et purifiant l'atmosphère : aussi, malgré un assez grand nombre de marais, le climat de cette colonie est-il un des plus sains et des plus tempérés.

La superficie de la Nouvelle-Calédonie est de deux millions d'hectares, c'est-à-dire cinq fois autant à elle seule que nos trois possessions réunies de la Réunion, de la Martinique et de la Guadeloupe [1]; cepen-

1	La Réunion.	213,350 hectares.
	La Martinique.	98,782
	La Guadeloupe et dépendances.	108,590
	Total.	420,722

Le total des habitants dans ces trois colonies s'élevait, en 1864, à 483,150, — un peu plus d'un par hectare.

dant ces dernières terres ont actuellement un habitant par hectare. Nous pouvons donc prévoir, sans exagération, qu'un jour viendra où notre jeune colonie du Pacifique aura à elle seule près de deux millions d'habitants.

Outre la fertilité de son sol, la Nouvelle-Calédonie jouit encore d'une admirable situation pour l'écoulement de ses produits : dans l'ouest, à trois cents lieues, c'est d'abord l'Australie avec ses deux millions d'Européens et sa prodigieuse rapidité de développement; au sud, à une distance égale, c'est la Nouvelle-Zélande, asile de la solitude et de la barbarie il y a moins de cent ans, et que nous trouvons maintenant transformée partout à l'image de l'Europe. Cette dernière contrée, ainsi que l'Australie méridionale, ne peuvent, à cause de leur climat, produire les *denrées coloniales*, le sucre et le café, et l'on estime à quarante mille tonnes la quantité de sucre que ces grandes terres vont chercher soit à Manille, soit à Java, c'est-à-dire à des distances de quinze cents lieues.

L'Australie, dans les points où sa surface est assez voisine de l'équateur pour permettre la culture de la canne et du café, est généralement affligée d'un climat meurtrier; de même, les archipels qui avoisinent la Nouvelle-Calédonie à l'est et au nord, tels que les Nouvelles-Hébrides, les Viti, les Salomon, sont tous plus chauds, plus insalubres, et, en tout cas, bien moins explorés que notre colonie. Il en résulte que celle-ci réunit une foule d'avantages propres à assurer un essor rapide, et l'on est en droit de s'étonner de la lenteur de développement de cette possession et d'accuser plus que jamais le régime militaire d'en être la cause. En dépit de la meilleure volonté du monde, un officier ne peut être un bon gouverneur ; malgré lui, il considérera toujours la colonie comme un pays conquis, et le colon, comme un *pékin*, — pardonnez-moi le mot, mais il est juste. — Que lui importent à lui, homme d'épée, l'*agriculture*, le *commerce* et l'*industrie?* D'autre part, on ne prend comme gouverneurs que des hommes d'un certain âge, et ceux-ci peuvent-ils retourner à l'école, peuvent-ils subitement changer le système des actes de toute leur vie? Non certainement, et ils ne sont point responsables de ce qui arrive; ils agissent comme on devait s'attendre qu'ils le feraient, c'est-à-dire en hommes élevés sous le joug de la discipline militaire, habitués eux-mêmes à commander partout en maîtres absolus, et surtout à ne s'attacher à aucun pays, puisqu'ils sont à chaque instant sous le coup de recevoir leur changement.

Le gouvernement militaire de l'Algérie, tant de fois attaqué, peut avoir un semblant de raison sur ce vaste territoire qui abrite des tribus hostiles, nombreuses, armées; mais à la Nouvelle-Calédonie, que j'ai pu parcourir impunément à pied avec sept soldats et moins, quelle raison reste-t-il d'y étaler ce luxe de militaires? Ceux-ci, au reste, se sentent inutiles et s'ennuient, comme doivent le faire des gens d'épée qui recherchent l'action véritable et la gloire qui l'accompagne, et non pas des chasses à l'homme dans la montagne.

Ce qui serait utile, c'est que le gouvernement comprît enfin tout l'intérêt qu'il a à posséder des colonies pour les *colons*, et non pour servir de terrain de manœuvre ou d'occasion d'avancement aux garnisons qu'il y envoie. Ces bulletins glorieux qui nous arrivent des possessions lointaines ne trompent plus personne; aujourd'hui chacun sait qu'aucun peuple de race noire, encore à peu près armé comme au temps de la Bible, dépourvu de tactique et de toute vertu militaire, ne saurait résister, même à mille contre un, à la perfection de nos engins de guerre. Je voudrais — aussi je le répète — que mon pays se souvînt que les peuples les plus prospères ont toujours été et sont encore les peuples colonisateurs; que c'est par l'émigration seule que les classes prolétaires peuvent *avoir*, c'est-à-dire accomplir un des désirs les plus ardents de notre époque. La colonisation est encore la meilleure soupape de sûreté d'un peuple; c'est par là que s'enfuient ceux qui se trouvent à l'étroit, tout en laissant de la place aux autres. L'Irlande, cette nation malheureuse, malgré toute son énergie, ne fait pas de révolutions, elle émigre; elle va chercher sur ces vastes et fertiles terres, encore sans maître, ce que les peuples européens ont baptisé du mot *liberté*. La *liberté*, ah! c'est chez le malheureux surtout qu'elle est une aspiration légitime, car elle veut dire bien-être moral et matériel!

Mais il faut du courage pour émigrer; notre nation est-elle déjà assez amollie pour ne pas le posséder? Non certainement, mais il faut lui donner l'impulsion. Pour moi, je compare celui qui va émigrer à l'homme qui, prenant un bain froid, ne peut s'enfoncer dans l'eau qu'avec lenteur et passe par mille sensations pénibles avant de jouir de la fraîcheur des eaux. Avant de se décider au départ, le colon éprouve de vives angoisses; pendant la route, les dangers, les soucis, les misères, le souvenir de la patrie les accroissent encore; mais une fois débarqué dans ces pays du soleil, sur ces terres généreuses, lorsqu'il voit cette ampleur relative de la vie, il est heureux, et les regrets font place à de douces espérances d'avenir. Aussi faut-il encourager et rassurer cet homme; il doit emmener avec lui sa femme, ses enfants, son foyer, en un mot; il faut aussi qu'il soit sûr de trouver en arrivant des institutions protectrices exercées par des hommes qu'un caractère désintéressé et honnête, une longue expérience, auraient appelés aux fonctions d'administrateurs coloniaux; mais il ne faut pas qu'il tombe, comme à la Nouvelle-Calédonie, par exemple, dans des bureaux envahis par des officiers — très-jeunes d'ordinaire — ennuyés de ce nouveau métier ; incapables de conseiller, de diriger le colon, et, de plus, agissant tout à fait à leur guise et sans façon vis-à-vis de lui. Mais, par ailleurs, n'a-t-on pas pris encore le contre-pied de ce qu'il fallait faire? On veut encourager les colonies et on y envoie les forçats! Est-il possible de dire plus clairement que ces contrées sont d'affreux séjours, alors qu'il n'en est rien cependant, et qu'à coup sûr les générations futures, riches et nombreuses sur ces terres si favorisées, s'étonneront qu'il fut un temps où le vieux monde au ciel brumeux, aux rudes hivers, faisait de leur charmant séjour le lieu d'exil de ses plus grands criminels.

Je sens qu'à ces intéressantes questions je me laisserais entraîner trop loin de mon récit, — si ce n'est déjà fait, — et je vais de suite le reprendre.

L'île dont nous suivions ainsi les rivages se compose généralement de chaînes de montagnes, de chaînons et de pics plus ou moins isolés ou groupés. Les seules plaines qu'on y rencontre sont formées par les deltas des grandes rivières, aboutissant à la mer après de longs circuits dans des vallées intérieures ordinairement très-profondes.

Quoique les lignes de faîte des chaînes montagneuses aient des directions très-variables, on remarque bientôt que l'orientation dominante est du nord-ouest au sud-est. Ces montagnes changent complétement d'aspect, suivant que les roches qui les composent varient elles-mêmes, et ce fait, qui a déjà été observé en Australie, est ici tellement saillant, qu'il peut à lui seul, dans la plupart des cas, permettre à un œil exercé de désigner à l'avance le genre des roches sous-jacentes. Ainsi les *serpentines* forment des sites désolés, des terrains bouleversés, abrupts, difficiles à la marche, recouverts ordinairement d'une maigre *argile rouge* au milieu de laquelle végètent çà et là quelques bouquets d'arbustes chétifs, à demi morts, aux branches dures, noires, sèches, cassantes, étalant à peine à leur extrémité quelques feuilles jaunies. Cependant, après avoir glissé d'abord sur ces surfaces argileuses, les eaux des pluies les ravinent et finissent par former de petits cours d'eau le long desquels se développe une végétation vigoureuse, abondante, inextricable ; puis, descendant vers la mer, ces ravins se changent en spacieuses vallées. Tous les sites où dominent les éruptions serpentineuses sont peu fréquentés, ils n'ont d'autres habitants que quelques rares indigènes qui séjournent le long de la mer, là où de nombreux bancs de coraux servant d'abri aux poissons, aux tortues et aux coquillages, leur permettent une pêche facile. C'est à peine s'ils cultivent, à l'embouchure des ruisseaux, quelques portions de cette terre peu généreuse.

Mais si de grands espaces de la Nouvelle-Calédonie offrent ce triste aspect, il en est de plus vastes encore où le paysage est tout différent. On voit alors le pays formé de collines peu élevées et de chaînes de montagnes allongées, aux *lignes de faîte* horizontales, aux pentes douces, aux croupes arrondies; tout le sol est couvert d'une vigoureuse végétation au milieu de laquelle se montre de distance en distance le tronc blanc de l'utile *niaouli;* de nombreux petits ruisseaux circulent entre ces collines, au pied de ces chaînes; le long de ces cours d'eau se dressent des arbres élevés de mille essences diverses, à travers lesquels les lianes s'entre-croisent à l'infini. Ici, en nous enfonçant au-dessous de l'épaisse couche d'humus végétal, nous trouverons des roches schisteuses, des calcaires, etc., en un mot, et, d'une manière générale, toutes les roches autres que les *roches serpentineuses*.

Autre fait digne d'attention, c'est que dans toutes les parties où de grands cours d'eau ont pu déposer leurs alluvions et créer des plaines plus ou moins spacieuses, l'aspect des paysages néo-calédoniens devient invariable; ce sont de belles forêts de cocotiers, d'abondantes et productives plantations indigènes, des banians gigantesques, dont nous donnons une photographie, des groupes de verdure au milieu

p. 181.

BANIAN A L'ANSE VATA

desquels disparaissent les étroites habitations des naturels. On a peine à croire, en contemplant ces charmantes oasis auxquelles la nature a prodigué ses plus merveilleuses richesses, que l'homme qui a été appelé à en faire son domaine n'y trouve d'autre jouissance que la guerre, la guerre acharnée et constante contre ses voisins, et ne rêve d'autres triomphes que des festins de cannibales.

XI.

Baie du Sud. — Le kaori. — Eaux thermales. — Le kagou. — Goro et sa cascade. — Une alerte. — Le vampire calédonien. — La plaine d'Yaté et celle des Lacs. — Épisode de la colonisation. — Baie du Massacre et rencontre émouvante.

Le second jour de notre départ, nous mouillâmes dans la baie du Sud ou du Prony, admirable de contours et de grandeur; mais aucun Kanak n'habite sur ses bords, à cause de la stérilité du sol. Il en résulte que si l'on est là à l'abri du casse-tête des sauvages, on y est, par contre, exposé à mourir de faim si les provisions viennent à manquer. Cette baie est souvent visitée par des bâtiments de l'État, qu'y attire un très-bon mouillage, et, en second lieu, un banc de belles huîtres d'excellente qualité; nous en fîmes une bonne provision.

Le lendemain, le commandant, retenu par le calme, me proposa une promenade en baleinière jusqu'au fond de la baie. Nous devions y visiter des sources thermales. J'acceptai avec plaisir.

A mesure qu'on s'enfonce dans la baie, elle va se rétrécissant entre deux rangées de montagnes verticales; elle se termine par un ruisseau qui coule au milieu du pays le plus sauvage que l'on puisse imaginer. Ce ruisseau, baptisé du nom de Nécoutcho, se jette à la mer par une petite cascade; ses bords sont couverts d'une végétation enchevêtrée et à peu près impénétrable. Le sol est presque exclusivement composé de blocs immenses de minerai de fer[1]; cependant une espèce de route a été tracée par les Kanaks le long du Nécoutcho. Elle pénètre assez avant dans la forêt qui couvre la montagne et conduit à la région des *kaoris* ou pins colonnaires : elle sert surtout à faire descendre jusqu'à la baie les kaoris destinés par les indigènes à être transformés en pirogues.

Le *kaori*, de la famille des *dammaras*, acquiert dans ces montagnes des proportions vraiment gigantesques. Il s'élance d'abord en une colonne droite et sans branches jusqu'à trente-cinq et quarante mètres de hauteur sur un diamètre à peu près constant d'un mètre trente centimètres. Quel travail ne fallait-il pas aux indigènes pour couper le pied de cet arbre, le transporter jusqu'à la mer et le creuser avec leurs anciens instruments! Le kaori sécrète abondamment une résine du même nom que le commerce utilise.

Les eaux thermales de la baie du Sud sont situées sur la rive gauche et à l'embouchure de la

[1] Pour plus de détails sur la géologie, voir la *Géologie de la Nouvelle-Calédonie*, par Jules Garnier. Chez Dunod libraire.

rivière Nécoutcho. Elles sont chargées de sel en dissolution qu'elles déposent sur chaque point de leur passage, de sorte que leur lit s'exhausse et se déplace souvent. Elles ont ainsi couvert de leurs dépôts la petite colline sur le flanc de laquelle elles jaillissent et circulent avant de se jeter dans la rivière. Nous mesurâmes leur température, elle était de 33° cent., celle de l'air ambiant étant à 26° cent. J'ai rapporté à Nouméa quelques échantillons de ces dépôts; leur analyse constate, dans l'eau de ces sources, la présence presque exclusive du bicarbonate de magnésie, qui, au contact de l'air, laisse déposer du carbonate de magnésie en perdant une partie de son acide carbonique. D'après des essais plus récents, il semblerait que cette eau n'est minérale que par intermittence, car des eaux analy sées par M. Bavay, pharmacien de la marine, ne lui indiquèrent point une quantité de sels extraordinaire, et, en tous cas, insuffisante pour expliquer les nombreux dépôts qui entourent cette source.

Ces eaux minérales et thermales pourraient très-probablement être utilisées par la médecine.

Pendant que nous montions le chemin des *kaoris*, mon chien *Soulouque* nous accompagnait. Soulouque était un jeune chien d'arrêt mâtiné, au poil noir, luisant comme du jais. Il m'avait été donné au moment de mon départ de Nouméa; son ancien maître y tenait peu et le battait même quelquefois, de sorte que la pauvre bête, enchantée de mes bons traitements, me devint en peu de temps très-attachée, et, avec une intelligence digne des plus grands éloges, me rendit, pendant le pénible voyage que j'entreprenais, bien des services dont le souvenir me porte à présenter Soulouque au lecteur comme un des acteurs principaux de mes explorations, surtout en ce qui concerne la garde du camp et la chasse. Les rives du Nécoutcho furent le théâtre de son premier exploit, il vaut la peine d'être signalé. Nous avancions lentement à cause de la difficulté du chemin, lorsque nous entendîmes, à quelques mètres de nous, dans le bois, des cris retentissants qui nous étaient parfaitement inconnus, mais semblaient indiquer un animal puissant. Curieux de connaître l'auteur de ces cris perçants « ka-hou, ka-hou, » je m'avançai avec précipitation, mais non sans peine, vers le point d'où ils partaient, et j'aperçus mon chien en arrêt devant l'oiseau le plus curieux que l'on puisse imaginer. Monté sur de longues jambes rougeâtres, il essayait en vain, en sautillant, de fuir Soulouque, qui toujours le devançait et lui barrait le chemin; la pauvre bête cachait alors sa tête baissée sous ses ailes déployées et arrondies et se contentait de pousser son cri de détresse. Je pus donc la saisir délicatement de la main à la naissance des deux ailes, la soulever et l'emporter malgré ses cris et ses coups de bec, qui ne pouvaient m'atteindre; et, non moins triomphant que Soulouque, qui bondissait de joie, je vins montrer ma prise au commandant.

Cet oiseau bizarre est spécial à la Nouvelle-Calédonie; les indigènes lui donnent le nom expressif de kagou, tiré de son cri, mais les naturalistes ont cru devoir le transformer en celui de *rhinochetos jubatus*.

La robe du kagou est le gris cendré et le roux; une huppe gris-blanchâtre orne sa tête; son bec est rouge, long, pointu et très-fort; ses yeux sont d'un beau rouge limpide avec une grande prunelle noire; il ne semble pas voir de très-loin. Ses ailes, armées de grandes plumes, forment, en se déployant, un éventail parfait à roues concentriques, successivement blanches, grises ou fauves, pointillées de taches de ces couleurs et formant des cercles qui ont pour centre le point d'attache de l'aile; la queue, le dessous de l'aile et le ventre sont couverts d'un long duvet soyeux, frisé, d'un noir grisâtre, tout à fait analogue à celui qui couvre l'autruche, et paraît marquer le passage du poil à la plume.

Le kagou a de trente-cinq à quarante centimètres de hauteur; son corps, de la grosseur d'une poule, est plus effilé; ses jambes rouges, fortes et assez longues, sont armées de pattes solides et d'ongles très-forts. Comme nous l'avons vu, ses ailes sont impuissantes à le soutenir dans les airs, et lorsqu'il se voit menacé d'un danger auquel il ne peut plus se dérober par la fuite, il les déploie au-dessus de sa tête, qu'il cache ainsi, à la manière de l'autruche.

La femelle, un peu moins grosse que le mâle, a le plumage de ses ailes moins coloré, la huppe moins longue et moins fournie.

Ces oiseaux vivent ordinairement par couples; ils habitent toujours le bord des torrents, dans lesquels ils viennent le soir boire et se baigner; le jour, ils parcourent les endroits rocailleux, couverts de maigres broussailles; là, avec leurs fortes pattes, ils retournent les petits cailloux sous lesquels se blottissent les insectes; mais leurs lieux de prédilection sont les bords des ruisseaux, et ces vastes forêts vierges dans lesquelles se plaît aussi le notou.

Le kagou trouve une abondante nourriture au milieu de ce sol formé d'un détritus de feuillages en décomposition, superposés depuis des siècles et habités par de nombreux insectes, des vers surtout. Lorsqu'un des géants de ces forêts, écrasé sous le poids des siècles, meurt et se laisse tomber sur un lit de jeunes arbres qu'il brise dans sa chute, son vieux tronc se désorganise, devient spongieux et mou. C'est l'habitation de milliers d'insectes, entre autres et surtout de vers et nymphes de capricorne, que les indigènes ne dédaignent pas eux-mêmes. Alors le kagou se place sur ce cadavre végétal, son bec robuste en fouille le flanc pour en extraire ces grosses larves dont il est très-friand; mais l'indigène a vu les traces du kagou, il tend un collet bien disposé où se laisse prendre le malheureux bipède, dont la chair est délicieuse. J'ai toujours considéré comme un sacrilége de manger un oiseau aussi curieux et aussi rare, et j'ai donné tous ceux que mon brave Soulouque m'a pris de la manière que je viens de dire, à des jardins de la colonie ou de contrées étrangères.

L'estomac du kagou diffère de celui des oiseaux ordinaires, et a, paraît-il, une très-grande analogie avec celui de l'autruche; en tout cas, par son plumage, l'impuissance de ses ailes, il se rapproche beaucoup des gros oiseaux d'Afrique et d'Australie, de l'*apteryx* de la Nouvelle-Zélande, etc.

Le mâle a un très-grand attachement pour sa compagne. Un jour, mon chien s'empare d'une femelle; au moment où je saisis la malheureuse bête qui criait au secours de toutes ses forces, je vois arriver à toutes jambes le mâle, beau de colère, ses deux ailes me menaçaient, sa longue huppe blanche était hérissée sur sa tête, il faisait claquer son bec. Cette créature déshéritée, — que la nature a mise sur la terre sans lui accorder de moyens de défense, — s'efforçant de venir en aide à sa compagne captive, était certes intéressante et digne de pitié; mais Soulouque, peu accessible à ce dernier sentiment, s'élança sur le pauvre kagou, qui se laissa prendre sans même essayer de fuir.

La femelle pond deux œufs semblables aux œufs de poule; elle les cache si soigneusement, que les Kanaks eux-mêmes ne les trouvent que très-rarement; je n'ai jamais pu m'en procurer.

Le kagou s'apprivoise facilement; mais ici on s'est peu occupé de l'élever en domesticité et d'utiliser son appétit pour les insectes en l'habituant à chercher dans les maisons les cancrelas qui les infestent et qu'il mange avec plaisir.

Le kagou abonde surtout dans le sud de la Nouvelle-Calédonie. Je l'ai rencontré plus rarement dans le centre et jamais dans le nord.

Il serait facile d'introduire cet oiseau en Europe [1], où l'on pourrait l'habituer à la vie domestique; il nous rendrait de grands services en détruisant les insectes dans nos champs et nos maisons. Ceux qui possèdent un kagou dans la Nouvelle-Calédonie le nourrissent ordinairement avec de la viande; mais lorsqu'on veut régaler l'animal, on prend une pioche, et devant lui on fouille le sol pour lui donner des vers. Aussi, lorsqu'un homme muni d'une pioche passe à côté du kagou, celui-ci le suit partout

1 On peut dire du kagou ce qu'on a dit du mouton, c'est qu'il ne saurait vivre parmi nous qu'à l'état domestique; loin de notre protection, les chiens que nous avons introduits dans l'île en auront bientôt vu la fin.

pas à pas, croyant que l'on va travailler à son profit. Ne suivrait-il pas la charrue chez nous?

En quittant la Nouvelle-Calédonie, j'avais à bord quatre kagous vivants. Ils doublèrent tous le cap Horn; mais à partir de ce moment, privés de viande fraîche, mal logés, souvent mouillés, ils moururent l'un après l'autre.

Cependant, à Taïti, où je leur avais trouvé à terre un bon logis, ils avaient eu le temps de refaire leur santé. Le dernier périt presque en vue de Brest. Peu après mon retour, j'avais eu l'occasion de voir des couples de kagous au musée zoologique de Londres et à celui d'Amsterdam, et je m'étonnai que ces oiseaux, particuliers à une de nos colonies, ne fussent pas dans nos jardins publics; mais, il y a peu de temps, j'ai vu avec plaisir que la Société d'acclimatation avait comblé cette lacune.

Solitaire et sauvage, le kagou échappa aux recherches de Forster et de Labillardière, et il n'est connu que depuis peu des naturalistes.

Les calmes nous retinrent dans la splendide baie du Sud, et je passai deux jours à parcourir les montagnes, m'extasiant devant les immenses quantités de minerai qui couvrent le pays, et que je reconnus bientôt à l'analyse comme d'une nature unique au monde par leur complexité, puisqu'ils tiennent, en proportions variables, du manganèse, du fer, du nickel, du chrome et du cobalt.

Le soir même de notre départ de la baie du Sud, nous atteignîmes d'assez bonne heure le mouillage de Goro; la belle cascade de ce nom s'apercevait très-bien du bord : ses eaux descendent d'un seul bond le long d'une montagne presque verticale, et le bassin qu'elles ont creusé au pied du rocher invite le touriste à un bain délicieux.

A Goro, le sol n'est pas cultivable; seulement, en divers points, et notamment à l'île Kuebüni, il est chargé de pins colonnaires (*araucaria intermedia*), qui, à cause de leur hauteur, de leur diamètre, de l'absence presque complète de nœuds à leur partie inférieure, ont pu remplacer dans la colonie le sapin du Nord. Chaque année le gouvernement fait transporter au chef-lieu une quantité considérable de ces arbres, dont la plupart des îlots environnants sont, au reste, couverts.

Après l'ascension de la cascade, nous allâmes avec le docteur et le second du bord faire une promenade le long de la mer. Lorsque nous revînmes à l'embarcation il faisait déjà noir; nous poussions de temps en temps des cris pour nous assurer si nous approchions de nos matelots. Ceux-ci nous entendirent à la fin, mais ne reconnaissant pas nos voix, et quelque peu émus par l'obscurité de la nuit et des bois qui les entouraient, ils crurent à l'arrivée d'une troupe de Kanaks et se massèrent les uns contre les autres sans répondre. Cependant, lorsque nous ne fûmes plus qu'à quelques pas, ils se décidèrent à parler, et s'imaginant toujours avoir affaire à des indigènes, ils nous crièrent : « *Lélé tayos, beaucoup lélé.* » (Bons amis, beaucoup bons.) A ces paroles, nous nous persuadâmes nous-mêmes que nous étions en face d'une troupe de Kanaks, et nous nous sentîmes heureux d'avoir nos fusils, que nous gardions dans la main, prêts à faire feu si c'était nécessaire. Le chirurgien répondit quelques mots kanaks, et je ne sais comment aurait fini cette conversation, si mon chien, qui ne comprenait rien à tout ce colloque, n'était allé sauter dans la baleinière en passant au milieu des marins. Ceux-ci le reconnurent et s'écrièrent en bon français : « Est-ce vous, lieutenant? »

Dix minutes après nous étions à bord.

Pendant cette excursion nous avions tué, entre autre gibier, un héron blanc et un animal des plus curieux, le *vampire calédonien.* Ce vampire ou *roussette*, une petite chauve-souris, et le rat, sont les seuls mammifères propres à cette île. Le corps de la roussette a vingt-cinq centimètres de longueur; sa tête grosse, à oreilles courtes recouvertes de longs poils au sommet, terminée par un museau pointu, armée de dents formidables, rappelle, en miniature, la tête de l'ours ou du renard; ses yeux sont noirs, vifs et intelligents; tout son corps est couvert d'une fourrure fauve et noire, formée de poils assez longs [1]; son aile est une membrane noire de trente-cinq centimètres de longueur, garnie de petits os qui courent en divergeant comme de longs bras soudés à la membrane et se terminent par une griffe solide servant à l'animal à s'accrocher aux branches.

La femelle ne produit à la fois qu'un petit, qui se tient assez longtemps collé au ventre de sa mère. Lorsqu'il est déjà fort, son poids entrave le vol de la mère, et quelquefois on peut tuer ces deux pauvres créatures à coups de pierres sur les branches, où elles se tiennent comme sur un point favorable pour prendre leur vol et s'enfuir. Pendant la saison qui précède la maternité, au commencement de la nuit, le mâle et la femelle décrivent des ronds fantastiques dans les airs avec accompagnement de cris discords, aigres et retentissants.

Cet animal vit ordinairement dans les montagnes et au milieu de l'obscurité des hautes forêts; il se nourrit de graines. Lors de la fructification des niaoulis qui couvrent la campagne, les roussettes sortent de toutes parts des bois, au coucher du soleil, et viennent s'abattre sur ces arbres pour en dévorer les graines.

Les fruits mêmes du cocotier ne sont pas épargnés par le vampire.

[1] N'y aurait-il pas à chercher l'utilisation comme fourrure de la peau de la roussette?

Comme tous les animaux frugivores, la roussette est bonne à manger; le goût de sa chair rappelle celui du lapin; le Kanak en est très-friand, mais l'idée seule d'y porter la dent répugne à beaucoup d'Européens.

Du poil de la roussette, le Néo-Calédonien fait des cordons et les réunit en masse pour former un gland volumineux, que les femmes suspendent à des colliers, de façon qu'il leur retombe sur le dos. Le tissage de ces poils étant très-long, les cordons en acquièrent d'autant plus de prix, et, comme nos monnaies, ont une valeur fixe. Ainsi, pour une certaine longueur de ces tresses, on achètera une pirogue, une femme, etc.

Une fois tressés, les poils de roussette sont teints en rouge au moyen de la racine d'une espèce de morinda, très-abondante au milieu des champs de la Nouvelle-Calédonie. J'ai apporté en France des échantillons de cette matière tinctoriale; elle fournit une couleur jaune très-belle, qui passe elle-même au rouge dès qu'elle est traitée par des eaux alcalines.

Quoique ce travail de tissage et de teinture du poil de la roussette nous paraisse bien simple, il indique cependant que le Néo-Calédonien a su tirer du seul animal à fourrure qu'il possède tout le parti que nous aurions pu en tirer nous-mêmes.

Au delà de Goro, le vent, dont la direction nous

était alors très-favorable, nous poussa bientôt devant l'embouchure de la belle rivière d'Yaté, où quelques mois plus tard devait se passer un des événements les plus importants de l'histoire de la colonisation néo-calédonienne.

Nous avions sous les yeux une plaine fertile dont la longueur au bord de la mer est de vingt-sept kilomètres et la profondeur de dix-huit cents mètres; elle a été formée exclusivement par les riches alluvions qu'un grand cours d'eau a superposées là depuis des siècles. La rivière d'Yaté est une des plus grandes de l'île; elle descend d'un groupe de montagnes de formation éruptive, ferrugineuse et magnésienne, qui sont stériles et désertes; sa source est sur les flancs mêmes du pic Humboldt, le plus élevé de l'île (1640 mètres). Ce n'est qu'après un parcours de quarante kilomètres environ, c'est-à-dire près de son embouchure, que ce courant devient presque un fleuve, arrosant la belle plaine dont j'ai parlé. Il est navigable pour de grosses embarcations, et forme une véritable baie en se mélangeant aux eaux de la mer. Sa largeur est de plus de cent mètres, et il coule entre deux hautes berges verticales.

Au commencement de 1864, séduit par l'heureuse situation de cette plaine bien arrosée et d'un facile accès, le gouverneur de la colonie essaya d'y appliquer l'idée du travail en commun. La frégate *la Sibylle* venait précisément d'amener un bon nombre de colons. On choisit dans la masse une société composée de vingt membres représentant des industries diverses. Il s'y trouvait un papetier, un mécanicien, deux ferblantiers, deux forgerons, un tailleur de pierres, deux mineurs, un boulanger, un charpentier, un couvreur, un maréchal-ferrant, deux briquetiers, un sellier, deux agriculteurs et deux femmes qui suivaient la fortune de leurs maris. On donna à cette *communauté* trois cents hectares de terrain dans la plaine, soit quinze hectares par personne. De plus, le gouverneur fit l'avance de bétail, de poules, de graines, d'outils et d'ustensiles aratoires.

La direction de la société fut confiée à l'un des sociétaires, sous la surveillance d'un conseil choisi parmi les membres.

Les choses étant ainsi réglées, le 14 janvier 1864 les vingt sociétaires furent embarqués à Nouméa, avec leur matériel, sur un des bateaux de la station locale, pour être conduits à Yaté. Avant leur départ, le gouverneur se rendit à bord, et, dans un long discours, fit entendre aux nouveaux colons tout ce qu'il attendait de cette application des idées sociétaires.

Tel fut le début d'une innovation sur laquelle bien des gens fondaient des espérances, tandis que, il faut le dire, elle était désapprouvée par beaucoup d'autres, et ce fut à ces derniers que les événements donnèrent raison.

L'historique de cette colonisation par communauté serait certainement très-curieux, mais nous entraînerait trop loin; je me bornerai donc à constater, comme un simple épisode de l'histoire de l'économie politique, que ce système n'eut pas même ici un seul instant d'éclat, comme cela se voit quelquefois dans ce genre d'entreprises, et que le moment de plus grande prospérité de ces malheureux associés fut celui de leur départ. Une année ou deux après, ils durent se séparer pleins de défiance, d'aigreur, de haine les uns contre les autres, non-seulement ruinés, mais endettés.

Pourquoi ce résultat? — Tous les subsides d'argent, de vivres, d'approvisionnements de toute espèce leur avaient été cependant prodigués par le gouvernement, désireux de faire prospérer une œuvre dont il était le père. Serait-il vrai que l'homme ne se développe que par le désir inné de s'élever au-dessus de ses semblables, et qu'il perd son énergie aussitôt que cette émulation, peut-être égoïste et condamnable, lui fait défaut?

En remontant une quinzaine de kilomètres le cours pittoresque de la rivière d'Yaté, j'ai visité un site que je recommande aux touristes en quête de belles scènes naturelles; c'est la *plaine des Lacs*, formée, à quatre cents mètres environ d'altitude, par l'évasement en forme de cirque des montagnes qui encadrent le bassin de la rivière. La décomposition des roches magnésiennes de son pourtour a donné à ce plateau un sol argileux et imperméable, que les eaux, découlant des hauteurs environnantes, ont constellé d'étangs et de lacs aux ondes bleues et profondes. Quelques-uns de ces réservoirs, les lacs Latour et Néléatea entre autres, ont plus d'une lieue de pourtour, et leur ensemble forme un paysage plein d'originalité et de grandeur.

Le soir nous atteignîmes, dans la tribu de Kuanné, non loin d'Unia, une baie qui porte aussi le nom de baie du Massacre, nom que l'on peut accoler à bien d'autres anfractuosités des rivages océaniens et qui rappelle ici un funèbre événement.

En 1861, un capitaine au long cours, M. Darnaud, qui s'était occupé de rechercher des mines de houille dans les environs du mont d'Or, entreprit de poursuivre ses explorations plus au nord; il était seul avec trois Kanaks dans un petit bateau, et descendait à terre tous les jours pour visiter le pays. Ce malheureux n'alla pas bien loin, car, dans la baie où nous étions mouillés, les naturels le massacrèrent ainsi que ses trois compagnons, firent un festin de leurs corps et pillèrent le bateau.

A la suite de cette affaire, le commandant Durand, alors gouverneur de la colonie, s'empressa de diriger sur ce point une expédition pour tirer vengeance de ce meurtre.

Encore sous l'impression du récit qu'on venait de

nous faire, nous ne descendîmes que bien armés. Nous trouvâmes d'abord quelques vieilles cases qui nous parurent abandonnées, et, pendant que le second, le docteur et les hommes se baignaient ou dormaient à l'ombre, caressés par la fraîche brise de la mer, je m'avançai dans l'intérieur avec mon fusil. Je fus assez heureux dans ma promenade pour voir plusieurs pigeons que j'abattis.

J'avais déjà sept pièces, je marchais très-lentement pour ne pas briser les branches sèches, et mon œil scrutait le feuillage profond pour y découvrir quelque nouveau gibier, lorsque je crus voir sur ma droite et à travers une éclaircie passer une ombre rapide. Je m'arrêtai indécis. A ce moment le bruit presque imperceptible d'une branche brisée sur le sol arriva jusqu'à moi, et une chouette blanche, oiseau qui ne se lève le jour que lorsqu'il est sérieusement dérangé, passa tout près de ma tête en battant l'air de ses ailes silencieuses.

Il n'y avait plus à douter, des indigènes étaient près de moi. Ce ne pouvait être nos hommes, puisque je les avais laissés jouant au bord de la mer.

Toutes ces pensées me sillonnèrent la tête comme un éclair, en même temps que l'horrible tableau du massacre de Darnaud me passait devant les yeux. Je dus pâlir beaucoup, car la sueur coulait froide sur mon visage; cependant, avant de reprendre ma promenade, je regardai avec attention un instant au sommet des arbres comme si j'y eusse aperçu quelque chose; puis je me remis en route, serrant fortement entre mes mains la crosse de mon fusil armé; mon œil fouillait à l'avance tous les massifs, et, au lieu de continuer à m'enfoncer dans les bois, je pris sur la gauche, de façon à rejoindre le rivage de la mer le plus tôt possible, recherchant sur mon chemin les éclaircies et évitant les fourrés. Enfin, je me sentis heureux lorsque j'aperçus à travers le feuillage la blanche ligne des sables du rivage.

Arrivé à ce point, je ralentis le pas et me mis à suivre les bords de la mer comme si rien d'extraordinaire ne s'était passé, lorsque tout à coup, devant moi, un Kanak sortit du bois, puis un autre, puis un autre encore, jusqu'au nombre de sept, qui s'arrêtèrent en se groupant devant moi. C'étaient des *hommes faits*, entièrement nus, armés de casse-tête, de zagaies et de tomahawks. Quelques-uns d'entre eux s'étaient peint en noir la tête et la poitrine.

C'était la première fois que je me trouvais en face des véritables sauvages, et les conditions assez étranges qui avaient précédé cette entrevue la rendaient encore plus émouvante pour moi; aussi l'aspect subit de ces sept anthropophages armés, au torse nu et peint en noir, ne manqua pas de me faire éprouver une sensation profonde que je n'ai jamais ressentie depuis dans des circonstances autrement terribles que celle-là.

Ces enfants des bois me regardaient en silence. Je m'avançai franchement vers eux, sachant bien que, comme les bêtes féroces, il faut toujours tenir ces sauvages en face de soi, et tendant la main au plus vieux, je lui dis : « Bonjour, Tayo. »

La franchise et le sans-gêne des blancs dans des circonstances ordinaires étonnent toujours les Kanaks. Ceux-ci se prirent donc à sourire, et l'un d'eux, me montrant *la Calédonienne*, dont on apercevait la carène effilée, me dit :

« Boat belong you? (C'est votre bateau?)

— Oui, répondis-je, voulez-vous venir à bord? »

Ceux qui me comprirent firent une grimace expressive qui voulait certainement dire non. Alors, leur montrant le soleil qui descendait rapidement à l'horizon, j'ajoutai : « Tout à l'heure le soleil va s'éteindre dans l'eau, adieu. » Sur ce je m'éloignai, heureux que cette rencontre se fût terminée aussi pacifiquement.

J'avais fait quelques pas, lorsque j'entendis les éclats de rire retentissants de ces Kanaks. Ils riaient tous de bon cœur; de quoi? je ne sais; d'eux-mêmes peut-être, qui m'avaient laissé échapper.

Le soir je racontai mon aventure au commandant; qui me dit que j'avais probablement couru peu de danger à cause de la présence sur la rade de *la Calédonienne*, mais que cependant il était toujours bon de se bien tenir sur ses gardes avec ces sauvages.

XII.

Suite du voyage. — Climat. — Cyclones. — Kanala. — Houagap et sa mission. — Visite à un ancien ennemi. — Échouage de *la Calédonienne*.

Si de la baie du Massacre, où nous nous trouvons, on trace idéalement une ligne jusqu'à *Nouméa*, toute la région comprise au sud et d'où nous venons de faire le tour, exclusivement composée de roches magnésiennes et d'amas de minerais complexes, ne présente que fort peu d'avenir à l'agriculture; les montagnes qui bordent la côte y forment généralement des falaises à pic, excepté cependant sur les dernières parties de la route que nous venions de parcourir, où une plaine étroite, mais fertile, borde les rivages. — Cependant cette vaste surface à peu près stérile qui termine au sud la Nouvelle-Calédonie est extrêmement bien arrosée ; à cause de la nature argileuse de son sol, elle conserve toutes les eaux des pluies, celles-ci y forment donc de toute part des ruisseaux, des lacs et des rivières; c'est vers le nord et au centre de cette partie de l'île que se trouvent les points culminants, et c'est aussi de là que partent les plus grands cours d'eau de ces parages. La *Tontouta,* qui va se jeter dans la baie de Saint-Vincent; la Dumbéa, qui fut le but de ma première excursion; la rivière *Potcherouin,* dont nous avons visité l'embouchure dans la baie des Pirogues, et enfin la rivière d'Yaté. Mais, à partir de la baie du Massacre, nous devions trouver un sol plus propice aux cultures et plus habité par les indigènes. Nous étions poussés par une bonne brise, et notre goëlette, dont j'ai déjà si souvent fait l'éloge, nous portait rapidement vers le nord. La côte, jusqu'à Nakety, n'offre cependant rien de remarquable, à part les plages qui se montrent aux embouchures des cours d'eau et se signalent par des forêts de cocotiers et de cases indigènes. En dehors de cela, c'étaient toujours des montagnes stériles, qui, se succédant les unes aux autres, passent ainsi d'un bord de l'île à l'autre. Nous donnons une vue de l'embouchure de la rivière Thio d'où s'exporte du nickel.

Protégée par les récifs, cette navigation le long de la côte n'offre aucun danger même aux plus petits navires, d'autant mieux que les gros temps y sont encore assez rares, excepté cependant aux époques où les cyclones sont à craindre. Le cyclone, qui est le seul fléau de l'île, est aussi très-redoutable; il ne se passe guère d'année qu'il ne visite notre colonie, mais par bonheur son intensité n'a pas toujours la même violence.

p. 204.

VUE DE LA RÉGION MINIÈRE DE THIO

On sait que dans l'hémisphère sud les cyclones prennent ordinairement naissance aux environs de l'équateur, avec un diamètre qui peut atteindre neuf cents milles. Cette immense trombe tourne sur elle-même dans la direction des aiguilles d'une montre, et pendant que les vitesses sont énormes aux circonférences extrêmes, elles diminuent de plus en plus et sont nulles vers le centre; le mouvement de translation, qui n'est que de sept milles environ, est toujours dans la direction de l'ouest, s'infléchissant de plus en plus vers le sud, de façon à décrire une parabole qui va précisément passer entre l'Australie et la Nouvelle-Calédonie, et de là revient au sud-est en doublant le nord de la Nouvelle-Zélande, d'où le phénomène dévastateur va se perdre au sud du tropique entre les 30e et 40e degrés de latitude sud.

Lorsqu'un pareil ouragan passe sur l'île, il renverse tout ce qui n'est pas bien abrité. J'ai vu des plaines ouvertes sur lesquelles tous les arbres étaient couchés dans la même direction, déracinés ou brisés; des pluies torrentielles tombent en même temps et font déborder les ruisseaux bien au delà de leurs berges. Heureusement les vallées sont généralement assez profondes pour abriter les cultures délicates qui, telles que le café, ne sauraient supporter cette violence des vents. Au reste, on a soin d'entourer le caféier d'une haie d'arbres, de jeunes cocotiers par exemple, dont le feuillage abondant et au niveau du sol préserve très-bien les plantations.

La plupart de ces ouragans sont cependant locaux; leur diamètre est alors peu étendu, bien qu'ils soient soumis aux mêmes lois de mouvement que les grands cyclones, et produisent des dégâts analogues. C'est surtout pendant les mois de janvier et de février qu'il faut s'attendre à l'arrivée de ces tempêtes; aussi à cette époque les marins cherchent-ils avec la plus grande attention tous les indices qui doivent les prévenir de l'arrivée du phénomène.

Depuis quelques jours on voit passer des nuages de couleur cuivrée; la chaleur devient accablante, des grains à la marche rapide emplissent l'atmosphère de torrents de pluie; enfin, dernier et infaillible indice, le baromètre descend rapidement; mais il faut alors se hâter de prendre ses précautions, car il arrive que l'ouragan suit de très-près la chute de la colonne de mercure.

A Nouméa, l'avis est aussitôt donné à la rade et à la ville, et l'on voit le chef-lieu perdre comme par enchantement son calme habituel; les petits bateaux hissent rapidement leurs voiles blanches et profitent de la brise encore faible pour aller mouiller dans les plus petits replis de la côte, où le vent aura plus de peine à pénétrer. Quant aux navires de fort tonnage, s'ils jugent leur fond et leur exposition convenables, ils mouillent de nouvelles ancres, et par diverses manœuvres se préparent à une lutte contre les éléments. On a vu dans le port de Nouméa, si bien abrité cependant, des navires parcourir toute la longueur de la rade, labourant de leurs ancres le fond de la mer.

Dans la ville, même inquiétude. Comme les maisons sont entourées de vérandas, le vent qui s'engouffre sous la colonnade avancée la soulève et l'arrache fréquemment; mais la rupture de la véranda ne se fait pas sans péril pour la toiture elle-même, qui souvent est aussi emportée, et l'on voit alors les grandes feuilles de zinc, dont elle se compose habituellement, s'envoler au loin avec grand bruit. Longtemps après la tourmente, on trouve souvent au milieu des herbes, à des distances assez considérables, quelques-unes de ces feuilles de métal que le vent a emportées.

Pour prévenir ces destructions, les habitants s'empressent de consolider leurs maisons à l'aide d'une série de longues cordes qui passent par-dessus la toiture et sont fixées solidement, par leurs deux extrémités, à des arbres ou à des pieux enfoncés en terre. Cette précaution, qui paraît bizarre d'abord, a préservé cependant plus d'une habitation; les cordes, se tendant fortement sous l'action de l'eau de pluie, exercent une pression énorme.

Cette première mesure prise, on a recours à une

autre non moins importante, qui consiste à clouer intérieurement les portes et les fenêtres, de manière qu'elles ne soient pas enfoncées; car si le vent peut entrer librement dans une maison, il s'engouffre sous le toit avec une telle violence qu'il y a de grandes chances pour qu'il le fasse sauter.

L'expérience des retours périodiques de ces vents violents devrait apporter dans la construction des maisons des modifications telles qu'elles en fussent désormais à l'abri. J'avais parlé à mes amis d'un projet de maisons à terrasse, d'autant plus faciles à construire que les matières élémentaires du béton ne sont pas rares dans le pays. J'aurais ensuite disposé sur le contour des vérandas mobiles au moyen de charnières placées contre les quatre murs, et soutenues à leur partie antérieure par des colonnes mobiles aussi; de cette façon, dès que le coup de vent serait annoncé, on enlèverait les colonnes et l'on rabattrait les vérandas le long des murs; on les fixerait dans cette position très-facilement, et une maison ainsi transformée ne laisserait plus aucune prise à la rafale.

Pendant ces cyclones, le vent souffle successivement de tous les points de l'horizon, et si l'on se trouve au centre de ce cercle, ce qui nous arriva en 1865 à Nouméa, on a un moment de calme trompeur. Le ciel demeure clair, le soleil brillant, l'atmosphère est très-pure, on croit que tout est terminé, on se réjouit, on éloigne toute précaution; mais, comme un coup de foudre, le vent revient avec toute sa violence et dans une direction diamétralement opposée à celle de la légère brise dont on avait joui pendant les quelques heures d'un calme factice.

Ces sautes de vent, aujourd'hui bien connues des marins, ont été et sont encore la cause de nombreux sinistres maritimes. Croyant au retour du beau temps, le navire se couvre de beaucoup de toile, — ce que permet cette brise légère, — mais la *saute du vent* a lieu si vite qu'on n'a pas le temps d'amener les voiles; la violence de l'attaque empêche d'exécuter cette manœuvre. On est alors masqué, le navire n'obéit plus au gouvernail, la position est des plus critiques, et si l'on a la chance de s'en tirer, ce n'est pas ordinairement sans de grandes avaries.

Pendant ces orages redoutables, qui durent quelquefois trois jours, le vent est accompagné d'une pluie si abondante que nous n'en avons pas l'idée en Europe. Le baromètre descend quelquefois de 760^{mm} à 710^{mm}. J'ai vu à Nouméa des maisons renversées, des toitures entières emportées : la végétation surtout a beaucoup à souffrir; les branches des arbres et les arbres eux-mêmes se brisent, les plantations sont couchées et détruites, les fruits perdus, et, pour comble de malheur, les végétaux qui ne sont pas brisés entièrement, loin de conserver, après la tourmente, la verdure éternelle des pays tropicaux, paraissent avoir subi un incendie général. Les feuilles jonchent en partie la terre, comme chez nous dans l'automne; celles qui ont résisté sont jaunies ou noircies, et donnent aux arbres un aspect désolé.

En 1864, toutes les cannes à sucre, les bananiers, les tiges d'ignames et de patates douces furent renversées, arrachées et meurtries; le maïs et les légumes des Européens furent dispersés; les choux et la chicorée restèrent seuls, mais avec une teinte maladive. Il fallut renoncer à la récolte des pommiers-cannelle, des figuiers, des goyaviers, des corossoliers, des vignes, des citronniers, des orangers. Les rameaux de la plupart des arbres étaient desséchés.

Cette altération profonde des végétaux est ordinairement attribuée à l'influence de l'eau de mer que transportent ces rafales furieuses soufflant du large, et qui recouvrent de dépôts salins l'extérieur et même l'intérieur des maisons de la ville. Cependant, comme j'ai constaté que l'étiolement des plantes s'étend jusque dans leurs racines et bien au-dessous de la surface du sol, il pourrait fort bien être dû à une autre cause, peut-être à la grande évaporation de la séve, sous l'influence du vent.

Pendant la journée, nous passâmes devant la magnifique baie de Nakety, dont les bords sont entourés de forêts où l'on exploite des bois de construction de première qualité. Les terrains environnants sont aussi très-fertiles, et se prolongent jusqu'à Napoléonville ou Kanala, où s'établit en ce moment une petite cité.

Nous passâmes la nuit dans la baie de Kanala, qui n'est autre chose qu'un long canal de cinq à six milles, s'élargissant dans le fond pour former un vaste port; une belle rivière vient s'y jeter, après avoir arrosé de spacieuses et fertiles contrées où étaient déjà établis une vingtaine de planteurs.

Un poste militaire de cinquante hommes, commandés par un capitaine, est chargé de veiller à la sûreté des colons, car une tribu nombreuse et puissante habite ce pays. Les soldats travaillent en même temps à l'établissement de rues, de routes, enfin à tous les ouvrages que réclament le bien-être public et l'industrie naissante de cette contrée.

A partir de Nakety et de Kanala, l'île prend un aspect différent : les paysages sont encore devenus plus moelleux; le sol est généralement plus fertile, la végétation plus puissante, plus riche; le cocotier, ce présent fait au pauvre sauvage par Dieu même, se presse de toute part, élevant au ciel son tronc droit et flexible, chargé de ses précieuses noix; le long de la côte, les villages kanaks sont nombreux, peuplés, et remontent assez loin dans l'intérieur sur les bords des rivières. Quoique légèrement plus foncé que dans le sud de l'île, le naturel est ici plus grand, plus beau, mieux fait; mais il y est aussi trop souvent affligé d'une maladie bien plus rare dans le sud, l'*éléphantiasis*, sorte d'enflure qui s'attache à un membre quelconque et le grossit d'une façon hideuse, monstrueuse.

Dans l'après-midi, nous jetions l'ancre devant notre établissement de Houagap, après avoir passé auprès de l'*Ile d'un seul arbre*, sur laquelle est un pin isolé, d'une grande hauteur : on le voit de très-loin en mer, et il sert pour l'atterrissage. Cet arbre avait été signalé par Cook il y a près d'un siècle.

La situation de Houagap est favorable à des établissements d'agriculture. Il y a au bord de la mer une large plage plantée de cocotiers et arrosée par une belle rivière, la Tiwaka, qui parcourt une vallée très-fertile, habitée par les indigènes jusqu'à six ou sept lieues dans l'intérieur. Le port, quoique peu sûr pendant un coup de vent, est assez vaste. Déjà plusieurs colons y sont établis. Aussi donnerai-je quelques détails historiques sur ce beau territoire.

Depuis plusieurs années les missionnaires étaient établis à Houagap, lorsque, en 1862, les naturels attaquèrent la Mission et en firent le siége. La garnison de Kanala, avertie, envoya au secours de l'établissement une baleinière, dix hommes et un sergent; ceux-ci purent dès l'arrivée traverser la ligne des assiégeants et pénétrer dans la maison des missionnaires, où ces derniers, assistés des trois colons européens qui habitaient le pays, se défendaient vaillamment. Grâce à ce nouveau renfort, on put se maintenir encore pendant plusieurs jours; mais, à bout de vivres, les assiégés venaient de conclure un armistice avec l'un des chefs indigènes, lorsque le brick *la Gazelle* arriva avec des troupes assez à temps pour que l'on n'eût encore à déplorer la mort de personne : mais toutes les plantations étaient dévastées, les troupeaux détruits, le cimetière et les églises violés.

Il est vrai que la revanche fut terrible; toutes les plantations, toutes les cases des tribus rebelles furent détruites, et un grand nombre d'entre eux tombèrent sous nos balles; la tête de plusieurs chefs, considérés comme instigateurs de la révolte, fut mise à prix; trois d'entre eux se rendirent, dans l'espoir d'avoir la vie sauve, mais il fallait un exemple, et leur sentence était déjà prononcée. Les malheureux, se voyant perdus, trouvèrent moyen de briser leurs fers et de s'élancer au même instant hors de la tente dans laquelle ils étaient prisonniers; mais les sentinelles qui veillaient sur eux les entourèrent aussitôt, et les malheureux périrent sous les coups de baïonnette.

Kahoua, un des plus grands chefs de l'île, que nous retrouverons plus tard, était un de ceux dont la tête fut alors mise à prix ; c'est aujourd'hui un de nos alliés.

Un autre chef, justement compromis dans cette affaire, était encore *Onine*, grand chef d'Amoï; il se réfugia aussi dans la montagne, où il ne put être pris. Peu après, il obtint sa grâce et se retira dans son village; mais il n'était plus le maître de son territoire, car une des conséquences de ces révoltes des indigènes est qu'on s'empare aussitôt après de toutes leurs terres pour y installer des colons. Aussi, à un certain point de vue, assez bizarre cependant, il est heureux que les indigènes fassent de temps en temps quelques escapades, car leurs terres confisquées viennent aussitôt grossir la richesse publique et servir aux colons; sans cela, on serait obligé d'agir avec plus de brutalité et — disons le mot — plus de franchise, en les refoulant dans leurs montagnes, ainsi que les Anglais l'ont fait dans l'Australie, à Van Diémen, etc.

La théorie colonisatrice et humaine, qui demande que l'on opère son extension chez ces peuples par un mélange progressif de la race conquérante et de la race conquise, est ici impraticable, car l'indigène et le blanc, par un instinct naturel, se repoussent et ne peuvent s'entendre sur aucun point.

Il est certain que les Kanaks, semblables à tous les peuples sauvages, vivent misérables sur des terres qui nourriraient avec abondance un nombre d'habitants européens cinquante fois plus nombreux (nous avons vu que cette colonie pouvait recevoir deux millions d'habitants, tandis que la population indigène est à peine de trente mille); n'est-il pas juste qu'ils cèdent la place à ceux qui, par une étude patiente et active, ont pu, pendant les nombreux siècles écoulés, réunir la somme de connaissances et de matériaux qui leur permet d'atteindre ce merveilleux résultat de tirer du sol cinquante fois plus que le sauvage ne peut le faire, et n'est-ce pas encore une loi sanctionnée à chaque instant dans la nature par des milliers de faits, que l'habile déplace l'inhabile, et le fort le faible!

Mais revenons au chef *Onine*, le révolté de 1862. J'allai un jour le visiter en compagnie du docteur Vieillard, chirurgien du poste de Houagap, et ardent botaniste. Nous examinâmes ensemble la physionomie de cet homme, autrefois chef suprême d'une des plus nombreuses et des plus riches tribus de l'île, aujourd'hui complétement dépossédé, et je lus sur ses traits, non le découragement et la servilité, mais l'expression d'une amère et profonde tristesse; son accueil fut froid, digne, presque orgueilleux. Il n'avait pas une poule ni un porc à lui, comme s'il eût voulu ne posséder rien des choses importées par les *papalés* (étrangers); mais il nous fit hommage d'une charge d'ignames capable de nourrir plusieurs hommes. Il n'accepta de nous qu'un peu de tabac.

Cependant, lorsque je ceignis la tête d'un de ses enfants d'un beau mouchoir rouge, et qu'il vit l'enfant *rougir* de joie, il me tendit la main; à partir de ce moment, je fus son ami. Le lendemain, il nous accompagna lui-même sur le pic d'*Amoi*, où nos fatigues furent récompensées par de précieuses trouvailles géologiques et botaniques.

En quittant le vieux chef, et lui serrant la main, je ne m'attendais pas à le rencontrer bientôt dans des circonstances fort malheureuses. Deux ans après, il fut impliqué dans l'assassinat du colon Taillard à Houagap, affaire dont j'aurai l'occasion de reparler plus tard. Mis au cachot, il brisa trois fois ses fers, s'échappa trois fois, et trois fois fut repris. L'aviso à vapeur *le Fulton* le transporta alors à Nouméa; j'étais sur ce bateau lorsqu'on l'y amena. Cet infortuné était d'une maigreur effrayante; dans les efforts qu'il avait faits pour briser dans son cachot les anneaux de fer qui lui liaient les jambes et les bras, il s'était déchiré les chairs jusqu'à l'os qu'on voyait à nu et que rongeait déjà la gangrène. Il me reconnut cependant, et je lui demandai ce qu'il désirait de moi :

« Du tabac pour moi et mon compagnon », me répondit-il.

Je m'empressai de le satisfaire, et je lui fis porter quelques aliments plus agréables que les siens; mais le chirurgien du bord me dit, après la visite :

« Votre vieux chef n'ira pas loin. »

En effet, nous le débarquâmes à Kanala, où il mourut quelques jours après.

Sa complicité n'avait pas été prouvée, il n'était qu'en prison préventive. Cédant à l'intérêt que m'avait inspiré cet homme vraiment doué d'une énergie et d'une intelligence rares, je pris postérieurement des renseignements sur l'affaire, et j'ai tout lieu de croire qu'il a été, dans cette occasion, victime de la haine d'un de ses compatriotes appelé *Aïlé*, petit chef d'une tribu autrefois en guerre avec la sienne, et que possédait sans doute l'esprit de *vendetta*. Aïlé me disait à moi-même dans son *broken english*, en me parlant d'Onine : « *Onine bad man, long time he kill father, after eat him* (Onine est un mauvais homme, il a tué mon père autrefois, et il l'a mangé). » Et ce fut sur les dénonciations de cet ennemi héréditaire qu'Onine fut arrêté, et mourut avant que son affaire pût être examinée. Quant à Aïlé, il fut nommé ensuite chef de la tribu de Houagap et du territoire d'Onine.

Pendant ce premier et rapide séjour à Houagap avec *la Calédonienne*, je fus reçu avec la plus grande cordialité par le chef du poste, M. Charpentier, lieutenant d'infanterie de marine, et par le docteur Vieillard, dont je viens de parler. Ce furent là, au reste, les prémices de relations qui devaient être plus suivies, puisque, comme on le verra par la suite, je devais revenir explorer les montagnes de Houagap et établir mon *quartier général* dans le poste lui-même.

Le lendemain, dès l'aube, *la Calédonienne* hissait ses voiles, et nous perdîmes bientôt de vue le poste dont les habitations en paille des soldats — les *gourbis* —, à demi cachées dans les hautes herbes et dominées par une forêt de cocotiers élevés, animaient la solitude de ces parages.

Nous venions de doubler le cap *Touo*. Il était quatre heures du soir; le commandant et l'état-major étaient à dîner, lorsque nous ressentîmes un choc violent qui fit craquer toute la goëlette. Nous nous élançâmes sur le pont : nous étions échoués sur un banc de sable. Heureusement la mer était à peu près calme, la brise faible et la marée presque basse; notre existence n'était donc pas le moins du monde en danger. Néanmoins, un événement de ce genre provoque toujours des émotions assez persistantes. Les voiles furent *amenées* immédiatement; une embarcation fut mise à la mer pour sonder autour de la goëlette, qui, malgré la douceur des lames, *talonnait* horriblement. On la sentait alors trembler sous les pieds, comme si elle allait se disjoindre; les mâts vibraient sous l'influence de ces chocs et menaçaient de se rompre. Quand la marée remonta, on mouilla rapidement des *ancres à jet;* à l'heure de la marée haute tout était paré, mais on ne put faire avancer la goëlette que de quelques mètres.

Je me souviens, à l'occasion de cette manœuvre, d'un incident assez comique, et qui montre combien, même dans un cas peu dangereux, l'homme perd quelquefois la possession de lui-même. Le patron d'un des canots s'en allait mouiller une *ancre à jet;* arrivé au point où il devait la jeter à la mer, le commandant lui envoya du bord le cri habituel : « Mouillez », et le matelot lança son ancre à la mer; mais, à la surprise générale, on s'aperçut que, dans sa précipitation, le patron, qui passait cependant pour un fin matelot, avait oublié d'amarrer l'ancre à son câble. Ce fut une ancre perdue, et le pauvre diable revint à bord tout penaud, s'attendant à une terrible *bordée* du commandant. Moi-même, qui connaissais la générosité avec laquelle le capitaine octroyait les retranchements et les jours de fer, je ne savais vraiment pas ce qu'il allait imaginer dans un cas aussi grave ; il est probable que c'est la raison qui retint aussi notre digne commandant, car il n'adressa pas un seul mot de reproche au matelot maladroit, se contentant de prononcer entre ses dents quelques épithètes malsonnantes. Au reste, cette clémence, si rare dans le rude métier de marin, n'est pas impolitique dans certains cas, et pour un instant l'équipage, dont on avait besoin de tous les efforts, trouva que son maître, *son ennemi*, avait du bon.

Des manœuvres nouvelles, auxquelles l'équipage se lançait avec ardeur, changèrent bientôt le cours des idées. Quant au matelot qui avait commis la bévue, je ne crois pas qu'il lui fût jamais possible de se relever dans l'esprit de ses camarades et d'éviter leurs éternels quolibets; c'est peut-être la raison qui le conduisit à déserter dans un des voyages suivants de *la Calédonienne* à Sydney.

Nous étions à peu près encore dans la même position au moment du reflux; heureusement toute la nuit le beau temps se maintint, et la marée suivante étant une des plus fortes du mois, nous avions encore bon espoir. En effet, au moment du plus haut niveau des eaux, sous un suprême et dernier effort de l'équipage, la goëlette glissa plus rapidement sur son lit de sable, et après quelques grincements de la quille sur le fond, nous étions à flot, très-heureux d'être sortis sans plus d'encombre de ce mauvais pas. Le même soir, nous étions mouillés dans le port de Hienguène.

XIII.

Hienguène. — Les tours Notre-Dame. — Le chef Bouarate. — La tribu de Poëbo. — Triste problème ethnographique. — Notre installation à terre. — Missionnaires et catéchistes. — Un chercheur d'or.

Ainsi que je l'ai déjà fait observer, dans ces parages septentrionaux de la Nouvelle-Calédonie la côte a un aspect beaucoup plus riant que dans le sud. Notre goëlette longeait des plaines ou des terrains légèrement accidentés et recouverts d'une vigoureuse végétation ; mais sur la plage de Hienguène un spectacle nouveau nous attendait : des rochers immenses s'élevaient çà et là sur le rivage, semblables à de gigantesques et robustes sentinelles. C'est au pied même d'un de ces monuments naturels que nous jetâmes l'ancre ; sa forme curieuse l'a rendu célèbre à la Nouvelle-Calédonie, où il est connu sous le nom de *Tours de Notre-Dame*, à cause de sa ressemblance avec les tours carrées et un peu massives de la cathédrale de Paris. Cette masse imposante s'élève verticalement du sein des eaux, et c'est à peine si elle présente assez d'anfractuosités pour abriter çà et là quelques plantes particulières, qui sont assez vigoureuses pour subsister sur les flancs nus de ce géant que les vents du large frappent sans cesse et recouvrent, dans les tempêtes, des mille gouttelettes des vagues qui se pulvérisent à ses pieds.

Je ne serais pas éloigné de croire que c'est à la présence de ces roches bizarres que la tribu de Hienguène devait sa grande importance parmi les autres peuplades de l'île. Elle était autrefois non-seulement la plus puissante, mais avait encore une sorte de suzeraineté sur toutes les tribus environnantes et jusqu'à la pointe nord de la Nouvelle-Calédonie; aussi, avant l'occupation française, les Anglais d'Australie considéraient le chef de cette tribu comme le roi de l'île entière.

Les grottes profondes qui s'enfoncent dans ces rocs, d'un calcaire dur et marmoréen, servaient encore à exciter les idées superstitieuses d'un peuple qui se plaît à accompagner chacune des bizarreries de la nature de rêveries religieuses non moins bizarres.

Le port de Hienguène est petit, mais sûr; nous y arrivâmes trop tard pour descendre sur le rivage, et nous passâmes la soirée sur le pont. La nuit était plus belle, s'il est possible, que d'habitude, et j'avais trouvé le moyen de me rire des cancrelas de ma cabine, — que le lecteur n'a peut-être pas oubliés, — car je passais toutes mes nuits sur le pont, où je dormais roulé dans ma couverture, la tête plus ou moins abritée des rosées de la nuit par les replis d'une voile. Rien ne porte plus à la rêverie que cet imperceptible balancement du navire au mouillage, les causeries à voix basse des matelots, le pas régulier de l'homme de quart, les groupes confus des dormeurs, la silhouette des mâts qui semblent d'une hauteur infinie; si vous ajoutez à cela, et dominant la scène, le sombre profil des *tours de Notre-Dame*, dont les aspérités prenaient toutes les formes des cariatides ou des gargouilles les plus insensées, au gré de l'imagination, vous comprendrez qu'un tel spectacle était bien fait pour me tenir éveillé une partie de la nuit et sous l'empire d'une rêverie pleine de charme. Et c'est ce qui eut lieu.

Ainsi que je l'ai dit, Hienguène était jadis le centre d'une des plus riches tribus de l'île, et son chef Bouarate est une des célébrités néo-calédoniennes. Comme toutes celles-ci, il a été beaucoup vanté par les uns, tandis que les autres se sont plu à le représenter sous un jour très-défavorable: ainsi on prétend qu'avant notre arrivée il se nourrissait de la chair de ses sujets, et que les Anglais lui ayant donné un fusil et des munitions, il exerçait son adresse sur de jeunes enfants et des femmes, qu'il dévorait ensuite[1].

Quant au chef Bouarate, il était anglophile et

[1] Le voyageur Speke a été témoin du fait chez un chef africain des bords du lac Nyansa, à qui il venait d'offrir un fusil.

gallophobe; il recevait bien les Anglais et leur permettait le commerce dans sa tribu, tandis qu'il ne voulut jamais des Français, qu'il combattit, et des missionnaires, qu'il expulsa violemment. Cependant c'est le même chef qui en 1844 sauva de la famine les cinq missionnaires français qui venaient d'arriver dans la colonie. Ces hardis apôtres du Christ avaient été amenés en 1843 par une corvette française, *le Bucéphale*, qui, après les avoir installés dans la tribu de Balade, au nord de Hienguène, c'est-à-dire leur avoir construit des abris, quitta l'île, laissant ainsi sans défense les cinq missionnaires au milieu de ces indigènes anthropophages. Cependant ces peuplades primitives sont avant tout superstitieuses, et si dès le début elles ne massacrèrent pas les missionnaires, c'est probablement que leur costume, leurs mœurs, leurs cérémonies religieuses, cette audace même leur en imposèrent; bien plus, les indigènes nourrirent pendant plusieurs mois nos compatriotes, qui, inhabiles à cultiver la terre et à pêcher, ne pouvaient suffire à leurs propres besoins par le travail de leurs bras. D'abord ils payaient ces vivres avec de menus objets d'Europe, mais ceux-ci finirent par manquer, et l'on ne cessa point pour cela de leur apporter des provisions.

Nos missionnaires faisaient de fréquentes visites aux tribus limitrophes, et ils recevaient encore des présents de vivres considérables; à Hienguène, le chef Bouarate se montra surtout généreux, car il leur fit don d'un vaste champ d'ignames dont les produits, quelques jours plus tard, devaient sauver d'une grande disette tous les missionnaires de Balade.

L'homme qui agit ainsi a-t-il donc ces instincts cruels, perfides, sanguinaires, dont on s'est trop souvent plu à gratifier les Calédoniens? Pour moi je remarquai, au contraire, que ceux qui ont toujours été bienveillants avec les Kanaks ont eu rarement à s'en plaindre; il faut avouer cependant que plus d'un innocent a dû payer pour un coupable.

Quoi qu'il en soit, Bouarate, au bout d'un certain temps, changea d'allures avec les missionnaires; ceux-ci s'étant établis dans sa tribu, furent obligés de la quitter, et en 1857 ses guerriers attaquèrent et massacrèrent quelques Kanaks convertis au christianisme, qui, passant devant Hienguène, s'étaient avisés d'y relâcher. A la suite de cet événement, Bouarate fut fait prisonnier et envoyé à Taïti, où il resta cinq années captif.

De retour dans sa tribu, il a repris la direction des affaires, et par sa fermeté, son intelligence, sa supériorité naturelle, il a su si bien les diriger, qu'il est du très-petit nombre des chefs actuels qui ont pu conserver de l'autorité sur leurs sujets. Bouarate est grand; ses traits sont réguliers, sa physionomie a toujours une expression soucieuse que l'on ne rencontre ordinairement que chez les Européens. Il parle bien le taïtien, le français et l'anglais, mais préfère s'exprimer dans cette dernière langue. Nous le rencontrâmes en descendant sur le rivage, il venait au-devant de nous; il nous conduisit dans son village, nous présenta son fils aîné, qui n'a rien de sa distinction et de son air intelligent. De nombreux guerriers nus, la poitrine, la barbe et le visage noircis, formaient sur le gazon un groupe silencieux, immobile comme les sénateurs romains sur leurs chaises curules; mais nous étions en trop petit nombre pour qu'aucun de nos matelots osât, comme le fit son ancêtre à Rome, tirer la barbe d'un de ces farouches sauvages. Sur un signe de Bouarate, plusieurs jeunes gens s'élancèrent, et en quelques secondes firent pleuvoir du haut des cocotiers une grêle de noix dont la pulpe à l'état liquide est la plus agréable boisson que je connaisse pour apaiser la soif.

Le village est un des plus considérables de toute l'île. Les maisons, en forme de ruches, ont au sommet une statue grossière, surmontée d'une série de coquillages, ordinairement des *conques marines*, et quelquefois des crânes d'ennemis tués dans les combats; ces ornements ou trophées, en temps de guerre et d'invasion, sont emportés par les vainqueurs, qui croient s'emparer de cette manière du bon génie de l'habitation. Les cases ont une seule ouverture très-basse et très-étroite; le soir on les remplit de fumée, pour chasser, autant que possible,

p. 227.

RIVIÈRE DE HIENGUÈNE

les moustiques. On bouche ensuite l'unique ouverture, et l'on s'endort sur des nattes, pendant que la fumée, plus légère, flotte au-dessus des têtes. Aussi, une fois étendu sur sa natte, on ne peut s'asseoir qu'à la condition d'être à demi asphyxié; mais on est délivré des moustiques. Ces maisons sont intérieurement doublées avec l'écorce lisse et imperméable du niaouli, et recouvertes de chaume à l'extérieur.

Pendant notre séjour, nous remontâmes une belle rivière qui descend d'une vallée fertile pour se jeter dans le port. Nous parcourûmes aussi les cases indigènes qui s'étendent le long du rivage; leurs habitants se montrèrent à notre égard aussi gracieux que possible. Ils vinrent en foule nous retrouver à bord dans la soirée, nous apportant des provisions et des coquillages qu'ils nous vendaient; ils examinaient chacun des détails de l'installation de notre goëlette avec la plus scrupuleuse attention.

Le sang de cette tribu est beau, et je remarquai parmi les visiteurs plusieurs hommes admirablement bâtis; ils n'ont jamais un embonpoint excessif, et sont tout ossature et muscles. Cependant un défaut général des Néo-Calédoniens, c'est d'avoir les jambes un peu grêles relativement au buste, et les mollets placés plus haut que les nôtres. On remarquera aussi que, soit habitude, soit constitution anatomique, ils prennent à chaque instant des poses qui nous fatigueraient horriblement. Ainsi, ils s'asseoient sur leurs talons des journées entières; lorsqu'ils montent sur un cocotier et qu'ils se reposent en route, ils prennent sans effort des positions auxquelles chez nous un acrobate seul pourrait atteindre.

Il en est de même dans la natation, où ils se jouent dans l'eau avec une facilité telle qu'ils semblent posséder une pesanteur spécifique beaucoup moins grande que la nôtre. L'habitude seule ne saurait leur donner cette supériorité sur le nageur européen le mieux exercé, tant sous le rapport de la vitesse que dans le cas où il s'agit de transporter des fardeaux.

De Hienguène à Poëbo, notre goëlette longea des rivages que nous devions suivre à pied au retour. On me fit remarquer le cap Colnett, qui est le premier point de la Nouvelle-Calédonie qui fut aperçu par l'expédition du capitaine Cook (1774); ce massif de montagnes prit et conserve encore le nom du volontaire qui le signala.

Je rappellerai cependant, au sujet de cette découverte importante de Cook, qu'elle fut faite précisément dans les parages où Bougainville, quelques années auparavant, avait signalé l'existence probable d'une terre, tant à cause de la mer entièrement tranquille qu'il y rencontra, que des débris de fruits et de branchages qui passèrent près de son vaisseau. — Cette observation, qui rattache un nom français à la découverte d'une contrée aujourd'hui française, ne saurait rien enlever à la gloire du célèbre marin anglais, pas plus qu'elle n'ajoute beaucoup à l'illustration de Bougainville.

Poëbo, que nous aperçûmes vers le milieu de la journée, est une grande tribu installée sur une plaine relativement importante et formée par les dépôts alluvionnaires que des myriades de rivières, ruisseaux et ruisselets, ont arrachés depuis des siècles aux flancs des montagnes voisines; cette plaine est verdoyante, et on la traverse sous des allées de cocotiers innombrables.

Depuis la découverte de l'or à Poëbo, près d'une année avant mon passage dans cette tribu, on y avait installé une garnison composée de trois gendarmes; c'était trop ou trop peu. Aussi — et bien que Poëbo fût un des principaux centres catholiques de l'île —, quelques années plus tard, les indigènes massacraient un beau jour deux des gendarmes, un colon et ses deux enfants. Les autres Européens n'échappèrent pas sans quelques blessures plus ou moins graves à ces forcenés; ils purent enfin se réunir dans la maison d'un Anglais, le capitaine Henry, et y tenir tête aux insulaires en fureur; mais tous les magasins et toutes les demeures des colons furent pillés et dévastés.

Dans cette affaire, les indigènes ne firent aucun mal à la Mission, et cela s'explique d'une façon plus naturelle qu'en accusant, ainsi qu'on l'a fait, le missionnaire d'être l'instigateur direct de ces massacres.

Les Kanaks, qui ne saisissent pas toutes les subtilités de notre organisation sociale et qui ne voient que la surface, se sont imaginé que les Français étaient divisés en deux camps ennemis : les militaires et les missionnaires. Pour eux, on ne peut être que l'un ou l'autre. Aussi combien de fois n'adressent-ils pas cette question aux étrangers : « Toi, missionnaire? » ou bien : « Toi, soldat? » Or ils étaient très-satisfaits du missionnaire, qui donnait depuis quelques années un grand développement à leurs affaires, avait installé d'importantes fabriques d'huile de coco, élevait des troupeaux de bœufs assez importants, et surtout grand nombre de volailles et de porcs que les caboteurs payaient bien et emportaient à Nouméa. Mettez à présent de l'autre côté les soldats du poste et la série de colons qui arriva peu à peu, à leur suite, s'installant sur leurs terres, parcourant toute la contrée sans observer aucun *tabou*, agissant, en un mot, comme en pays conquis. Le choix des indigènes fut bientôt fait; ils se resserrèrent du côté de la Mission, qui protégeait leurs intérêts, et commencèrent à faire des vexations aux colons, qui leur déplaisaient d'autant plus que, soit qu'ils fussent de religion protestante, soit qu'ils fussent indifférents, ils ne les voyaient que peu paraître aux offices religieux. Mais de ces ennuis suscités aux colons par les Kanaks, il résulta naturellement que le gouverneur fit une enquête, et que le chef de la tribu, *Bonou* — baptisé Hippolyte — fut fait prisonnier et interné à l'île des Pins, à cent lieues de son territoire, où il ne tarda pas à mourir de regret. Ce fait mit le comble à l'exaspération des indigènes; car il faut savoir que, contraires en cela à nos Européens sceptiques, ils éprouvent pour leurs rois des sentiments de respect, de soumission, de dévouement qui vont jusqu'au fanatisme. C'est donc à cette dernière raison surtout qu'il faut attribuer les regrettables massacres de Poëbo.

Je citerai un fait qui montre de quelle nature est ce sentiment fanatique qui anime ici le sujet pour son souverain. Je demandai un jour à un indigène qui me racontait que Bonou lui-même, autrefois, mangeait de temps en temps un de ses sujets, — ordinairement à la suite d'une faute grave commise par la victime :

« Pourquoi, lui dis-je, vous laissiez-vous faire, et pourquoi n'abattiez-vous pas ce tigre d'un coup de hache? »

Mon interlocuteur se mit à rire comme si je lui eusse dit la chose la plus étrange du monde :

« Tu ne sais donc pas que *Bonou* est un grand chef? » me répondit-il.

Telle fut sa réponse, dont il ne voulut jamais sortir.

Il faut bien reconnaître, en effet, que tous les hommes primitifs sont cruels; les premières pages de notre propre histoire sont-elles souvent autre chose qu'un incroyable tissu de crimes atroces? Il est presque honteux pour nous de descendre de ces hommes qui les commirent ou de ceux qui les laissèrent impunis; mais heureusement la douceur s'est introduite dans nos mœurs, dans notre caractère. Les gouvernements pourraient encore être cruels, et ils ne le sont pas. Qui pourrait empêcher, par exemple, un de nos souverains d'Europe, du jour au lendemain, sous prétexte de complots ou toute autre raison, de lancer contre ses propres sujets ses armées et leurs formidables engins de destruction? Que ferions-nous contre ce torrent, si ce n'est que cessant toute clameur, — bien que maudissant tout bas, — il ne nous resterait qu'à courber la tête, en attendant, — peut-être pendant longtemps, — une occasion pour se défaire du tyran.

Mais revenons à nos sauvages. La découverte de quelques parcelles d'or à Poëbo fut le signal de l'arrivée d'un assez grand nombre de colons qui venaient s'établir dans ces parages à cause de l'abondance des cocotiers, dont les noix sont très-favorables pour engraisser les porcs et la volaille, qu'on exporte ensuite à Nouméa.

Mais c'est ici que se pose un problème ethnographique dont je vais parler sur-le-champ. Comment se fait-il qu'au milieu d'un pays aussi riche, la population indigène décroisse tous les jours? A Poëbo la mortalité est effrayante, comme on peut en juger par les chiffres suivants :

En 1856 cette tribu comptait quinze cents habitants; en 1864, au moment de mon passage, il n'y en avait pas plus de sept ou huit cents. Pendant le cours de l'année qui venait de s'écouler, il y avait eu cent cinquante décès et seulement cinquante naissances. Comment expliquer ce phénomène bizarre qui fait que l'apparition des blancs dans une tribu coïncide *toujours* avec un rapide décroissement dans la population indigène? Cela est patent et palpable; partout où nous passons, l'indigène dépérit et meurt.

A Nouméa, et surtout dans les environs, je n'avais plus trouvé que les traces de cultures immenses, seuls vestiges d'un peuple disparu.

A Poëbo, un des points les plus civilisés, la population a diminué de moitié en vingt ans!

Dans le voisinage de Poëbo, nous allons visiter la tribu de Balade, la première où l'Européen ait débarqué et séjourné; autrefois nombreuse, guerrière et redoutée de ses ennemis, elle compte aujourd'hui une centaine d'individus à peine, et, chose étrange, pas de jeunes filles. Presque tous les rares nouveau-nés sont des mâles, et les jeunes gens que j'y ai vus, voués à un célibat certain, préfèrent souvent abandonner le territoire de leurs pères, qui leur est cher cependant, pour aller dans une tribu voisine où ils ont l'espoir de trouver une femme.

A l'île Ouen, un des pays les plus intéressants des dépendances de la Nouvelle-Calédonie et dont nous parlerons dans un autre volume, le Père Chapuis, qui en est le vicaire, me disait avoir vu la population diminuer, pendant le cours de l'année 1865, de cent trente habitants à quatre-vingt-quinze. Dans cette tribu, le mal était plus grand encore, car les mariages y étaient ordinairement stériles, et les jeunes gens s'éteignaient comme des vieillards; le Père Chapuis ajouta ces mots :

« Si je vis encore trente ans ici, je pourrai probablement assister à la mort du dernier Kanak d'Ouen. »

Je ne connais certes pas exactement la cause de cette mortalité, mais je suis convaincu qu'on pourrait l'éviter si l'on voulait s'intéresser davantage à cette race d'hommes. Elle en vaut la peine, je le dis hardiment. J'ai trouvé plusieurs Européens pensant comme moi, mais, je l'avoue, le plus grand nombre d'entre eux est sans pitié pour elle. Ils fondent leur insensibilité à l'égard de ces créatures intelligentes, sur ce qu'elles sont cannibales. A cela je répondrai par la bouche d'un homme d'esprit qui a compris ces sauvages sans les avoir jamais visités :

« L'anthropophagie est une des maladies de l'enfance de la première humanité, un goût dépravé que la misère explique, qu'elle ne justifie pas...

» Plaignons le cannibale et ne l'injurions pas trop, nous autres civilisés qui massacrons des milliers d'hommes pour des motifs certes moins plausibles que la faim... Le mal n'est pas tant de faire rôtir son ennemi que de le tuer quand il ne veut pas mourir [1]. »

Avec son naturel droit et indépendant, ennemi de l'injustice, cet auteur, dont le cœur saigne lorsqu'il étudie et sonde les plaies de notre vieille Europe, a trouvé les *circonstances atténuantes* du cannibalisme.

Je crois donc humain et utile pour l'avenir de la colonisation, de s'occuper un peu de ces sauvages, puisqu'ils le méritent, et de chercher par quel moyen on pourra éviter leur disparition imminente. Et d'abord, comment meurent-ils ? Ils n'ont pas ordinairement deux genres de mort; durant la saison des pluies, en février, mars ou avril ordinairement, on les voit subitement atteints d'une forte bronchite; ils se ceignent alors les reins d'une liane fortement serrée, se retirent dans leurs misérables cases, au milieu des moustiques et de la fumée, et attendent : l'appétit disparaît presque complétement, leur corps devient peu à peu d'une maigreur ef-

[1] Toussenel, *Zoologie passionnelle.*

frayante, leur peau bronzée pâlit et se teinte de couleurs blafardes. De temps en temps leur médecin vient les voir. C'est toujours un vieillard ou une vieille femme hideuse, aux mamelles pendantes. On pratique sur le patient d'abondantes saignées à la tête, sur les omoplates ou au pied; puis on l'étend sur le dos, et, comme le lieu de sa souffrance est la poitrine, le médecin lui frictionne la partie douloureuse; mais cette friction est un véritable supplice que le malade subit sans se plaindre, quoique ses yeux, qui sortent à demi de leur orbite, et la sueur qui couvre son visage, accusent assez sa souffrance. Cependant le médecin ne se décourage pas; il fait toujours craquer les côtes du malheureux jusqu'à ce qu'il soit lui-même à bout de forces. Enfin, le troisième remède, c'est une large absorption d'eau dans laquelle certaines plantes ont été macérées.

En dépit de tout, l'estomac cesse ses fonctions, et deux ou trois jours après la mort survient.

L'usage veut encore que si le malade cesse de manger pendant trois jours, on lui arrache le reste de vie qui l'anime, puis on le pleure et on l'inhume avec tous les honneurs dus à son rang.

De même, les vieillards, lorsqu'ils sont devenus impotents, sont mis à mort. Ce qui ajoute à l'odieux de ces coutumes, c'est que ce sont toujours les parents ou les amis du patient qui servent de bourreaux

Cependant, si vous aviez assisté à la mort d'un de ces hommes, ces actes barbares vous paraîtraient moins extraordinaires; je crois même que dans la plupart des cas c'est le moribond qui hâte le supplice, tellement est grand le stoïcisme de ces enfants de la nature. Pour en donner une idée, je citerai quelques faits choisis parmi tous ceux que j'ai pu observer :

Dans un village, je vis un malheureux jeune homme, assis à la porte de sa case, chauffant au soleil son squelette émacié, simplement recouvert d'une peau sous laquelle le sang ne circulait plus. Pendant que je le considérais, il me demanda un peu de tabac. « Mais, lui dis-je, *tu as l'air malade*, et fumer te ferait mal. — Oh! dit-il, ce n'est pas pour moi, je serai mort probablement avant deux jours, c'est pour un autre. » Je lui donnai du tabac et m'éloignai. Deux jours après je fus éveillé au milieu de la nuit par des hurlements; je m'informai; le jeune Kanak ne s'était pas trompé, c'était lui qui venait de mourir ou qu'on avait achevé, et on le pleurait.

Un des naturels de mon escorte était malade dans sa case depuis trois ou quatre jours; l'un d'eux vint me dire d'aller le voir. Le malheureux était assis sur la porte, maigre et à demi mort. « Tu vois, me dit l'un d'eux en touchant le malade, ces côtes saillantes, ces jambes maigres; tu vois, il n'a pas longtemps à vivre; laisse-le retourner dans sa tribu pour y mourir. — Oui, ajouta le moribond, *my want mate-mate casi belong me :* Oui, je désire mourir dans ma case. »

Je détournai les yeux de ce spectacle et renvoyai le Kanak dans sa tribu, qui était à cinq ou six lieues de là. Le jour même, les autres naturels l'y transportèrent; c'était un dimanche. Ils avaient attendu ce moment pour ne pas manquer à leur travail. A huit, ils portèrent ce moribond sur leurs bras par des sentiers presque impraticables, et cependant deux ou trois au plus étaient de la tribu du malade.

Je leur ai demandé souvent d'où leur venait cette affection de poitrine qui les tuait, et tous se sont accordés à me dire que c'étaient les blancs qui l'avaient introduite. L'un d'eux, Zacchario, petit chef de l'île Ouen, me raconta même à cet égard que, lors de l'arrivée des premiers caboteurs anglais dans sa tribu, il peut y avoir vingt-cinq ou trente ans, le village de *Kotouré*, qu'habitait son père, fut presque tout détruit par ce mal; les débris échappés au fléau abandonnèrent ce pays, et allèrent se joindre au village d'Uara, qui est à peu près aujourd'hui le seul point habité de l'île.

Le Kanak, quoiqu'on ait dit le contraire, a toujours une nourriture abondante. Si la récolte d'ignames vient à manquer, il peut la remplacer par le taro, la canne à sucre et la banane. A défaut de ces aliments, il a en abondance le poisson et les tortues. Si la pêche est mauvaise, et j'ai rarement vu le poisson manquer, le coco et les coquillages si variés et si abondants de la plage ne peuvent dans aucun cas lui faire défaut. Le Kanak possède donc des aliments assurés, mais des aliments peu substantiels, qui ne lui permettent aucun écart de régime. Les Européens, aussitôt arrivés, ont introduit avec succès le tabac, le gin et le brandy; le tabac surtout, car le Calédonien ne boit généralement les liqueurs fortes qu'avec répugnance et seulement pour ne pas reculer. Elles lui arrachent d'horribles grimaces, et lui, qui ne boit presque jamais, s'empresse d'avaler deux ou trois verres d'eau pour *éteindre le feu*.

Quant au tabac, c'est la première passion du Kanak mâle ou femelle : l'enfant court à peine qu'il commence à fumer dans une pipe grossière un tabac spécial en tablettes, humide, de mauvaise qualité, souvent tellement fort qn'il rendrait malade nos fumeurs les plus déterminés. Le Néo-Calédonien dédaigne du reste le tabac faible et le refuse dédaigneusement en disant qu'il est comme de l'herbe.

Eh bien, quoique tout le monde attribue à ce tabac la plus grande part dans le développement des maladies des Kanaks, je n'ai vu encore personne dans la colonie s'en préoccuper; tout le monde, au contraire, paye leurs services avec ce poison.

Il serait bon que l'administration ne permît la

vente de ce tabac qu'après examen, et qu'il fût recommandé au chef de défendre à ses sujets et sujettes de fumer avant d'avoir atteint un certain âge. — Il n'en est pas de même pour les liqueurs fortes; le gouverneur en a défendu le débit aux indigènes, et en cela il a très-sagement agi.

Viennent ensuite des affections, des virus morbides dont nous possédons des antidotes éprouvés et que notre constitution supporte ordinairement mieux que celle de ces pauvres sauvages.

On place aussi au nombre des causes homicides les travaux auxquels sont plus ou moins soumis les Kanaks au contact des blancs, et, par suite, la négligence qu'ils apportent dès lors dans le travail de leurs propres cultures. On dit encore que les vêtements que nous leur donnons les habituent à être couverts, et que, ce vêtement une fois usé, le froid qu'ils ressentent amène ces phthisies dont ils meurent. Enfin, d'autres prétendent qu'une des causes de leur état morbide est l'ascétisme dans lequel leurs imaginations neuves et faciles à frapper sont plongées par l'audition des mystères de notre religion. Il est certain que je ne crois pas qu'il existe sur terre un autre peuple qui, une fois qu'il a écouté le missionnaire, se laisse plus facilement que celui-ci pénétrer de sentiments religieux et soit un plus fidèle et plus scrupuleux observateur de nos dogmes. On n'aurait certes aucune peine à faire accomplir à ces néophytes tous les actes de dévotion les plus exagérés dont la vie des saints et des martyrs nous fournit des exemples.

A ces causes, on pourrait peut-être ajouter encore l'impression triste produite sur ces êtres fiers par l'invasion des blancs, dont ils sont obligés de reconnaître la supériorité en toutes choses : audace, nombre, richesse, intelligence. Ces races, qui étaient habituées à la vie si calme, si restreinte surtout de leurs forêts montagneuses, n'osent ni ne peuvent se fondre dans ce courant qui les emporte.

Quoi qu'il en soit, de toutes les raisons que je viens d'émettre, je n'en vois vraiment pas une seule qui puisse sérieusement expliquer la disparition aussi rapide de ces hommes à notre contact; à moins de les faire entrer comme causes qui précipitent simplement une extinction qui ne se serait faite qu'un peu plus tard, cela en développant chez les indigènes le germe de la phthisie pulmonaire qu'ils possèdent tous, au dire de médecins bien éclairés sur la question[1]. Faut-il maintenant admettre cet ordre fatal de succession des races supérieures aux inférieures, que la science géologique semble toucher du doigt à chaque pas?... Faut-il voir dans

[1] L'autopsie découvre des tubercules chez *tous les Océaniens.* Serait-ce donc ce terrible mal, introduit par nous et devenu chez eux héréditaire et épidémique, qui est l'instrument de la rapide disparition de ces races?

ces Kanaks Océaniens les derniers représentants d'une espèce que le refroidissement de la terre a refoulée peu à peu vers l'équateur, seul point où ils peuvent encore vivre, où déjà leur existence est difficile, où le moindre écart la compromet. Toujours est-il que c'est au moment des pluies assez froides de l'hivernage qu'ils meurent.

La Calédonienne resta quelques jours à Poëbo pour opérer le débarquement de ma petite troupe et de nos instruments; j'allai m'installer à deux kilomètres environ de la mer et sur une petite éminence voisine des *gourbis* des trois gendarmes, qui, nous l'avons vu, représentaient tout le poste de Poëbo. Le chef *Bonou* devait me fournir des indigènes pour m'aider comme guides et comme porteurs dans mes excursions; il devait aussi me faire bâtir deux paillottes, l'une pour moi, l'autre pour mes hommes; bien que ces ordres lui eussent été transmis de la part du gouvernement par le commandant de *la Calédonienne,* il ne se hâtait point de les exécuter, et nous dûmes passer quelques jours à la belle étoile. Quant aux indigènes, ils ne nous voyaient pas non plus d'un bon œil; prévoyaient-ils que si nous trouvions de l'or leur paisible contrée serait envahie par cette multitude avide et sans frein qu'on appelle les chercheurs d'or? En tout cas, bien qu'ils possédassent des volailles, du poisson, des ignames en grande quantité, ils refusaient toujours de nous vendre n'importe quoi, et lorsque nous rentrions le soir, très affamés, nous ne trouvions qu'un de ces repas impossibles que mon *cuisinier*, homme plein d'imagination, avait cependant réussi à créer. Le plus souvent même nous étions réduits au lard salé et au biscuit de nos provisions; or, celui-ci était rempli de parasites de diverses espèces, dont les générations se succédaient là en paix depuis plusieurs années sans doute.

C'était peu de générosité et de charité pour des Kanaks aussi religieux et tous ornés de chapelets; mais leur excuse était dans ce qu'ils devaient agir ainsi pour nous faire quitter leur territoire. Au reste, ce n'est que par intérêt que ces tribus acceptent tout d'abord le *joug* religieux; les missionnaires font comprendre au chef de quel avantage serait pour lui leur présence comme conseil dans la tribu; c'est l'huile de coco que l'on fera en abondance; les poules, les porcs, dont on expédiera des troupeaux; tout cela c'est le bonheur, c'est-à-dire des pipes, du tabac, des étoffes rouges en abondance; un fusil! Le chef accepte, et moyennant ce pieux subterfuge, le missionnaire entre dans la tribu, d'abord timidement; mais peu à peu son énergie, sa volonté, la supériorité de son intelligence dominent tous ces êtres inférieurs, et bientôt le vrai chef, l'âme de la tribu, c'est lui.

Il y a toujours des factieux, des amateurs du vieux

régime; on les gagne aisément par quelques cadeaux; j'entendis un jour cette réponse caractéristique d'un indigène à qui un missionnaire demandait pourquoi on ne l'avait pas vu à la messe :

« Mais tu ne m'avais pas donné de tabac, » dit notre homme.

Pour lui et pour beaucoup d'autres, assister à la messe, c'est servir le missionnaire, travailler pour lui, absolument comme s'ils piochaient son jardin ou bâtissaient sa case; il faut donc une rémunération.

Mais, je l'ai dit, au bout d'un certain temps, le missionnaire aura raison de toutes les résistances, et il se trouvera à la tête d'une peuplade qu'il mènera avec la plus grande aisance.

Mes voisins les gendarmes du poste n'avaient pas eux-mêmes de nombreuses ressources; malgré cela, ils m'offraient quelquefois des légumes de leur jardinet, un régime de banane ou une poule; le chef du poste, le brigadier Bailly, qui plus tard devait si cruellement périr sous le casse-tête de nos voisins les sauvages, était un homme probe, doux, humain, et relativement instruit; il s'acquittait de la lourde charge qui lui était incombée avec une conscience et une habileté supérieure à celle qu'aurait pu indiquer son grade modeste, et je suis sûr que, comme moi, tous ceux qui ont connu ce brave homme ont regretté sa fin misérable.

Je passai un mois à Poëbo, fouillant le sol pour y chercher le précieux métal et franchissant des pics encore vierges du pas des humains; je m'étonnai tout d'abord que la découverte d'une aussi faible quantité d'or que celle contenue dans les alluvions de la rivière de Poëbo eût pu produire autant d'émoi dans la colonie; en France, dans nos montagnes, il est plus d'un cours d'eau qui en contient davantage et que l'on délaisse, car à chaque travailleur il fournirait en or tout au plus la valeur de quatre ou cinq sous tous les jours. Mais une autre considération m'encourageait dans mes recherches, c'est qu'il m'était facile de reconnaître dans les terrains de cette partie de l'île des roches caractéristiques des terrains aurifères de l'Australie et de la Nouvelle-Zélande. D'anciens mineurs de cette dernière contrée qui, comme moi, avaient visité Poëbo étaient de mon avis; aussi avaient-ils cherché avec ardeur, mais, hélas! sans succès; le découragement avait fini par s'emparer d'eux, et tous avaient abandonné ces recherches, qui semblaient tout d'abord si pleines de promesses; il est vrai qu'ils renoncèrent à ces explorations bien plus à cause de leurs faibles ressources et de leur nombre insuffisant que par manque de confiance dans l'existence de richesses au sein des majestueuses montagnes de cette partie de l'île. Un seul de ces mineurs, cependant, ne pouvait se résigner à quitter la partie; c'était un Breton, c'est tout dire, et avec la ténacité particulière aux hommes de son pays, il installa lui-même sur les alluvions aurifères une petite et misérable case où je le trouvai; dès l'aube il était debout et au travail, retournant la terre dans tous les sens avec cette fiévreuse ardeur qui anime le chercheur d'or et décuple ses forces; son fusil était toujours à la portée de sa main, car il n'était pas dans les meilleurs termes avec les indigènes, qui venaient parfois s'asseoir sur les hauteurs voisines pour regarder travailler cet étranger, qu'ils prenaient sans doute pour un fou, car ils lui envoyaient de temps en temps un panier d'ignames, qui faisait la nourriture exclusive du Breton. Quel sujet de réflexions pour un philosophe que la vue de cet échappé de la vie civilisée, couvert de lambeaux d'étoffes, sous un soleil brûlant, grattant la terre sans relâche, enflammé par la pensée d'y trouver ce métal conventionnel qui peut en un instant faire de lui, le dernier des misérables, un somptueux hôte de nos villes, que chacun s'empressera de servir!

Lorsque j'eus terminé toutes les fouilles que la limite de mes moyens me permettait, je songeai à remonter vers le Nord pour y poursuivre mes études géologiques.

XIV.

Balade et ses indigènes. — Une page d'histoire. — Le chef Oundo et ce qui advint de sa fille Iarat.

Au sortir de Poëbo, le sentier longeant le rivage de la mer parcourt, sur une longueur de douze kilomètres environ, une plaine large, fertile, bien arrosée, couverte de gras pâturages et de cocotiers; c'est là que pourraient s'installer, dans d'excellentes conditions, des stations agricoles, car c'est une des parties de l'île les plus agréables que j'aie jamais visitées.

Cette plaine conduit à la tribu de Balade, où j'avais résolu d'établir un nouveau centre d'exploration. D'ailleurs, je devais trouver dans ces parages un logement tout prêt; c'étaient les anciennes habitations, abandonnées aujourd'hui, qui furent installées dans cette tribu par les Français, lors de la prise de possession de l'île.

Je fus reçu par les indigènes de Balade avec la franchise et la cordialité la plus expansive et comme on n'est reçu que par ces gens-là; vraiment, allez voir ce peuple; au moment où vous débarquez, tous s'offrent pour guider vos pas ou satisfaire vos désirs. Voulez-vous chasser ? l'un d'eux se détache et vous guide dans les marais, séjour d'une multitude de canards. Avez-vous soif? ils s'élancent dans les cocotiers avec l'agilité du singe. Qu'un ruisseau ou un marais arrête vos pas, l'épaule du premier venu vous portera de l'autre côté. S'il pleut, en quelques secondes, dans le fourré voisin, ils iront chercher de larges feuilles de bananier ou un manteau d'écorce de niaouli, sous lequel on vous abritera. La nuit vient? une torche résineuse éclaire votre marche; et, enfin, au moment du départ, vous lisez le regret sincère sur leur visage attristé.

Ensuite cette tribu évoquait en moi mille souvenirs; c'est là que le pied d'un Européen foulait pour la première fois cette terre lointaine; c'est dans ce havre aux eaux tranquilles que ses navires vinrent jeter l'ancre, et qu'aussitôt mille pirogues, remplies de sauvages étonnés, s'avancèrent pour saluer ces étranges visiteurs. Cook, dès le principe, fut bon et indulgent pour les insulaires; ils avaient peu de chose à lui donner en échange des nombreux présents qu'ils reçurent de lui, mais ils le payèrent par un accueil plein de franchise et de bon vouloir; aussi ce navigateur fait-il de leur caractère la plus élogieuse description; pendant tout leur séjour, les Anglais visitèrent le pays et en étudièrent la faune et la flore; ils signalent, entre autres choses, des volailles d'une grosse espèce et d'un plumage brillant qui rôdaient autour des cases, et l'on est encore aujourd'hui à se demander quels étaient ces oiseaux, que l'on n'a plus retrouvés depuis dans aucune tribu.

Cependant Forster, le naturaliste de l'expédition anglaise, rapporte un acte qui ne me semble point à l'honneur des indigènes et qu'il excuse avec son optimisme habituel : les habitants de Balade, qui, d'ordinaire, ne vendaient pas de vivres aux Anglais, échangèrent cependant un jour avec eux un poisson du genre *tetrodon;* apporté à bord, il y excita quelque répugnance à cause de sa forme; d'autre part, les naturalistes voulaient en prendre le dessin; il ne fut donc pas mangé de suite, et bien en prit à l'équipage, car un animal qui mangea les entrailles de ce poisson en mourut, et les deux frères Forster, qui ne goûtèrent qu'un morceau du foie, faillirent en perdre la vie. Quant aux insulaires qui avaient vendu ce poisson, lorsqu'ils le virent le lendemain suspendu à bord, ils firent ce qu'ils auraient dû faire la veille, ils engagèrent les Anglais à le jeter à l'eau, et témoignèrent par des gestes expressifs que c'était une nourriture des plus malsaines.

Forster raconte cette scène avec la plus grande bonhomie et sans témoigner même un sentiment d'aigreur contre ces hommes qui avaient failli causer sa mort, soit par une inqualifiable inconséquence, soit par un lâche guet-apens. Mais je ferai ce que ce savant n'a pas cru devoir faire, et j'affirmerai, avec la connaissance que j'ai pu acquérir de ce peuple, qu'il savait très-bien, en vendant ce poisson aux Anglais, qu'il les exposait à une épouvantable catastrophe; la seule chose qui milite un peu en faveur de ces indigènes, c'est que, dans ce moment, ils voulaient peut-être simplement mettre à l'épreuve la science et le tempérament de leurs nouveaux hôtes; aussi, le lendemain, lorsque, venant à bord, ils virent que le poisson n'avait pas été mangé, eux qui savaient la pénurie de vivres frais des Anglais, ils ne doutèrent plus qu'on eût deviné que le poisson était toxique; en vrais diplomates, pour s'éviter les suites désagréables que pouvait avoir cette découverte, ils s'empressèrent de dire la vérité.

Après Cook, c'est le chevalier Bruny d'Entrecasteaux qui, en 1792, visita la tribu de Balade; il venait y faire des recherches sur le sort de l'expédition commandée par l'infortuné La Pérouse; mais combien les récits de ce marin français diffèrent de ceux de Forster, le naturaliste de Cook! Celui-ci, à l'esprit doux, optimiste, un peu rêveur, se plaisait à considérer ce nouveau peuple comme doué d'une nature inoffensive, exempte de haines, de passions violentes et même de plaisirs. D'Entrecasteaux ne connaissait ces indigènes que par ces récits, et la réaction fut terrible dans les esprits de tous lorsqu'en débarquant ils aperçurent les insulaires tenant dans leurs mains des ossements de leurs semblables, encore enveloppés de chairs, dans lesquelles ils mordaient avec une évidente satisfaction.

Ainsi le hasard voulut que l'expédition française arrivât dans ces parages dans un de ces moments où l'insulaire n'était pas l'homme calme que les Anglais avaient entrevu; les Baladiens venaient de terminer une guerre acharnée dans laquelle, suivant l'usage, on comptait des victoires et des défaites de part et d'autre; quelques-uns de leurs villages de l'intérieur avaient eu leurs cases brûlées, leurs champs ravagés, leurs cocotiers dévastés : voilà pour les défaites; quant aux victoires, elles se traduisaient par un grand nombre de têtes et de crânes fraîchement dépouillés, qui grimaçaient à l'extrémité de longues perches, tandis que le reste du corps servait aux repas journaliers.

Mais si les Baladiens étaient ainsi surexcités, l'esprit du chef de l'expédition française ne l'était pas moins, car dans la dernière relâche, à Tonga-Tabou, les naturels, dans un engagement assez sérieux, avaient grièvement blessé deux matelots; aussi d'Entrecasteaux trouva-t-il de suite cette race très-laide, mal faite, étique, et ne permit à aucun d'entre eux de monter à bord le premier jour. Pour qui connaît le Néo-Calédonien, c'était là une grave injure, qu'il devait d'autant moins oublier qu'il était encore dans l'animation des nombreux combats qu'il venait de soutenir. Il n'en fallait pas plus, même chez un peuple civilisé, pour susciter une guerre; les Baladiens oublièrent ces os de géants dont la chair faisait notre nourriture habituelle [1]; ils oublièrent nos armes à feu, dont ils avaient pu constater la puissance; ils ne pensèrent plus qu'à se venger, avec l'aide des guerriers voisins, de l'affront que nous leur avions fait. — Cette témérité même n'honore-t-elle pas ce peuple?

Ils commencèrent les hostilités par des vols audacieux, aussitôt qu'on leur permit de monter à bord: à terre, ils s'emparaient des outils sous les yeux des travailleurs et s'enfuyaient dans les bois; toutes les haches disparaissaient ainsi. En même temps ils venaient parader auprès de nos marins, tenant dans leurs mains des lambeaux de chair de leurs ennemis; ils dévoraient devant ces hommes étonnés cette abominable nourriture, et leur physionomie triom-

[1] Les sauvages, à notre arrivée, n'ayant jamais vu de viande autre que celle de leurs semblables, s'imaginaient que les os de bœuf salé que rongeaient les matelots anglais étaient ceux d'hommes gigantesques, que nous étions assez forts pour tuer, et dont nous conservions la chair pour vivre pendant nos longues excursions. Ne rions pas de la méprise de ces Océaniens, nous qui, à une époque encore si rapprochée, allions tous visiter les gigantesques ossements d'un animal fossile que nous croyions être les débris du géant Teutobocchus.

phante semblait dire : « Voyez, nous aussi nous savons tuer nos ennemis, et nous mangeons leur chair. »

Quelle description d'Entrecasteaux pouvait-il donner d'un pays ravagé par la guerre et dont les fêtes étaient d'odieuses scènes de cannibalisme? Aussi le tableau qu'il en a fait n'est point flatteur; il nous montre la contrée couverte d'une végétation languissante, habitée par un peuple famélique, maigre, mal charpenté, éloigné de l'agriculture. Enfin, ce navigateur pousse le pessimisme jusqu'à penser que le seul et rudimentaire vêtement des indigènes n'est pas inspiré par la pudeur; il en fait une simple nécessité dans ce pays de mouches et de moustiques. Cette bizarre observation est cependant, je pense, une des plus vraies, car, bien que je n'aie jamais eu l'occasion de le remarquer moi-même, d'autres voyageurs ont trouvé des Néo-Calédoniens complétement nus. D'Entrecasteaux est aussi un des rares Européens qui ont pu assister aux cérémonies et au festin révoltant qui accompagnent le massacre des prisonniers; il est plein d'intérêt dans ces lignes où il décrit ces spectacles, nous montrant l'exécuteur qui d'une main tient une pique pour tuer la victime, et de l'autre une large hache en pierre de jade avec laquelle il fouillera dans ses entrailles et séparera sa chair de ses os, pour en faire la distribution à la farouche assemblée, qui, pendant ce temps, ne cesse de danser et de hurler autour de lui.

Pour ma part, je ne saurais décrire l'horrible frénésie avec laquelle ces sauvages se jettent sur cette proie humaine et la dévorent; mais, contrairement à ce marin, j'attribue moins ces actes à la faim et à la *gourmandise* qu'à la surexcitation dans laquelle se trouvent alors les indigènes; chez ces sauvages, c'est la vengeance satisfaite, la joie du triomphe poussée jusqu'à ses dernières limites, jusqu'à l'égarement de l'esprit, jusqu'à l'oubli de tout sentiment d'humanité. Ce sauvage pense venger ses amis tués dans le combat; c'est sa façon de célébrer une victoire.

La plupart des indigènes de Balade savent un peu le français; j'en fus surpris, car il n'y a depuis longtemps ni missionnaire, ni soldat, ni colon dans le pays; j'exprimai au chef mon étonnement, d'autant mieux qu'à Poëbo, où les missionnaires sont installés depuis fort longtemps, on a de la peine à trouver un interprète.

« Kanak comme ça, me répondit le chef en faisant le signe de la croix, pas connaître le français. »

Il est de fait que les missionnaires trouvent généralement plus commode et plus sûr, pour atteindre leur but, d'étudier d'abord le langage des indigènes, pou- leur expliquer ensuite les préceptes religieux dans leur propre idiome.

Le chef se nommait *Oundo-Touro;* il avait subi cinq ans de captivité à Taïti, où on l'avait expédié en même temps que le chef d'Hienguène, dont j'ai parlé; mais il n'avait pas su, comme ce dernier, conserver dans l'exil lès mœurs stoïques du Néo-Calédonien, il avait adopté, au contraire, toutes les coutumes du Taïtien, le plus licencieux et le plus débauché des peuples de la terre, ainsi que le lecteur pourra en juger dans un volume suivant. Le chef *Oundo* était donc revenu ivrogne et sans dignité; quoique jeune, il laissa, à son retour, l'autorité aux mains d'un de ses parents, *Goa,* et ne s'occupa plus qu'à se procurer sa liqueur favorite par tous les moyens possibles, même par la vente aux caboteurs et aventuriers de passage des femmes de sa tribu et de sa propre famille; dans ce dernier cas cependant, si j'en crois une histoire qui me fut contée, il y mettait plus de formes que ses maîtres les Taïtiens. *Oundo,* à l'époque de mon passage, possédait une fille qui, suivant l'usage néo-calédonien, avait été fiancée dès l'enfance au jeune chef d'une tribu voisine; celui-ci avait fait les cadeaux habituels, c'est-à-dire une belle et vaste pirogue, des haches et colliers de jade; enfin, pour célébrer les fiançailles, les deux tribus avaient dévoré en quelques instants le produit de huit jours de pêche et de trois mois de culture. *Oundo,* de son côté, devait élever et conserver la jeune princesse pour la remettre un jour pure et vertueuse entre les mains de son époux.

Les années s'écoulèrent, et la jeune Iarat, — c'était le nom de la fiancée, — devint une belle jeune fille, telle qu'on en rencontre parfois dans les familles de chefs, où le type polynésien est venu corriger la laideur naturelle au Néo-Calédonien. Le chef son fiancé devait venir la chercher à la récolte des ignames, et chacun se réjouissait à l'avance des fêtes qui auraient lieu à cette occasion. A ce moment, un navire de commerce jette l'ancre dans le petit havre de Balade; son capitaine, qui cherchait à compléter sa cargaison de *trépang* et de sandal, vint visiter le chef Oundo et vit la jeune *Iarat;* il fut saisi d'une grande admiration pour cette belle sauvage, qui était vraiment remarquable au milieu de toutes ses compagnes, et avec le sans-gêne de ces pays, ce marin s'informa s'il ne pourrait avoir pour femme et emmener à son bord cette jeune fille. Il faut que l'on sache que les côtiers ont généralement à leur bord une femme indigène, quelque pauvre jeune fille, orpheline ou de basse extraction, laissée au caprice d'un chef, et qu'ils ont achetée pour une hache et quelques mètres de calicot. Ces femmes sont généralement très-dévouées, bonnes mères de famille, assez fidèles et travailleuses; on les voit occupées tout le jour, soit à tenir la barre, soit à cuisiner dans l'étroit espace que se réserve le capitaine de ces petits navires. — Mais ce ne sont point filles de chefs qui sont ainsi livrées aux Européens, et c'est ce qui fut répondu à l'admirateur de Iarat. Celui-ci cependant ne se découragea point; il fit venir Oundo à son bord, lui versa le gin à pleins verres, et lorsque le chef eut en partie perdu la raison, il lui proposa de nouveau un baril d'eau-de-vie en échange d'Iarat; *Oundo*, troublé par l'ivresse et emporté par sa misérable passion, accéda à la demande du capitaine. C'était le lendemain soir qu'il devait envoyer Iarat au navire; mais, l'ivresse passée, le chef hésitait à tenir sa promesse; il s'était mis entre deux feux : d'une part, s'il livrait sa fille, la juste colère du fiancé, chef d'une tribu puissante; de l'autre, s'il agissait différemment, la vengeance du capitaine, qui avait un équipage dévoué et pouvait lui jouer quelque mauvais tour. La nuit était venue; Oundo, assis auprès du feu qui flambait devant sa case, réfléchissait encore à la conduite à tenir, lorsque les branches et les feuilles sèches qui couvraient le sol environnant craquèrent sous le pied d'un être humain, et bientôt apparut le capitaine, qui se décidait à venir chercher Iarat; il était armé d'une façon formidable, et le pauvre *Oundo*, après avoir jeté un regard découragé sur quelques-uns de ses jeunes gens nus et sans armes sérieuses, assis non loin de là, comprit qu'il n'y avait qu'à s'exécuter.

« Chef, dit le marin en posant bruyamment sur le sol la crosse d'une lourde carabine, je viens chercher mon bien. »

— Parle plus bas, capitaine, murmura le vieux sauvage, et attends un peu. » Puis élevant la voix en langue indigène, il donna un ordre à l'un de ses jeunes gens, qui s'éloigna rapidement.

« Maintenant, reprit Oundo, assieds-toi auprès de mon foyer et fume une pipe en attendant. »

Le chef avait envoyé chercher la vieille mère d'Iarat; elle s'avança bientôt courbée en deux, comme toute femme doit le faire en présence des chefs, et vint s'accroupir non loin du foyer; un dialogue s'établit alors entre cette malheureuse et le vieux chef; la voix de celui-ci était grave et sévère, celle de la mère était suppliante et pleine de sanglots; mais un geste impérieux d'Oundo coupa court aux supplications, et sa vieille compagne, essuyant ses larmes de ses mains amaigries, s'éloigna à travers les herbes avec cette légèreté particulière aux sauvages.

« Capitaine, reprit alors Oundo, va dans ta case, Iarat suit tes pas. »

Et comme le marin réclamait, disant qu'il voulait lui-même emmener la jeune fille :

« C'est à prendre ou à laisser, capitaine, ajouta le vieux chef; je ne veux pas que ma tribu te voie partir avec ma jeune fille; ne me fais pas oublier que j'en ai reçu le prix. »

Malgré son stoïcisme et son endurcissement, la voix du sauvage tremblait en prononçant ces paroles, et le vieux sang orgueilleux de sa race se réveillait en lui; il était debout maintenant, et sa haute taille, encore musculeuse et bien découplée, dominait celle de l'Européen; cette scène avait quelque chose de diabolique à la lueur intermittente de ces foyers abrités par des arbres aux formes indécises; quelques jeunes gens, attirés par l'éclat inusité de la voix de leur chef, se levaient déjà et cherchaient leurs tomahawks; mais ils s'arrêtèrent en voyant le visiteur blanc tendre la main au vieil Oundo et lui dire :

« C'est bien, chef, j'attends ta fille dans la hutte que j'ai élevée au bord de la mer pour m'y abriter du soleil pendant le jour. »

Puis cet audacieux aventurier, insouciant des haines et des sauvages émotions qu'il venait de soulever, prit le chemin de la case dont il venait de parler. Sa route était sur la plage qui borde la mer; les eaux étaient basses, et, comme d'habitude, avant de se retirer, elles avaient uni la surface des sables de la grève. « C'est là qu'elle passera, murmurait le marin; mais si elle allait ne pas venir! »

Cette pensée le fit changer de résolution; car il

quitta la grève et s'enfonça dans un des fourrés qui la bordent et attendit.

La lune était dans tout son éclat; les mille insectes qui peuplent ces régions bruissaient de toutes parts; les *bernards-l'ermite*, avec leurs maisons grotesques, circulaient activement sur le sable et recherchaient leur proie; l'aile silencieuse des grands vampires frôlait le haut des branches; mais tous ces bruits ne faisaient qu'aiguiser les désirs du capitaine, qui dans chacun d'eux s'imaginait entendre le bruit des pas de la jeune Iarat; reconnaissant bientôt que ce n'était qu'une nouvelle déception, il serrait la crosse de son revolver et ne parlait de rien moins que d'étrangler *Oundo* et de mettre le feu à sa tribu. Une demi-heure s'était écoulée dans ces alternatives de sourde colère et d'espérance déçue, lorsqu'une forme légère lui apparut; il ne pouvait s'y tromper et son cœur battit à rompre : c'était *Iarat;* mais derrière elle se montrait un être inattendu; il marchait accroupi sur le sol et de ses mains effaçait sur la surface humide et régulière du sable les traces légères de la jeune fille. C'était Oundo, le vieux chef, qui agissait ainsi pour dérober à la connaissance de sa tribu la honte de sa fille et la sienne.

Le lendemain, au moment où la position des étoiles annonçait le retour du soleil, *Oundo,* qui avait passé la nuit dans une couverture à la porte de la hutte du capitaine, entrait dans la case, appelait *Iarat*, et montrant au marin, qui maugréait, l'aube prête à paraître, lui indiquait ainsi qu'il était temps de revenir au village. Ils s'éloignèrent bientôt comme ils étaient venus, le vieillard effaçant la trace des pas de la jeune fille.

Telle est l'histoire qui circulait parmi les Européens sur le compte du chef de Balade, et dont l'authenticité fut parfaitement démontrée par la querelle qui survint peu de temps après entre cette tribu et celle du chef, fiancé de la jeune *Iarat*; celui-ci, fort heureusement pour Oundo et ses guerriers, était converti au christianisme, c'est-à-dire qu'il ne tenait plus à s'unir avec une païenne; ce fut la raison qui arrangea tout le monde.

Il y avait peu de temps que ces événements s'étaient passés lorsque j'arrivai à Balade; un jour que je revenais d'une course dans la montagne, parmi la foule curieuse des indigènes qui chaque soir entouraient mon campement, j'aperçus une jeune fille dont la grâce attira mes regards; son *costume* n'avait rien cependant qui la différenciât de ses compagnes; car son collier de perles de jade n'était point à lui seul assez éclatant pour la faire remarquer; mais ses traits plus réguliers, une fleur sauvage d'un rouge vif plantée dans son abondante chevelure, son port élevé et d'un contour parfait, en faisaient un admirable spécimen de la beauté naturelle et primitive. Je demandai qui était cette jeune fille, et, tout en me contant son histoire avec l'air le plus sérieux du monde, on m'apprit que c'était là *Iarat*, fille du chef Oundo.

p. 263.

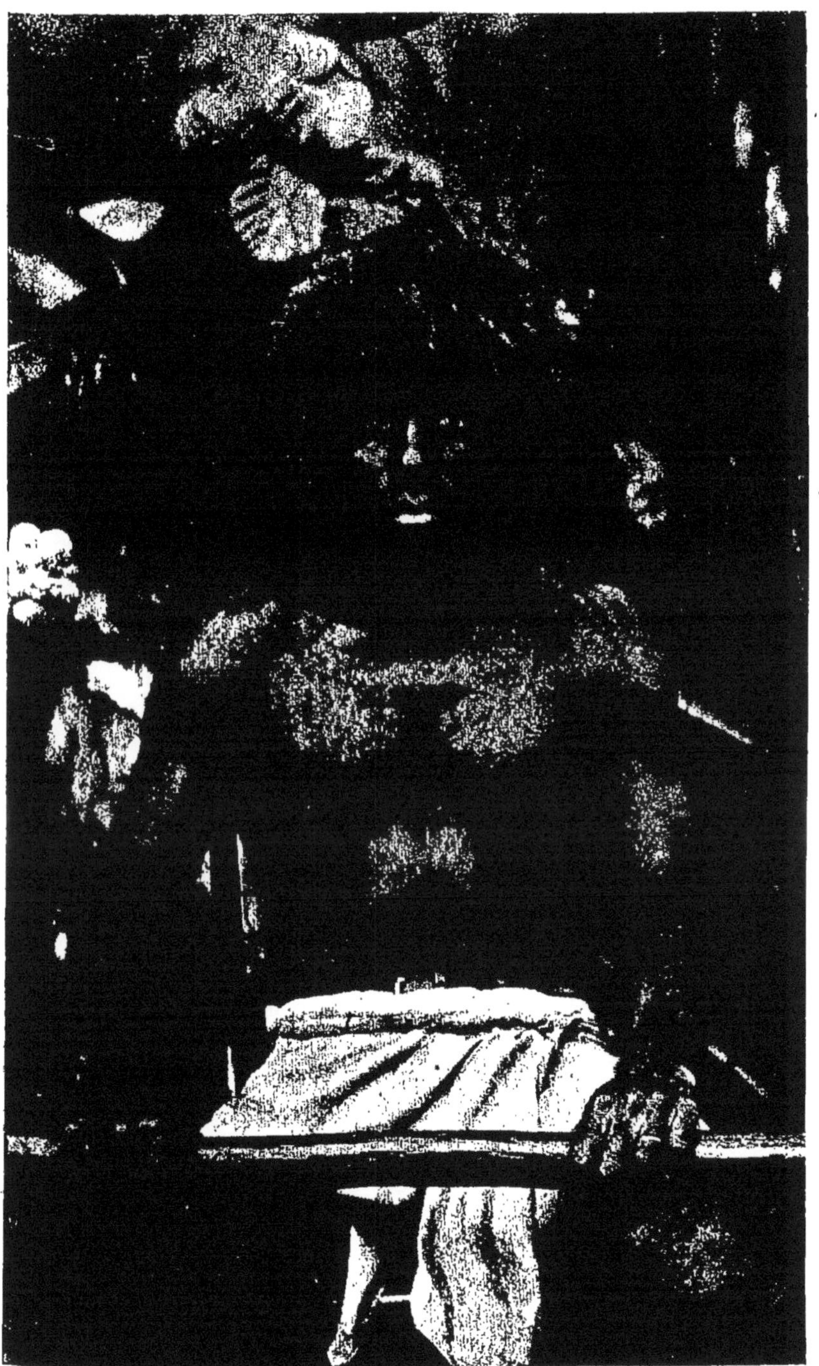

KANAK

XV.

Un ami indigène et ses récits. — Une étrange histoire. — La vallée du Diahot. — Un cyclone et une nuit désagréable. — Chasse heureuse. — Retour à Balade. — Un naufrage, un sauvetage et un coup de soleil.

Ainsi que je l'ai dit, je fus parfaitement accueilli par les naturels de Balade, et grâce à quelques bouteilles d'eau-de-vie au vieil *Oundo*, j'eus constamment des guides et des porteurs dévoués. Parmi les indigènes que le chef désignait à tour de rôle pour m'accompagner, se trouvait un jeune homme que son activité et son dévouement me firent promptement remarquer; il se nommait *Poulone* et parlait assez bien le français; quelques minces présents achevèrent encore de me l'attacher; au reste, un rien les contente, et je me souviens encore du marché que le cuisinier avait fait avec l'un des hommes de la tribu : il devait lui prêter des hameçons et une ligne pendant toute la durée de notre séjour, et celui-ci s'engageait à nous fournir de poisson. Chaque jour, fidèle à la convention, on voyait arriver notre pêcheur avec de superbes alikis, perroquets, bécunes, etc. [1]. Enfin, à l'époque où nous quittâmes la tribu, il nous rapporta consciencieusement les hameçons et la ligne, dont je lui fis présent, à sa grande satisfaction.

Dans mes excursions je rencontrai fréquemment des traces du séjour des Français dans le pays, et *Poulone*, qui connaissait assez bien les traditions de son pays, m'en donnait l'histoire; c'est au bord d'une rivière aux eaux cristallines qu'il me montra les débris de la première mission de la Nouvelle-Calédonie; celle qui, je l'ai dit, y débarqua en 1843, apportée par la corvette *le Bucéphale; Poulone* me raconta comment ses pères, ayant essuyé les coups de feu de d'Entrecasteaux, ne reçurent qu'en tremblant ces nouveaux visiteurs, s'effrayant de tous leurs mouvements et ne consentant qu'avec la plus grande défiance à monter à leur bord; peu à peu cependant, traités avec douceur par les Français, ils se rapprochèrent d'eux et leur rendirent tous les services qu'il était dans leurs faibles ressources de pouvoir rendre.

Bientôt après, cette corvette leva l'ancre et on la vit partir avec regret; mais cinq missionnaires restaient au milieu d'eux, et bien qu'ils fussent intrigués au plus haut point par les allures mystérieuses de ces hommes au costume étrange, ils leur conti-

[1] Noms vulgaires de poissons.

nuèrent leurs bons offices. L'un de ces Pères (le Père Viard) parlait la langue polynésienne, et put assez vite se faire comprendre de certaines fractions de tribu dont l'origine polynésienne est démontrée par ce seul fait; il leur expliqua la religion chrétienne, et tous s'apitoyaient sur le sort de Jésus-Christ, que leur faisaient connaître les grands crucifix de cuivre que portaient les missionnaires; ces cannibales s'étonnaient de la barbarie de ceux qui infligeaient un semblable supplice.

Les costumes eux-mêmes de nos prêtres étaient pour ces sauvages un grand sujet d'étonnement, et l'on se souvenait encore que l'on avait fait passer de main en main le tricorne de l'un d'eux jusqu'aux derniers confins de la tribu, et que son propriétaire ne le revit que plusieurs jours après.

Mais la curiosité qu'excitaient les Pères finit par s'éteindre, et l'on commença à s'apercevoir que ces hommes, qu'il fallait nourrir, étaient une charge pour la tribu.

Divers événements vinrent encore augmenter les griefs réels ou imaginaires des indigènes contre les missionnaires : une épidémie, suivie de famine, décimait la tribu, et la nature superstitieuse des naturels ne manqua pas d'en faire remonter la cause aux Pères. En second lieu, des matelots d'un navire français naufragé dans les environs, et qui séjournèrent quelque temps à Balade, commirent plusieurs désordres; enfin, les missionnaires avaient un gros boule-dogue qui ne pouvait sentir les sauvages, et mordait sans pitié leurs jambes nues lorsqu'ils s'aventuraient près de la mission. De plus, un frère, qui vivait avec les missionnaires, excitait les fureurs de l'animal; aussi, lors de l'attaque de la mission par les Baladiens, le boule-dogue et le frère furent seuls tués; quant aux magasins, on les pilla, et on chassa les quatre missionnaires du territoire de Balade.

Tel est le récit que me fit *Poulone,* qui ajouta que depuis cette époque les chefs n'avaient plus voulu de *mission,* mais que les jeunes gens n'en étaient pas très-satisfaits, car les jeunes filles de Poëbo, qui étaient toutes catholiques, refusaient de les épouser.

Cette raison n'était pas sans valeur, si l'on se souvient que la tribu de Balade avait plus d'hommes que de femmes; et ce fait même que le nombre des enfants mâles dépasse de beaucoup celui des autres, est une des circonstances qui viennent encore favoriser la disparition de cette race. Peut-être aussi les indigènes se débarrassent-ils plus volontiers des enfants du sexe féminin au moment de leur naissance.

A son retour de Taïti, le chef *Oundo* trouva installé à sa place son frère *Goa;* peu jaloux de l'autorité, il lui laissa le gouvernement. *Goa* était le type du Kanak vulgaire et grossier; une grosse tête, un gros nez, de grosses lèvres, le corps épais, l'intelligence lourde, aucune imagination ; somme toute, il était de bien peu au-dessus de la brute. Un fait va le dépeindre :

Il vint me visiter le soir de mon arrivée à Balade ; j'achevais mon dîner, j'étais étendu sur un tapis de gazon que la fatigue de la journée me faisait encore trouver plus doux ; mon œil se reportait sur cette mer bleue et calme que je dominais, sur cette forêt de verdure qui m'entourait, et j'écoutais Goa qui me racontait en riant une histoire vraie, mais étrange dans sa bouche :

« Mon frère Païama, disait-il, était chef de Balade quand les Français vinrent y planter leur drapeau en 1853 ; il n'aimait pas les Français, lui, et aurait voulu leur faire la guerre ; il excitait à la révolte ; les officiers donnèrent l'ordre de le poursuivre, mais il put échapper aux troupes et gagner la montagne. Souvent, pendant la nuit, il descendait jusqu'à son village et venait manger quelques poissons ou de la tortue, dont il était privé au milieu des bois, où il n'avait que des racines, des écorces et quelques fruits coriaces. Un jour je le rencontre ; j'étais l'ami des Français, et, avec l'aide de quelques bons Kanaks, *j'amarre Païama* au tronc d'un cocotier au moyen d'une liane longue et solide ; aussitôt après je vais trouver le chef du poste, M. Villegeorge, et je lui dis :

» Capitaine, *Philippo Païama* est amarré près d'ici.

» Le capitaine prend ses fusils et ses soldats, accourt vers mon frère et le fusille contre l'arbre où je l'avais attaché. Je dis ensuite à tous les Kanaks et en frappant du pied le cadavre de Païama, pour bien leur montrer qu'il était mort :

» Maintenant, c'est moi qui suis le chef! »

Goa ayant ainsi terminé cette histoire, poussa un grand éclat de rire, qui n'éveilla chez moi aucun écho.

Le centre de la Nouvelle-Calédonie est très-montagneux, mais les chaînes principales courent dans le sens de la direction de l'île, pendant que les vallées et les cours d'eau lui sont perpendiculaires. Une seule belle vallée, la plus grande de l'île, fait exception à cette règle; elle paraît prendre naissance derrière les montagnes qui séparent les tribus de Hienguène et de Poëbo, court au nord-ouest, suivant le grand axe de l'île, entre deux rangées de hautes montagnes, pour déboucher à la mer sur les confins sud de la tribu d'Arama. Cette vallée a reçu des Européens le nom de *Diahot*, qui, dans le langage des naturels, signifie simplement grande rivière.

Je m'y rendis de Balade en franchissant la ligne de faîte qui m'en séparait. Du haut de cette chaîne, qui a environ six cents mètres d'élévation, on jouit d'une perspective admirable; on domine cette spacieuse et verdoyante vallée, au milieu de laquelle court un véritable fleuve aux eaux rapides et transparentes. Je recommande cet admirable tableau aux amateurs de la belle nature, car je ne pense pas que dans le monde entier il en existe beaucoup qui lui soient comparables. D'un côté, c'est la mer Pacifique avec ses bancs de coraux qui ondulent à sa surface comme de gigantesques serpents d'argent; de l'autre, c'est cette vallée immense dont les flancs élevés forment des contours moelleux où mille ruisseaux, mille cascades montrent çà et là leurs eaux qui étincellent contrastant avec la sombre masse des antiques forêts environnantes; dans le fond, c'est le fleuve qui court joyeusement au milieu de ces villages indigènes, de leurs immenses plantations, de leurs forêts de cocotiers. Son cours sinueux semble ne pas vouloir abandonner ces lieux, et porte partout l'abondance et la fraîcheur.

Quatre-vingt-dix ans avant moi, l'illustre Cook avait gravi les mêmes sommets et s'écriait devant ce paysage :

« ..... Il n'est pas possible d'imaginer un ensemble plus pittoresque ! »

Depuis que ce grand navigateur admira ce tableau, rien n'en a été changé; aucun colon européen ne s'est établi dans cette vallée fertile, et les indigènes continuent à la cultiver et à en jouir en paix. Je crains bien pour eux cependant qu'il n'en soit pas ainsi longtemps. Il y aurait là des emplacements admirables pour de vastes stations agricoles dont les plantations seraient encore assez bien abritées des vents violents périodiques.

En second lieu, il est permis de penser, d'après la nature des roches qui composent les montagnes qui bordent la vallée de Diahot, que l'on trouvera enfin de l'or dans ses alluvions riches et abondantes. Le jour où ce levier puissant viendra en aide à la colonisation, on la verra subitement sortir de sa stagnation, briser ses entraves et marcher à pas de géant[1].

Le *Diahot* possède à son embouchure un port petit, mais sûr, et les embarcations peuvent le remonter jusqu'à trente milles environ. Les rives de cette belle rivière sont légèrement accidentées et forment des surfaces plus ou moins vastes qui vont se raccorder en pente douce avec les montagnes environnantes. De nombreuses forêts d'arbres élevés et d'essence recherchée pourraient être facilement mises en exploitation, grâce à ces mille cours d'eau rapides qui représentent une force immense.

Malheureusement, pour transporter les produits en Australie, il faudrait aller doubler la pointe nord de l'île, ce qui ferait toujours éprouver des

[1] On vient de découvrir de riches mines d'or dans ces parages.

retards aux navires. Quant à Nouméa, le chef-lieu actuel, il est aussi bien éloigné. Je crois cependant que ces inconvénients sont largement rachetés par l'heureuse situation de cette vallée.

J'étais parti, dans mon exploration du *Diahot*, avec des provisions pour une semaine; dès le premier jour de marche, après avoir traversé des forêts admirables, nous campâmes dans un village indigène, sur les bords mêmes du Diahot. Quatre tribus riches et nombreuses trouvent place le long de ce cours d'eau; elles reçoivent si rarement la visite des Européens, que c'est à peine si la moitié des habitants ont eu l'occasion d'en apercevoir; aussi étions-nous un objet de haute curiosité, et dans nos excursions le long du fleuve nous étions suivis par une foule nombreuse qui ne se lassait pas de nous examiner et de commenter nos moindres mouvements. Si je mettais de côté un échantillon d'une roche nouvelle, aussitôt chacun s'empressait de m'en apporter une semblable, et lorsque je la rejetais on paraissait surpris, car on se demandait, avec raison, quelle particularité occulte pouvait offrir celle que j'avais conservée, puisque, malgré toutes leurs recherches, ils n'y pouvaient voir de différence avec celle que je rejetais. Je ne serais pas éloigné de croire que ce fait et bien d'autres qui restaient entièrement inexplicables pour eux, ne frappât beaucoup l'imagination de ces sauvages et ne leur donnât une haute estime de ma personne; peut-être est-ce à cette circonstance que je dois d'avoir pu parcourir impunément toutes ces tribus, à peu près seul, alors que tant d'Européens, avant moi et après moi, ne trouvèrent qu'une mort terrible dans ces mêmes parages.

J'étais dans cette vallée en plein été (25 février 1864), la chaleur le jour et les moustiques la nuit nous incommodaient beaucoup. Pour comble de malheur, le baromètre se mit à baisser rapidement, pendant que des nuages cuivrés parcouraient le ciel et que des frégates, ces oiseaux à l'aile puissante qui ne se rapprochent des terres qu'au moment des tempêtes, tournoyaient anxieuses au-dessus de nos têtes. Le village dans lequel nous étions n'était composé que de quelques huttes, et nous nous étions installés sous une sorte d'ajoupa, composé exclusivement d'un petit toit incliné jusqu'à terre, mais ouvert de tous côtés : c'était une manière de salon de causerie où les Kanaks se réunissaient pendant le jour. Je fis prendre aussitôt quelques précautions contre le cyclone qui nous menaçait; au moyen de fortes lianes on attacha la toiture au tronc des cocotiers voisins; on boucha avec des herbes les trous que présentait le chaume; les provisions furent placées dans les points les mieux abrités, et nous attendîmes l'orage. Il ne tarda guère, car, à peine avions-nous terminé ces dispositions, que les vents se déchaînèrent sur nous de toutes parts; ce fut un cyclone dans toutes les règles, c'est-à-dire avec son escorte de pluie diluvienne, de vent impétueux et incessant. Notre faible toiture fut bientôt traversée par ces avalanches d'eau, et nous fûmes envahis. Enveloppés dans nos couvertures, cloués sur le sol par la fatigue et le sommeil, nous ne nous décidâmes à nous lever qu'au contact glacé des eaux sur notre corps. Pour protéger nos munitions, nous les avions placées dans nos couvertures; parfois, dans des rafales, il nous semblait que notre frêle toiture allait être emportée : les lianes qui la retenaient se tendaient à rompre; les cocotiers agitaient leurs têtes d'une façon désespérée, et leurs troncs flexibles ployaient et se tordaient; des noix de coco s'échappaient parfois du haut de ces arbres et venaient se briser sur le sol avec fracas. Ces projectiles d'un nouveau genre auraient certainement assommé un homme. A chaque instant encore, c'était le bruit d'arbres ou de branches énormes que la tempête brisait avec un fracas semblable à celui d'une fusillade bien nourrie.

Le jour arriva enfin éclairer la situation. Que de ravages en une seule nuit! les plantations couchées, brisées ou hachées; le sol jonché de branches ou d'arbres renversés! Quant à nous, trempés jusqu'aux os, nos provisions mouillées, nous faisions aussi triste mine que la végétation. Mais sur les huit heures la pluie cessa; j'eus recours, suivant mon habitude homœopathique, à un bain, pour chasser l'*humidité* de la nuit. Après cette ablution, j'avais oublié la fatigue et reconquis toute ma vigueur; pendant que mes hommes se séchaient auprès d'un grand feu, j'allai avec un indigène essayer de tuer quelques-uns des innombrables canards que nous avions vus la veille. Le vent était encore si fort, qu'au moment où nous passions dans les endroits découverts, nous étions obligés de nous courber jusqu'à terre pour n'être pas renversés. Nous arrivâmes ainsi auprès d'une mare, où une troupe nombreuse de canards, abritée par les joncs épais qui couvraient les bords, jouait, pêchait et faisait sa toilette. Je m'avançai en rampant jusqu'à quinze pas de la bande; j'attendis un moment favorable pour faire d'un seul coup le plus de victimes possible, et je fis feu; quatre *colliers verts* restèrent sur la place. J'allais lâcher Soulouque, lorsque, à ma surprise, je vis le reste de la bande, qui n'avait jamais entendu un coup de feu, s'élever de quelques mètres à peine au-dessus des eaux, puis venir se reposer au même point. Un nouveau coup de feu qui en atteignit deux autres les décida à partir, et Soulouque, aussi joyeux que moi, m'eut bientôt apporté le produit de cette chasse heureuse, grâce à laquelle mes hommes ni moi-même ne devions jeûner ce jour-là.

Ce cyclone et les pluies qui le suivirent m'empêchèrent d'utiliser mon temps comme je l'aurais désiré dans cette belle vallée; et, à mon grand regret, je fus obligé de revenir à Balade avant d'avoir pu faire aucune fouille importante. Nous reprîmes donc le chemin du campement central, où je craignais que les effets du cyclone n'eussent été fatals aux provisions que nous avions laissées dans cette tribu.

J'ai dit que nous nous étions installés dans le fort que les Français avaient construit à Balade en 1853 lors de la prise de possession, et qu'ils quittèrent peu de temps après pour s'implanter, comme nous l'avons vu, à Nouméa, à l'autre extrémité de l'île. Malgré l'épaisseur des murailles du fort, nous pûmes constater que le cyclone avait cependant agi sur elles, car elles étaient lézardées en divers points. D'un autre côté, un blockhaus, que l'on avait élevé dans le voisinage, mais un peu au-dessus, avait eu sa lourde toiture déplacée par la violence de la tempête; le toit était venu se placer par côté et pour ainsi dire *sur l'oreille* du fortin, ce qui lui donnait un aspect assez original. Quant aux hommes qui étaient restés pour veiller à nos provisions, ils avaient cru un instant que les murailles du fort allaient s'écrouler, tant les vents, qu'aucun obstacle n'arrêtait sur ces hauteurs, les avaient frappées avec furie.

J'avais terminé mes excursions sur le territoire

de Balade, et je me décidai à les poursuivre plus au nord, jusqu'à l'extrémité même de la Nouvelle-Calédonie. N'ayant pas d'embarcation, *Oundo* voulut bien me prêter une de ses pirogues, sur laquelle j'installai nos provisions, nos ustensiles de cuisine, de campement et de travail, en même temps que trois de mes hommes qui, fatigués de nos dernières excursions, ne pouvaient marcher facilement. — La pirogue n'était pas très-vaste, aussi toute cette cargaison la faisait-elle enfoncer outre mesure dans l'eau; mais comme la mer était des plus calmes et le ciel pur, je ne pensais pas qu'il y eût à craindre un naufrage, et nous nous mimes en route, la pirogue le long du rivage, poussée par de vigoureux indigènes, moi et le reste de ma petite troupe, à pied, sur la grève, cassant les cailloux sur notre passage, étudiant et relevant les bancs de roche que la mer mettait parfaitement à nu sur les rivages.

Pendant ce temps la pirogue s'était un peu éloignée du bord; profitant d'une brise légère et favorable, elle avait hissé sa voile. Je ne voyais point cette manœuvre avec plaisir, car je savais combien cette embarcation était lourdement chargée; les faits devaient malheureusement confirmer ces craintes, car mon fidèle *Poulone* s'écria tout à coup :

« Capitaine, la pirogue a chaviré! »

Il n'y avait pas de temps à perdre pour aller au secours des naufragés, car je savais que l'un de mes hommes, embarqué sur la pirogue, ne connaissait pas la natation et que les autres n'y étaient point habiles; fort heureusement nous trouvâmes bientôt le long du rivage un tronc d'arbre creux muni d'un balancier; c'était l'embarcation primitive par excellence, mais elle pouvait suffire pour opérer le sauvetage. Je m'y jetai avec Poulone, et pagayant vigoureusement tous les deux, nous réussîmes à imprimer un mouvement assez rapide à notre grossière embarcation.

Nous arrivâmes à temps pour embarquer les trois soldats, qui ne s'étaient soutenus sur l'eau qu'avec l'aide de leurs noirs compagnons; ceux-ci non-seulement ne revinrent pas de suite au rivage, mais s'occupèrent à remettre la pirogue à flot. Quant à la cargaison que nous lui avions confiée, vivres, instruments, etc., nous pouvions très-bien les apercevoir sur le fond de la mer, — grâce à la limpidité des eaux, — à une distance de six à huit mètres de la surface. C'était là pour nous une perte irréparable et qui devait mettre fin à mon voyage vers le nord, aussi étais-je profondément chagriné. Cependant je voulus tenter un effort pour reprendre à la mer mes instruments indispensables. A peine eûmes-nous déposé sains et saufs sur le rivage mes compagnons, j'envoyai un exprès au chef de Balade, en le priant de venir avec toute sa tribu pour m'aider dans mon projet.

Je ne comptais pas en vain sur la bonne volonté

de ce chef, car bientôt je le vis arriver au pas de course, suivi de tous ses jeunes gens; il écouta avec une véritable peine l'histoire de notre mésaventure, et je terminai en lui disant :

« Oundo, j'espère que tes jeunes gens pourront retirer du fond de la mer ce qui vient d'y tomber, et que tu te montreras encore une fois un fidèle ami des Français en me rendant ce service.

— Oundo va essayer, » me répondit simplement le chef.

Puis, rassemblant ses gens, qui l'écoutèrent avec des murmures d'approbation et de respect, il leur fit un long discours dans lequel il faisait connaître ma demande. Au moment où le chef terminait sa harangue, tous les auditeurs, poussant à l'unisson des hurlements en signe d'approbation et de bonne volonté, s'élancèrent dans la mer et se dirigèrent à la nage vers le lieu du *sinistre*. Il était curieux de voir ces Océaniens, les plus habiles nageurs du monde, fendant les eaux, semblables à des tritons de bronze; c'est ordinairement entre deux eaux que ces indigènes nagent; ils s'allégent ainsi d'une partie du poids de leur tête : leur vitesse en est beaucoup accélérée et la fatigue est moindre; de temps en temps ils viennent aspirer l'air et secouer leur énorme chevelure humide à la surface; celle-ci même, naturellement huileuse, ne se mouille que très-difficilement et doit conserver dans son épaisseur une certaine quantité d'air qui favorise encore le nageur quand il se meut entre deux eaux. C'est toujours en s'accompagnant de cris joyeux, comme s'il s'agissait d'une partie de plaisir, que ces indigènes exécutent des travaux semblables; le repos est leur état normal, de sorte qu'il est naturel qu'ils considèrent comme une distraction ces rares moments de travail.

Je suivais, dans la petite pirogue qui nous avait servi au sauvetage, cette troupe hurlante, afin de profiter le mieux possible de ce moment de bonne volonté et de l'encourager par ma présence. Arrivé sur le lieu du naufrage, je me mis moi-même à l'eau pour prêcher d'exemple, et le sauvetage commença. La mer descendait rapidement, ce qui était une circonstance favorable, et l'on avait une profondeur d'eau de six à huit mètres, ce qui était peu de chose pour les Kanaks; aussi à chaque instant ils ramenaient quelque objet nouveau qui était reçu par les hurlements de triomphe de toute la troupe. La pirogue était chargée de transporter au rivage toutes ces épaves; mais telle était l'ardeur de ces braves indigènes, que des femmes, des enfants même, qui s'étaient mis de la partie, s'en allaient à la nage jusqu'à terre pour y emporter quelques menus objets.

Les trois carabines de nos hommes, leurs sacs, ma boîte d'essais minéralogiques et mille autres objets précieux furent ainsi retirés de la mer; l'unique *marmite* et la *poêle*, et jusqu'à mes assiettes de fer-blanc, revirent le jour. En un mot, nous n'eûmes à regretter la perte que de menus objets qui n'étaient pas indispensables, bien que dans les circonstances où nous nous trouvions, — à cent lieues des fournisseurs, — l'objet le plus commun, en temps ordinaire, pouvait acquérir une valeur immense.

Ce sauvetage n'avait pas demandé moins de six heures, et pendant ce temps, pour encourager les plongeurs, j'étais resté au milieu d'eux, tantôt nageant, tantôt assis dans la pirogue, mais complétement nu, sous le soleil ardent de la saison d'été; aussi, vers les trois heures du soir, lorsque j'eus fait l'inventaire, constaté avec regret que tout le biscuit était perdu, que nos autres provisions, à part le lard salé, étaient plus ou moins détériorées; lorsque j'eus remercié le chef et ses braves Kanaks, leur promettant une récompense du gouverneur, je cédai à un sommeil de plomb qui me clouait les paupières, et je m'endormis au pied d'un arbre. Deux heures après, mon domestique m'éveilla pour me dire qu'un semblant de repas venait d'être préparé; c'est alors que je m'aperçus que mes forces me trahissaient et que la maladie s'était emparée de moi; je pus à grand'peine me rendre dans une case misérable qui s'élevait non loin de là sur les bords de la mer. Je m'étendis sur un amas d'herbes sèches et me mis à étudier moi-même les symptômes du mal :

Mon pouls battait à rompre, et il me semblait que mon sang parcourait mon corps avec une vitesse vertigineuse, qu'il en faisait le tour en moins d'une seconde; ma tête était en feu, et ma figure, brûlante et rouge, semblait prête à éclater. — C'était un coup de soleil, cas si souvent mortel. Cependant le lendemain ma peau commença à tomber, ce qui est, je crois, l'indice que la mort n'est plus à craindre. A partir de ce moment, les forces me revinrent comme par enchantement, et le surlendemain j'étais debout, préparant le départ pour le nord, qui s'effectua dans la journée. Cette fois, *Oundo* nous donna une plus grande pirogue, et le naufrage n'était plus à craindre. Néanmoins, je me souviens encore des tristes pensées qui m'assaillirent un instant lorsque je me vis si près de la mort, aux antipodes de mon pays et des miens, sur un rivage inconnu, entouré d'indifférents ou de sauvages..... Ce sont les vilains côtés du métier de voyageur; aussi est-il nécessaire que celui-ci possède toujours une philosophie naturelle qui l'empèche de trop ressentir ces tristes impressions; sans cela, il reculerait toujours à la seule pensée qu'il pourrait un jour se trouver dans un cas semblable.

XVI.

Les géophages. — En pirogue. — Arama. — Les missionnaires. — Un cimetière indigène. — La pointe nord de la Nouvelle-Calédonie. — Contre-temps. — Fête d'adieu. — Famine et fatigue. — Un moment d'inquiétude. — Lutte contre la mer.

De Balade à Arama, la bande de terre qui s'étend entre la mer et le pied des montagnes est assez étroite; cependant on y rencontre de temps en temps, à l'embouchure des rivières, des deltas fertiles et couverts de cocotiers. C'est ainsi que se présente le vaste et riche territoire de *Tiari*, dont les confins nord bordent l'embouchure du fleuve Diahot; quoiqu'il soit un peu marécageux, ce point serait bien choisi pour une station agricole; la population indigène, assez nombreuse, pourrait être utilisée; le cocotier abonde, et toutes les vallées qui s'enfoncent dans l'intérieur, cultivées par les indigènes, sont riches et bien abritées.

A Balade et à Tiari, je pus constater que les Néo-Calédoniens mangeaient bien de la terre, ainsi que d'autres voyageurs l'avaient déjà observé; mais ils sont loin d'en ingérer de grandes quantités, ainsi qu'on le disait; il n'y a guère que les femmes qui, dans certains cas de maladie, mangent cette substance; les enfants, par esprit d'imitation, en mangent parfois aussi, mais jamais plus que le volume d'une noisette. Cette terre, qu'ils nomment *payoute*, n'a du reste aucune saveur, et comme, à la manière des stéatites, elle se convertit sous la dent en une poussière douce et tendre, elle n'a rien de désagréable. Cette matière a pour base le silicate de magnésie; le célèbre Vauquelin y avait trouvé des traces de cuivre auxquelles il faudrait peut-être attribuer sa coloration verdâtre. Elle est associée aux micaschistes et stéaschistes de ces parages, ainsi qu'à ces belles roches étincelantes de grenats et de beaux cristaux de mica, que j'ai signalées ici, avec tant d'abondance, les mêmes, sans doute, qui, excitant les esprits de Cook et de ses compagnons, leur avaient fait préjuger que la contrée était riche en minéraux précieux. En tout cas, cette dernière et belle roche, qui se compose d'une agglomération de cristaux de grenats très-brillants, de larges plaquettes d'un mica vert de chrome, de feldspath albite et d'amphibole actinote bleuâtre, attend encore un nom de la science; je ne l'ai trouvée qu'à Balade.

Nous campâmes pendant la nuit dans la tribu de Tiari; le lendemain matin nous montâmes tous dans la pirogue, car il s'agissait de franchir l'embouchure du Diahot. Le temps était très-favorable, une légère brise nous poussait vers le nord. Comme nous traversions le vaste golfe au fond duquel est l'embouchure du *Diahot,* nous nous éloignâmes suffisamment de la terre pour n'être plus que très-imparfaitement abrités, et nous nous trouvâmes complétement alors sous l'influence d'une forte brise et d'une mer qui nous semblait des plus mouvementées. Malgré l'habitude que nous avions de ces voyages et de toute sorte de périls, chacun de nous regardait avec anxiété les côtes de l'île, déjà effacées dans la brume. Quant aux indigènes, pour lesquels une promenade de quelques lieues à la nage n'est pas une grande affaire, ils ne cessaient de pousser des cris et des éclats de rire joyeux chaque fois qu'une lame plus forte *embarquait* et parcourait la surface à fleur d'eau de notre frêle esquif. Aucun de nous n'osait communiquer aux autres ses tristes pensées, mais à la pâleur qui couvrait le visage de mes jeunes soldats, je voyais bien que chacun d'eux se croyait à son dernier jour. Notre naufrage récent à Balade était bien fait, au reste, pour nous donner à réfléchir. Mais il est un Dieu pour les voyageurs, et après une demi-journée de craintes nous débarquâmes heureusement sur le territoire d'Arama, qui comprend la plus grande partie de la presqu'île qui termine au nord la Nouvelle-Calédonie.

Nous sommes dans des parages tout à fait isolés et bien rarement visités par les Européens; cependant nous y trouvons deux braves missionnaires, tout préoccupés de la transformation de leurs brutes catéchumènes en hommes mieux pensants; j'eus de douces pensées en voyant de près ces deux hommes ainsi exilés au milieu de sauvages sans frein, qui se révoltaient à chaque instant contre l'influence morale de ces apôtres du Christ. Quelle abnégation chez ces hommes! tout sous leur humble toit respirait la pauvreté, la simplicité des mœurs et des goûts. Quant à leur église, elle était aussi pauvre que celle des autres missions, mais c'était là au moins, dans la maison de Dieu, que l'on trouvait le peu de luxe que d'autres réservent pour leur propre demeure. Point de ces vastes troupeaux, de ces plantations, de ces usines autour de leurs cases, point de ce servage qui, sous le couvert des bonnes intentions, devient trop souvent, dans ces îles, un sujet d'exploitation du Kanak pour le développement des richesses des missions. Mais nous sommes d'un monde où les institutions les plus respectables, les plus louables, pèchent comme les autres par quelque point; le missionnaire, après avoir conquis une tribu par son abnégation, son dévouement, ses pieux exemples, ne se contente pas d'avoir atteint le but, trop souvent il le dépasse, et ne peut résister au désir d'utiliser, de faire produire ce petit peuple dont il est devenu — plus que le roi, — l'oracle, le sauveur, et qui lui obéit en fanatique.

Le chef d'Arama est un jeune homme grand, bien

fait, intelligent; il n'occupait ce poste que par intérim et jusqu'à la majorité du véritable chef, qui, lui, ne promettait pas devoir être bien remarquable; c'était un jeune garçon de quatorze à quinze ans, déjà très-vigoureux, mais respirant la brutalité et la sauvagerie; les missionnaires l'avaient baptisé du nom de *Fideli.* Il m'accompagnait habituellement dans nos excursions, et sa plus grande joie était que je lui prêtasse un instant mon fusil; il aurait tué toutes les poules du village si je l'eusse laissé faire, au grand déplaisir des indigènes, qui n'osaient pas trop réclamer contre leur brutal chef futur.

Dans le district où je me trouvai, l'île n'a que trois lieues de large, et je pus facilement me rendre sur l'autre rive; mais il me fallut gravir la montagne élevée qui forme l'arête de la presqu'île; elle a une hauteur de six cents mètres environ; de plus, ses parois sont presque à pic; la ligne de faîte est tellement étroite et aiguisée en forme de coin, que l'on ne peut la suivre qu'à grand'peine; et comme, à cette altitude, la brise est assez forte, que les flancs de la montagne sont dégarnis de végétaux, un faux pas ferait rouler le voyageur dans un véritable abîme. Cette chaîne est formée de schistes argileux qui sont relevés presque verticalement; en un certain point de cette ligne de faîte aiguë, ils présentent une aiguille effilée, dont l'aspect a frappé l'imagination des indigènes, car ils en ont fait un lieu de sacrifices et d'offrandes à leurs dieux. C'est tout près de cette colonne, qu'ils nomment *Nindo*, que se trouve le lieu de sépulture; celui-ci est situé, selon l'usage, dans un fourré presque impénétrable, au fond d'une gorge pierreuse, solitaire et d'aspect sauvage. Il est surprenant de voir combien les indigènes sont touchés par les beautés ou les bizarreries de la nature; il semble qu'ils aient pris pour devise que : *la nature seule est admirable*; notre civilisation, dont nous sommes fiers, les laisse ordinairement froids, pendant que les beautés ou les sublimes horreurs de leurs sites sauvages soulèvent leur enthousiasme, en même temps qu'elles éveillent en eux toutes les rêveries de leur nature superstitieuse.

Le hasard conduisit mes pas vers le lieu même de sépulture de leurs ancêtres; lorsque je fus dans son voisinage, mes guides refusèrent d'avancer; craignaient-ils d'attirer sur eux la colère des esprits? Je pénétrai donc seul sous ces arbres élevés, aux branches desquels on suspendait les cadavres enveloppés dans des nattes et des sortes de paniers; des ossements blanchis et fendillés jonchaient le sol; quelques cadavres informes, encore attachés entre ciel et terre, s'agitaient sous l'influence de la brise dans leur enveloppe déjà usée par le temps ou dépecée par le bec robuste des vautours, que l'on voyait planer en grand nombre au-dessus de ce lieu effrayant et solitaire. Je sortis par le côté opposé à celui où j'étais entré dans ce bois, et bientôt je pus voir mes guides silencieux accroupis au sommet d'un rocher; ils attendaient sans doute quelque protestation énergique des ombres de leurs pères contre le téméraire qui venait troubler le silence de leur dernier asile; je les appelai à haute voix, mais ils firent un long détour pour me venir rejoindre et me regardèrent avec leurs grands yeux étonnés comme si j'eusse été un véritable phénomène.

Poussant mes excursions encore plus au nord, nous visitâmes le village d'Oumape, qu'arrose un petit cours d'eau. A partir de ce point, les collines de l'intérieur, élevées de cent cinquante mètres environ et formant l'arête de la grande pointe du nord de l'île, baignent directement leur pied dans la mer. Plus au nord et à l'embouchure d'une autre petite rivière, se montre encore le village d'*Olanc*; c'est à partir de ce point que l'arête montagneuse de l'intérieur commence à disparaître, pour s'en aller enfin mourir à la pointe qui regarde l'îlot *Paangué*. Mais nous ne sommes pas encore à la véritable pointe nord de la Nouvelle-Calédonie, celle-ci est encore un peu à l'ouest.

Arrivé à cette extrémité septentrionale de l'île, nous jouissions d'une vue admirable; derrière nous la grande terre, dont les montagnes brunes se montraient en plans successifs de plus en plus élevés, se perdant enfin dans le sombre brouillard qui les couronne presque toujours; tout autour de nous, du côté du large, des îles dispersées capricieusement au milieu des eaux et des bancs de madrépores; c'était l'archipel Nénéma, la patrie de ces turbulents et fiers insulaires si redoutés et si détestés des tribus que nous venions de parcourir. La plus considérable de ces îles, la *grande Paaba,* n'était séparée de nous que par un simple canal, praticable seulement pour les pirogues, à cause des nombreux récifs qui l'encombrent. La tentation était trop forte, et malgré les réticences de nos guides, l'assurance qu'ils nous donnaient que nous serions mangés par les féroces *Nénémas,* nous lançâmes notre pirogue du côté de ces îles verdoyantes, confiants dans notre expérience de la gent cannibale, dans notre bonne étoile et nos bonnes carabines.

Je raconterai peut-être dans un second volume notre visite aux indigènes de ces îles, en même temps que celles que je fis plus tard dans les autres *dépendances* de la Nouvelle-Calédonie, mais pour le moment ce récit m'entraînerait trop loin, et il est temps que nous reprenions la route du chef-lieu.

Mon retour au village d'Arama se fit sans encombre; là, après avoir visité l'île intéressante de Bualabio, dont on voyait distinctement le profil accentué se dresser au-dessus des eaux, je fis mes préparatifs de départ. Au reste, nous étions à bout de ressources; nos munitions étaient bien près d'être épuisées; je ne tirais plus le gibier qu'à coup sûr, et c'est à peine si dans chaque coup de fusil je mettais plus de dix grains de plomb. Pour comble de malheur, une série de jours pluvieux s'étaient présentés, tous les ruisselets étaient devenus des torrents furieux, et les moindres rivières des fleuves rapides et profonds. On ne pouvait donc songer à retourner à pied; mais, d'un autre côté, en pirogue, nous avions les alizés qui nous barraient la route et une mer tourmentée par les vents et les rafales des derniers jours. Enfin les indigènes d'Arama, auxquels nous n'avions plus rien à donner en échange de vivres, nous laissaient à nos propres ressources, et c'était peu. Aussi lorsque j'annonçai au chef que mes excursions dans sa tribu étaient terminées et que je m'éloignerais le lendemain, je crus apercevoir la joie dans ses yeux, et peu après des mouvements inaccoutumés parmi les naturels. Si calmes et si sédentaires d'habitude, ils allaient, venaient, circulaient de toute part; à chaque instant des cris se faisaient entendre dans les environs; les enfants et les femmes jetaient sur notre campement un œil curieux, comme si quelque chose d'extraordinaire allait s'y passer. Bien que je fusse resté jusqu'alors dans les meilleurs termes avec les gens de cette tribu, j'eus cependant la crainte de quelqu'une de ces perfidies que les sauvages commettent parfois et qu'on leur suppose d'ailleurs si facilement. J'avertis donc mes sept hommes de demeurer à portée de leurs armes et de veiller soigneusement; je n'eus pas besoin de leur expliquer longuement la conduite qu'ils avaient à tenir en cas d'attaque.

Ce fut au milieu de ces dispositions de nos esprits que nous entendîmes redoubler les cris des naturels qui se tenaient dans les cases et dans les fourrés environnants; bientôt ils devinrent de véritables hurlements et se rapprochèrent de plus en plus. Quelques-uns d'entre nous n'étaient pas sans crainte, mais la présence des femmes et des enfants autour de notre camp me rassurait un peu. Enfin nos soupçons parurent bien près de se réaliser, lorsque nous vîmes déboucher du fourré voisin une longue file de Kanaks nus, tatoués, noircis, brandissant avec force leurs lances, leurs haches et leurs redoutables casse-têtes; ils se rapprochaient de plus en plus et se mirent enfin en ligne devant nous; au même instant, deux Kanaks s'assoient sur le gazon en face de cette troupe de guerriers, tenant l'un une flûte, l'autre un bambou creux sur lequel il frappait en mesure. Nous reconnûmes aussitôt la musique des fêtes, et nos craintes s'évanouirent; c'était un *pilou-pilou* que le chef d'Arama nous offrait à l'occasion de notre départ.

Je reparlerai de ces danses néo-calédoniennes,

dans lesquelles tous trépignent en cadence, agitant leurs armes en mesure, pendant qu'un sifflement haletant sort de leurs poitrines. Le principal épisode de cette scène fut une allégorie dans laquelle un des acteurs était orné du *dangat* ou masque calédonien. C'est une tête de bois gigantesque, effroyable, par la bouche de laquelle celui qui la porte dirige ses regards; un amas de cheveux humains forme sur cette tête monstrueuse une énorme perruque, pendant que des poils de barbe longs et touffus sont suspendus à son menton; enfin un filet, semblable à un sac sans fond recouvert de myriades de plumes d'oiseaux de proie, est suspendu circulairement à la partie inférieure de cette tête. C'est dans cette sorte de vêtement que l'acteur s'introduit; il s'avança vers nous, venant des bords de la mer, pour faire allusion à notre arrivée; il dansa longtemps devant ses camarades, qui l'accueillirent avec des cris de joie et scandaient son chant par des hurlements périodiques et des mouvements accentués de leurs zagaies et de leurs casse-têtes.

Après cet exercice, le chef se plaça lui-même en avant de la ligne des danseurs et nous adressa une sorte de mélopée rapide, entrecoupée de courts silences; les Kanaks dansaient toujours et poussaient en chœur, à chaque temps d'arrêt de leur chef, un hurlement à déchirer nos oreilles. Voici quelques-unes des phrases de cette improvisation sauvage,

p. 292.

KANAKS RÉUNIS POUR UN PILOU-PILOU, A BOURAIL

que Poulone, l'œil ardent, comme un chien à l'arrêt, nous traduisit de son mieux :

> Nos amis vont nous quitter...
> Ils vont partir demain sur la grande mer...
> Que les vents leur soient favorables...
> Qu'ils trouvent la mer douce et calme...
> Qu'ils arrivent à bon port...
> Etc., etc...

Pour répondre à l'honneur qu'on nous faisait, mes hommes firent l'escrime à la baïonnette ; on tira quelques pétards composés sur l'heure avec de la poudre de mine, à la grande joie de tout le village. Mais les souhaits de nos amis d'Arama ne devaient point se réaliser ; obligés de pousser à force de bras notre lourde pirogue contre le vent et au milieu d'une mer agitée, nous ne faisions que peu de chemin et au prix de grandes fatigues. Le premier jour, partis à sept heures du matin, il nous fut impossible dans la journée de doubler le golfe du Diahot ; vers minuit, en redoublant d'efforts, nous pûmes atteindre l'île Pâm ; mais il nous fallait encore traverser la ceinture de palétuviers qui, dans ce point, protége la côte sur une largeur de plusieurs centaines de mètres. Nous laissâmes la pirogue amarrée au tronc d'un de ces arbres, et toute ma petite troupe s'aventura sur ces racines, qui s'élevaient du fond vaseux de la mer jusqu'à sa surface. Une semblable entreprise est déjà difficile en plein jour, que l'on juge donc de ce qu'elle devait être au milieu de la nuit! A chaque instant c'étaient des cris de colère et de rage de mes hommes à demi morts de fatigue, de faim et de soif; tantôt leur carabine s'embarrassait dans les branches rigides des mangliers; tantôt le pied leur glissait sur ces racines visqueuses, et l'on s'enfonçait alors jusqu'à la ceinture dans l'eau salée et vaseuse. Il nous fallut plus d'une heure pour parcourir de branche en branche ces deux cents mètres, et nous n'étions pas au bout de nos peines! Enfin nous voilà à terre; mais pas une goutte d'eau pour rafraîchir notre soif impatiente. Un des indigènes cependant partit pour aller dans l'obscurité à la recherche du précieux liquide; pendant ce temps nous faisons un grand feu pour chasser l'engourdissement de nos membres mouillés, en même temps que les moustiques qui remplissent l'air comme un brouillard dans le voisinage de ces marais. Mais c'était l'eau que l'on désirait avec le plus d'ardeur; enfin, au bout d'une bonne demi-heure d'attente, l'indigène revint avec de pleins bidons d'une eau croupie et fétide, qu'il avait trouvée stagnante dans un trou exposé au soleil pendant le jour et au piétinement des porcs sauvages et autres animaux qui, nous le verrons, abondaient dans l'île. Malgré cela, nous fîmes honneur à ce liquide infect et vaseux, et après avoir mangé un morceau d'igname, nous nous endormîmes jusqu'à l'aube.

Aussitôt que le jour parut, j'envoyai mes hommes à la pirogue, gardant seulement Poulone et Soulouque avec moi; je donnai rendez-vous à l'embarcation à la pointe sud-est de l'îlot, car la pirogue devait y passer pour entrer dans le canal qui sépare la grande terre de l'île sur laquelle nous nous trouvions. A peine étions-nous en route, que de nombreuses traces sur le sol nous indiquèrent que l'île était habitée par des porcs, des chèvres sauvages et même des bœufs; j'appris plus tard que ces animaux y avaient été autrefois déposés par les établissements des missions, qui comptaient qu'ils se multiplieraient et seraient un jour d'un bon rapport; mais les indigènes en poursuivant et détruisant autant qu'ils le pouvaient ces animaux, avaient rendu ces espérances vaines. Quant à moi, sans m'inquiéter du propriétaire, je fis comme les Kanaks et me mis bravement en chasse; mais aucun de ces animaux ne vint à portée, et c'est à peine si je pus apercevoir un petit troupeau composé de quelques vaches et d'un taureau; j'essayai de m'approcher avec mille précautions, mais je fus éventé, et toute la bande s'enfuit comme une trombe au travers des hautes herbes et des broussailles. Sur le midi, je regagnai la pirogue les mains vides et harassé; nous reprîmes tous les avirons de l'air de gens qui ont le ventre creux, et grâce au calme de la mer nous étions à Tiari vers le soir; là un Tahitien, installé dans une petite maison à l'européenne, put nous fournir un jeune porc, qui dans un seul repas disparut complétement.

Aussitôt que les indigènes d'Arama eurent mis notre pirogue en sûreté dans le port de Tiari, ils reprirent le chemin de leur tribu; leur tâche était accomplie. J'envoyai donc aussitôt prévenir le chef de Tiari que j'avais besoin de quatre indigènes pour m'aider à continuer ma route; celui-ci me fit répondre que je les aurais le lendemain; mais le soleil était déjà haut sur l'horizon le lendemain matin, et je ne voyais venir personne; nous étions tous dans une grande impatience, car nous avions hâte de revoir Balade, où nous devions trouver du repos et des vivres. Je pris donc le sentier qui conduisait au village du chef et me dirigeai de ce côté; j'étais seul et sans armes, tant la préoccupation d'avoir des aides indigènes m'avait enlevé toute pensée de prudence ou de crainte; après un quart d'heure de marche, j'arrivai auprès de cases bien bâties, abritées par des palissades, suivant la méthode ordinaire, et ombragées par des cocotiers; je pénétrai dans l'enceinte, qui formait une petite cour intérieure où le sol était couvert d'un tapis d'herbe extrêmement fine et douce, semblable au chiendent d'Europe; cette plante recouvre ainsi habituellement le sol aux environs des cases kanaques; elle y forme un gazon très-épais et très-doux. A peine avais-je pénétré dans ce parc que je vis s'avancer vers moi un groupe d'indigènes, que leur visage et leur poitrine noircie, leurs armes, me firent aussitôt reconnaître pour des guerriers, les gardes du corps de Sa Majesté très-probablement; leur visage sinistre et scrutateur n'était pas fait non plus pour me rassurer, et c'est alors seulement que je m'aperçus de ma double imprudence d'être venu seul et sans armes; mais ce n'était pas le moment de reculer ou de se troubler; je m'avançai vers les sauvages et leur demandai où était l'*aliki*, le *teama* (le chef); ils comprirent très-bien ma question, bien qu'ils n'y répondirent que par des phrases qui indiquaient la mauvaise humeur et le mauvais vouloir. Sans m'inquiéter davantage, puisque après tout j'étais alors à la disposition de ces insulaires, je voulus leur bien montrer combien était grande ma confiance; je m'approchai de l'un d'eux, celui dont le regard était le plus farouche, je lui pris sa pipe, qui, suivant l'usage, était suspendue dans le lobe percé de son oreille; je la lui bourrai de bon tabac américain, je la lui mis dans la bouche, comme j'aurais fait à un enfant; puis je lui frappai sur l'épaule d'un air amical, pour lui demander comment il trouvait mon procédé; tout cela fait avec sans gêne et en souriant dérida enfin la physionomie sinistre du guerrier, qui se décida à sourire. Sans m'occuper davantage d'eux, je m'étendis alors sur le gazon, et avisant un jeune homme, je l'appelai et lui ordonnai d'aller me chercher des cocos sur les arbres qui nous ombrageaient; lorsqu'ils comprirent ma demande, tous ces farouches guerriers partirent ensemble d'un bruyant éclat de rire. Pourquoi? sans doute ils s'étonnaient qu'un homme qu'ils avaient en leur pouvoir, dont ils discutaient la mort peut-être, fût assez peu doué de sens commun pour ne penser qu'à boire le lait d'une noix de coco! Cependant ce calme, cette tranquillité les effrayaient aussi; il fallait être bien sûr de soi, invulnérable pour ainsi dire, ou posséder quelque arme cachée mais certaine, pour ne pas s'émouvoir davantage devant eux; ils se croyaient plus terribles et plus effrayants que cela avec leurs longues barbes d'un noir de jais, leurs immenses chevelures laineuses développées en éventail et rougies à la chaux, leur large poitrine herculéenne couverte d'une couche huileuse d'un noir brillant. Quant à moi, je profitai de leurs éclats de rire pour reprendre un air sérieux et redemander le chef sur un ton plus haut et plus impatient; je remarquai que l'on m'écouta avec plus d'attention et qu'un des guerriers, celui-là même dont j'avais bourré la pipe, se détacha de la bande pour aller chercher l'*aliki*. J'avais à peine eu le temps de vider deux ou trois cocos, que je vis apparaître un sauvage de taille moyenne, trapu, dans toute la force de l'âge; à sa physionomie grave et à son air d'assurance, je devinai que c'était là le chef de *Tiari*.

« Aliki », me souffla au reste un insulaire en me le montrant; je me levai aussitôt, m'avançai vers le chef et lui tendis la main; il s'empressa de me donner la sienne, et nous échangeâmes de la sorte un vigoureux shake-hand; je fis alors un long discours en langue de la côte, que mon chef comprenait assez bien; je lui demandai des hommes pour m'aider à continuer ma route; je parlai du gouverneur de Nouméa, et voyant l'impression que ce nom faisait sur sa physionomie malhabile à cacher ses sensations, je le répétai tant et si bien, que mon *aliki* désigna sur l'heure non pas quatre indigènes que je lui demandai, mais dix de ses plus vigoureux jeunes gens.

J'avais réussi au delà de mes espérances; je serrai de nouveau la main du chef et repris avec mon escorte le chemin de notre campement, disant à part moi : « Tout est bien qui finit bien. »

Lorsque mes hommes me virent arriver avec ces dix indigènes athlétiques, le courage leur revint comme par enchantement; nous laissâmes entièrement à nos aides le soin de la pirogue et de ce qu'elle contenait; deux soldats invalides restèrent cependant à bord, pendant qu'accompagné des autres je suivais à pied le rivage, pour ne pas encombrer l'embarcation et gêner la manœuvre.

De Tiari à Balade, le trajet n'était pas commode pour la pirogue; ici le récif protecteur est assez loin de la côte, et dans beaucoup de points la mer brisait directement et avec force contre les rochers de la grève; d'un autre côté, on avait souvent le long du rivage des profondeurs d'eau si grandes que l'on ne pouvait se servir de la perche pour pousser la pirogue, et que, d'autre part, le vent, qui était debout, faisait alors dériver l'embarcation plus vite qu'elle ne pouvait avancer sous l'impulsion des pagaies; enfin, dans ces conditions, les lames menaçaient à chaque instant de lancer la pirogue sur les rochers, où elle se serait brisée en mille éclats en moins de temps qu'il n'en faut pour le dire. C'est dans ces moments difficiles que les indigènes montrent toute leur habileté, leur hardiesse et leur intelligence; c'est, au reste, dans les bois, sur la mer, dans leurs luttes contre les éléments, qu'il faut avoir vu ces peuples pour les connaître et en parler; il ne faut point s'être contenté, — comme le font trop souvent les voyageurs, — d'avoir échangé avec eux quelques paroles dont on saisissait à peine le sens de part et d'autre, alors que les Kanaks étaient nonchalamment étendus sur l'herbe, auprès de leurs cases à l'ombre de leurs grands arbres, humant avec délices la fraîche brise qui leur vient de la mer.

Dans ces parages difficiles où la mer se brisait

furieuse contre les falaises, où ses lames s'élevaient immenses et s'élançaient brutalement contre les rochers, nos indigènes se jetaient à la mer, s'attachaient aux flancs de la pirogue, et nageant de toute leur force, poussaient en avant cette lourde machine; parfois leurs efforts ne suffisaient pas à maintenir l'embarcation au large; une vague puissante s'en emparait, l'emportait avec elle et la conduisait à toute vitesse sur les rochers..... Attentifs sur la falaise, dominant cette lutte terrible, nous pensions que tout était fini; mais, aussi prompts que la vague elle-même, nos indigènes s'arc-boutaient de la tête contre les flancs de la pirogue qui allaient toucher les écueils, leur corps était horizontal, et aussitôt que leurs pieds sentaient les parois des rochers, ils réagissaient comme un ressort; la pirogue était ainsi arrêtée dans sa marche; puis, sous une vigoureuse impulsion des indigènes, qui avaient ainsi un solide point d'appui, l'embarcation était ramenée au large, et on continuait à la pousser en avant jusqu'à ce que ce mauvais pas fût doublé et que le fond permît de reprendre les perches.

C'est ainsi que nous revînmes dans notre bonne tribu de Balade, où nous retrouvâmes des provisions qui nous permirent de récompenser nos guides d'Arama et de calmer nous-mêmes notre faim.

Le surlendemain, bien reposés de nos fatigues, nous reprîmes le chemin de Poëbo, disant adieu aux chefs Oundo et Goa, que nous ne devions plus revoir, car ils périrent peu de temps après dans une épidémie.

XVII.

Lettres de France. — Soulouque garde-malade. — Orage. — Une fausse mine d'or. — Réveil désagréable. — L'histoire racontée par un sauvage. — Visites de condoléance entre Kanaks. — Un voyage rapide. — Une panique. — Superstition raisonnable. — La traversée d'un fleuve.

Le 14 août 1864 nous étions de retour à Poëbo; des lettres apportées du poste de Houagap par un courrier indigène nous y attendaient; des lettres de France! Quelle joie de lire et relire ces paroles amies d'une famille inquiète, qui vous envoie par-delà les mers ses vœux et ses conseils! Ce morceau de papier noirci, indifférent à tous les autres, s'anime pour vous; il prend la forme, la voix de l'être cher qui l'a écrit, et il semble que c'est lui-même qui vous parle et qu'il est près de vous.

Jusqu'à ce moment, j'avais été exempt de certains maux que mes hommes avaient tous endurés les uns après les autres, et qui ont l'habitude d'assaillir les nouveaux venus dans ce pays. A la suite de nos marches forcées dans les eaux, les marais, les sables et les broussailles, les pieds s'écorchent çà et là; les plaies qui en résultent ne seraient rien chez nous; mais ici, sous l'influence de la chaleur humide, elles peuvent acquérir une certaine gravité, d'autant plus que les moustiques se chargent, malgré toutes les précautions, d'envenimer encore le mal; un repos absolu et de plusieurs jours est alors nécessaire; mais je ne pouvais me résigner à l'inaction, et, en dépit de mes blessures, chaque matin je reprenais mon marteau et ma boussole pour courir à quelque excursion nouvelle. Un jour cependant, au moment où je me dressais sur mes pieds, je sentis une telle douleur que je fus obligé de m'asseoir; ce fut quelques jours après mon arrivée à Poëbo que cela arriva, et je dus, à partir de ce moment, rester étendu dans ma cabine; ce n'est que quinze jours plus tard que je pus recouvrer l'usage de mes jambes. Soulouque s'était installé près de moi et veillait avec la plus grande vigilance; si, par hasard, soit de nuit soit de jour, quelque indigène venait rôder autour de la case, j'étais aussitôt prévenu par les aboiements de mon chien, d'autant plus accentués que les indigènes étaient plus voisins ou plus nombreux. Soulouque remplissait encore un autre rôle; chaque fois que j'avais passé de l'eau fraîche sur mes blessures, avec une sollicitude et une attention intelligentes, il s'empressait de lécher mes plaies, passant légèrement sur les points les plus douloureux. Que l'on me pardonne ces détails, mais ils montrent une fois de plus tous les services que l'on peut attendre du chien; je suis persuadé qu'il contribua ainsi à ma rapide guérison.

Le soir même de notre arrivée à Poëbo, nous y fûmes assaillis par un orage d'une violence extrême; c'est la seule fois en trois années de séjour dans cette île que j'aie entendu le tonnerre, mais dans cette circonstance il se dédommagea. L'horizon s'était couvert d'abord de noires vapeurs, qu'illuminaient à chaque instant d'éblouissants éclairs, dont les uns embrasaient tout l'espace, pendant que d'autres se tordaient comme des serpents de flamme. Cependant l'atmosphère qui pesait sur nous était immobile et étouffante, et l'on entendait dans la direction de l'orage, pendant les rares intervalles des éclats de la foudre, un autre bruit crépitant, analogue à celui que produit la chute d'une cascade sur des rochers. Tout à coup d'immenses nappes d'eau descendirent des nues, tout illuminées de la lueur des éclairs qui ne cessaient de les traverser. Le fracas du tonnerre était si violent quelquefois, que le sol lui-même paraissait trembler; mon malheureux chien effrayé tournait autour de moi en poussant sans relâche des gémissements sourds et plaintifs, d'un effet lugubre au milieu de cette scène de désolation. Mes hommes, si bruyants et si gais d'ordinaire en face des plus grands dangers, ne trouvaient pas le plus petit mot pour rire;

aucun d'eux n'aurait osé hasarder une plaisanterie en face d'un aussi grand spectacle. Devant la voix formidable des éléments, la voix de l'homme se taisait, car jamais on ne sent mieux son néant et sa faiblesse que dans ces moments de convulsion que dominent les majestueux éclats de la foudre.

Au commencement de mai, je quittai la tribu de Poëbo pour me rendre au poste de Houagap, où j'aurais plus facilement occasion de trouver un bâtiment pour revenir à Nouméa mettre en ordre mes nombreux échantillons et mes notes; d'un autre côté, j'allais parcourir un territoire qu'aucun Européen n'avait encore franchi : nous trouvâmes un caboteur qui voulut bien se charger de porter à Houagap nos échantillons et nos instruments, et nous nous mîmes en route le long du rivage.

La *route* est très-fatigante; on marche sur le rivage au milieu des sables; on a fréquemment à franchir des rochers abruptes qui s'avancent en pointe dans la mer et sont parfois tellement à pic que l'on ne peut les gravir qu'en se hissant à force de bras le long de grosses lianes préparées par les indigènes. Dans toutes ces circonstances nos guides kanaks montrèrent un zèle et une adresse presque incroyables. Nous rencontrions des villages de distance en distance; leurs habitants regardaient d'un œil curieux notre petite troupe et nous suivaient parfois une partie de la journée. Le soir, nous préférions camper en plein air que dans ces villages, dont les habitants, tout à fait étrangers aux Européens, nous inspiraient peu de confiance; c'est, au reste, dans les parages que nous traversâmes que dernièrement six soldats, qui avaient été chargés par le gouvernement de couper quelques arbres dans une des vastes forêts que nous admirions, furent subitement attaqués et massacrés par les indigènes.

Nous devions traverser tout le vaste territoire de Hienguène, et le premier village que nous y rencontrâmes était celui de Panié, situé à cinq ou six heures de marche de la résidence du chef Bouarate. Je restai un jour dans cette petite tribu, car j'avais appris certains faits relatifs à cette contrée et je tenais à les éclaircir.

Un ex-officier de notre marine, M. Bérard, dont je raconterai probablement dans un autre volume la fin tragique, n'avait donné sa démission que pour s'établir colon dans cette île; il y avait entrepris des explorations, et celles-ci conduisirent un jour son petit bateau caboteur dans le village où nous nous trouvions; il y avait découvert, m'avait-on dit, un certain minéral qui devait être bien précieux, car il en avait chargé son petit navire; mais comme c'est peu de temps après qu'il fut assassiné, personne ne put dire ce qu'étaient devenus les minéraux qu'il avait recueillis à *Panié* et que l'on supposait être de l'or.

à cause des précautions prises par l'infortuné Bérard pour tenir l'affaire secrète.

Pour éclaircir cette affaire dès mon arrivée à Panié, je fis venir le chef, qui se présenta bientôt suivi d'une foule d'indigènes. Je lui fis demander par Poulone s'il n'avait pas gardé le souvenir d'un bateau venu il y avait longtemps, et dont le capitaine était allé dans la montagne pour y ramasser des pierres et les transporter à son bord. Pendant que mon fidèle Baladien traduisait mes paroles, j'en suivais l'effet sur la physionomie du chef et j'y lisais qu'il ne se souvenait de rien; mais en tournant mes regards sur les autres auditeurs, j'en distinguai un dont le visage exprimait une forte émotion; au reste, il prit vivement la parole, en montrant du geste la montagne. Par un hasard qui servait bien mon projet, il se trouvait que ce Kanak était précisément le même qui avait guidé M. Bérard dans l'excursion à laquelle je venais de faire allusion; cet indigène ajouta que l'endroit où gisaient ces pierres était peu éloigné, et qu'il se chargeait de nous y conduire sur-le-champ.

Pendant la route, notre guide nous raconta que Bérard avait été si heureux de sa trouvaille, qu'il lui avait fait cadeau de beaucoup de *manos* (étoffes voyantes), de tabac et autres articles européens. Il nous montra même un endroit du sentier, assez mauvais, où Bérard était tombé.

Tous ces récits tenaient en éveil ma curiosité; après avoir côtoyé quelque temps les bords de la mer, nous pénétrâmes dans une gorge profonde où coulait un ruisseau; nous avions suivi ses rives escarpées depuis une demi-heure environ, lorsque notre guide nous avertit que nous étions arrivés. Le pays qui nous entourait offrait l'aspect le plus sauvage et le plus solitaire que l'on puisse imaginer, et je me disais à part moi que si la nature avait un trésor à cacher, elle n'aurait pu choisir un lieu plus secret; mais je fus bien vite désillusionné quand, le guide me montrant le point d'où Bérard avait extrait sa trouvaille, je reconnus que j'étais en face d'un vaste banc de quartz très-pyriteux, intercalé au milieu des micaschistes, qui sont ici la roche dominante. Comme cela arrive souvent, on avait pris pour de l'or les nombreuses pyrites de ce quartz.

Le village de Panié est situé dans une plaine assez vaste et très-fertile; malheureusement il n'y a d'abri que pour les navires de petit tonnage, c'est ce qui a sans doute, jusqu'ici, éloigné les Européens de cette tribu. En tous cas, les indigènes nous reçurent très-bien et nous procurèrent des provisions de toute sorte, qui permirent à nos cuisiniers de nous faire le soir un abondant repas, auquel nous fîmes tous le plus grand honneur. La nuit que nous passâmes dans ce village présenta un incident que je relaterai : le chef m'avait installé dans une grande case placée au centre du village, pendant que mes hommes en avaient une autre située à une distance de cent mètres environ de la mienne ; ce vieux bonhomme avait insisté pour que je fusse logé dans cette hutte neuve, où je devais être plus confortablement, et j'avais sans aucune défiance accédé à sa demande. Soulouque à mes côtés, mon revolver à ma portée, je m'endormis bientôt du sommeil le plus tranquille et le plus profond ; tout à coup je fus éveillé par les aboiements de mon chien, qui se tenait furieux à la porte de ma case ; au même instant les hurlements habituels des Kanaks frappèrent mes oreilles ; je pris mon revolver, je m'avançai à tâtons, car il faisait nuit profonde, vers l'unique, basse et étroite issue de la case, et là, à la lueur de torches fumeuses, je pus apercevoir une troupe nombreuse d'indigènes armés qui dansaient et hurlaient à qui mieux mieux. Était-ce une aubade que l'on avait l'intention de me donner ? Avait-on des intentions moins louables, que les hurlements de mon chien avait dérangées ? En tout cas, je regrettai de m'être ainsi placé aussi loin de mes hommes, bien qu'un seul coup de revolver les eût aussitôt amenés à mon secours. Mais au lieu d'avoir recours à ce moyen extrême, je pris un parti qui devait, me parut-il, tout concilier : j'avais ma petite hachette, qui, ordinairement, ne quittait pas ma ceinture; en un instant j'eus entamé les parois de ma case et pratiqué dans la paille, retenue par des lianes, qui les forment, une ouverture suffisante pour permettre de me glisser dehors, tirant mes armes après moi; pendant ce temps mon chien ne cessait de hurler à la porte; une fois libre, je le sifflai doucement, il obéit à cet appel, et nous nous trouvâmes dans les hautes herbes et les broussailles qui s'étendaient derrière la hutte; quelques minutes après, j'avais rejoint le camp de ma petite troupe, qui, éveillée par les bruyantes clameurs de nos voisins, se préparait déjà à venir se rendre compte de ce qui était advenu ; je plaçai des sentinelles, et bientôt nous reprîmes tous notre sommeil, en dépit des hurlements de toute la tribu, qui continuèrent jusqu'au jour.

Le chef du village vint nous voir au moment où nous préparions notre départ; il ne faisait pas mention de ce qui s'était passé pendant la nuit, mais il semblait regarder d'un air courroucé mon beau Soulouque, qui, encore à moitié assoupi, ouvrait à demi ses paupières et grondait sourdement contre ces visiteurs matineux. Je fis expliquer au chef par Poulone ce qui était arrivé pendant la nuit et ma fuite à travers le mur de la hutte; il feignit d'ignorer tout cela et se mit à rire idiotement. Mais les préparatifs étaient terminés, je donnai le signal du départ; chacun jeta sa carabine sur son épaule, et nous reprîmes à la file indienne les bords de la mer qui nous menaient au sud.

Vers le soir nous arrivions au village principal de Hienguène; j'ai déjà parlé longuement au lecteur de Bouarate, son chef, que j'avais visité lors de mon passage sur *la Calédonienne;* quand il apprit notre présence, il se rendit auprès de nous pour nous offrir ses services.

Ce chef était d'une intelligence supérieure; à son type, il était facile de reconnaître en lui l'origine polynésienne; au reste, il pouvait s'exprimer dans un des dialectes de cette nation si répandue, lorsque, pour la première fois, les missionnaires européens vinrent le visiter; c'est en anglais, qu'il parlait fort bien, que nous conversâmes. Je gardai ce chef à dîner, car je tenais à causer avec lui des événements dont sa tribu avait été le théâtre aux premiers jours de l'occupation française; Bouarate ne demandait pas mieux que de me satisfaire; il me parla d'abord de la grandeur de sa tribu et de sa race à l'époque où pour la première fois des marins anglais vinrent commercer chez lui :

« J'aimais beaucoup ces Anglais, ajouta-t-il, ils me payaient bien et me traitaient en chef; je consentis même un jour à les suivre sur la mer jusqu'à leur grand village de Sydney; c'est là que je compris le mieux notre faiblesse; cependant, et malgré la bonne réception qu'on me faisait partout, je re-

p. 312.

CASE DU CHEF ACTUEL DE HIENGUÈNE

grettai bientôt mon île, et c'est avec joie que je revis nos montagnes et que j'entendis les cris de joie de ma tribu.

C'est alors que votre nation guerrière arriva; je m'en occupai peu d'abord; mais parce que mes jeunes gens avaient tué un Kanak ennemi de Houagap, protégé par les missionnaires, je vis arriver dans mon port un navire immense (*le Styx*); au lieu de fuir, je me rendis à bord, où le capitaine m'avait fait demander : je ne devais pas de longtemps revoir ma tribu, je fus fait prisonnier, transporté au loin à Taïti, et je ne revins que six ans après (en 1858) au milieu des miens, qui me pleuraient déjà.

Mais qu'arriva-t-il pendant ce temps? Mes guerriers méditaient une vengeance; les Français en furent avertis; ils vinrent de nouveau, tirèrent à coups de canon sur mon peuple, qui s'était avancé sur le rivage et regardait curieusement ces étrangers; remplis d'épouvante, mes Kanaks se réfugièrent dans les bois; les soldats, qui étaient débarqués, vinrent encore les y chercher; pendant trois jours vos compatriotes brûlèrent nos cases, détruisirent nos plantations et coupèrent les cocotiers; plusieurs de mes guerriers furent tués; il est vrai qu'on les vengea, car mes jeunes gens eurent la joie de voir tomber sous notre feu quelques-uns de ces envahisseurs; l'un d'eux même était un chef (le capitaine Tricot). Et pendant ce temps, soupira amèrement le vieux Bouarate, j'étais à Taïti, tressant des paniers pour gagner quelques sous, et les soucis de l'éloignement blanchissaient ma tête avant le temps! »

Bouarate était trop au fait de nos coutumes pour ne pas savoir qu'il pouvait me parler avec cette franchise, et il reprit après être resté quelques instants absorbé dans ses tristes réflexions :

« Ce qu'il y a eu de plus curieux dans cette guerre, c'est que trois colons anglais qui vivaient au milieu de nous de leur commerce et de la pêche, furent pris par les Français et fusillés; on m'a même raconté qu'un autre Anglais, le capitaine Padon, auquel j'avais vendu plus d'une cargaison de bois de sandal et qui se trouvait à Nouméa, en apprenant la mort de ses compatriotes, eut une telle frayeur de subir le même sort, qu'il se jeta à la hâte dans une baleinière avec un Kanak et quelques vivres, gagna le large et se réfugia à Sydney [1]. »

[1] Ce fait est historique. Après les événements de Hienguène, Padon eut tellement peur pour lui-même, qu'il se dirigea aussitôt vers Sydney, et parcourut avec un seul Kanak et un bateau non ponté les trois cent soixante lieues marines qui le séparaient de la ville australienne. On considère comme un hasard extraordinaire qu'il ait pu arriver au but de son voyage sans avoir rencontré une des tempêtes si fréquentes dans les régions qu'il traversait, auquel cas il avait les plus grandes chances de périr.

Tel fut le récit de Bouarate. Depuis son retour dans sa tribu, toute idée de vengeance contre nous avait disparu de son esprit; il comprenait que c'était la lutte du pot de terre et du pot de fer, et pour sauvegarder la tranquillité de ses vieux jours, il avait prudemment ordonné à ses sujets de respecter les blancs. Au reste, il se plaisait dans la société des Européens; il les avait étudiés avec plus de perspicacité qu'on ne l'aurait attendu d'un sauvage; il avait appris ainsi à dédaigner les coutumes naïves de ses ancêtres, et considérait un peu comme des brutes tous ses fidèles et dévoués Kanaks.

Nous devions partir le lendemain, mais Bouarate m'ayant dit qu'il y avait ce jour-là une grande cérémonie dans sa tribu, je différai mon départ. C'était une fête commémorative en l'honneur d'un frère de Bouarate, qui avait été longtemps le *chef de la guerre* et était mort déjà depuis longues années; mais il est peu de peuples qui aient le culte des morts à un degré aussi élevé que les Néo-Calédoniens; il est même certain qu'ils honorent davantage les morts que les vivants. Au jour dit, nous vîmes arriver de toute part des députations nombreuses de chacune des tribus amies; assis auprès de Bouarate, mon regard suivait curieusement toutes les scènes de présentation, lorsqu'on vint annoncer les envoyés de la grande tribu des Nénémas. « Cette tribu, me dit Bouarate, est depuis longtemps alliée à la nôtre, ses chefs sont nos parents, et c'est nous qui leur construisons ces grandes pirogues doubles avec lesquelles ils peuvent aller au large sur les récifs pêcher les tortues et affronter la mer. Leurs montagnes manquent de l'arbre kaori dont on fait ces grandes embarcations; mais, en retour, nos jeunes gens trouvent chez eux des épouses. La beauté de leurs jeunes filles est renommée parmi nous. Ils nous donnent encore des sacs garnis de pierres de fronde qu'ils ont rendues aussi aiguës qu'une zagaie et aussi polies que nos miroirs. Ils fabriquent, en outre, des colliers de coquillages ou de pierres, enfin tous ces objets qui servent aux échanges et remplacent votre argent. »

Tout en causant, Bouarate s'était mis en marche pour aller au-devant des visiteurs qui venaient de l'extrémité nord de l'île et dont on voyait sur le bord de la mer l'immense pirogue double qui les avait apportés. Arrivés sur une petite éminence, nous aperçûmes entre nous et la mer une file humaine qui s'avançait lentement et d'une façon régulière; ils suivaient au milieu des hautes herbes toutes les ondulations du sentier. Aucun indigène de la nombreuse suite de Bouarate ne fit mine de s'avancer davantage pour recevoir ces étrangers; ils restaient au contraire silencieux, groupés autour de leur chef et dans la tenue de fête ou de guerre, c'est-à-dire tatoués de frais et tenant dans les mains leurs plus belles armes; auprès de Bouarate étaient son fils et les trois personnages les plus importants de la tribu : les chefs de la parole, de la guerre et de la religion.

« C'est ici le lieu de la réception, » me dit Bouarate.

Certes, une telle salle de réunion était splendide, ombragée par des banians immenses, dont les branches tordues étendaient leur ombre de toute part.

A une faible distance, les Nénémas s'arrêtèrent, se placèrent en rond, et poussèrent trois hurlements qui retentirent jusque dans les profondeurs des montagnes, dont ils éveillèrent les nombreux échos; c'est ainsi que ces sauvages annonçaient leur arrivée. Ils dansèrent ensuite quelques instants à cette même place, pendant que les présents qu'ils comptaient offrir au chef d'Hienguène étaient au milieu d'eux. Enfin ils reprirent tous la file indienne et continuèrent à s'avancer vers le plateau où nous les attendions; arrivés là, ils manœuvrèrent de façon à venir défiler devant la longue ligne formée par les guerriers de Bouarate, en commençant par notre droite. Tous passèrent ainsi devant nous du pas tranquille, léger et silencieux qui caractérise la marche du sauvage; tous étaient nus et avaient la poitrine et le visage noircis; leur main droite était armée d'une longue lance effilée ou d'un casse-tête sculpté bizarrement. Pas un seul de ces guerriers, pendant qu'ils défilaient ainsi, ne détourna un seul instant la tête pour regarder de notre côté, craignant sans doute de montrer une curiosité peu en rapport avec la dignité de leurs fonctions. Je comptai cent cinquante hommes, parmi lesquels plusieurs ne m'étaient point inconnus; je me rappelai de les avoir vus pendant mon voyage au milieu de leur tribu redoutée.

Cette longue file de guerriers était suivie de cinq ou six Kanaks vulgaires, portant à grand'peine une immense tortue et différents autres présents qui furent déposés devant le grand chef Bouarate; quant aux étrangers, ils revinrent bientôt sur leurs pas et se rangèrent sans désordre sur une double ligne, faisant face aux gens de Hienguène. L'orateur des Nénémas sortit alors des rangs, s'avança devant Bouarate, lui fit un long discours; il termina en lui offrant tous ces présents de la part du chef des Nénémas, qui, n'ayant pu venir lui-même, avait envoyé son fils aîné, lequel désirait faire alliance d'amitié avec le fils de Bouarate, futur chef de Hienguène. Ces deux jeunes *princes*, de tribus éloignées mais amies, sortirent alors des rangs et se serrèrent la main; puis, le chef du nord présenta au fils de Bouarate deux bouquets que lui remit un de ses guerriers, pendant qu'un autre indigène de

POSTE FRANÇAIS ACTUEL A HIENGUÈNE

Nénéma offrait encore des bracelets et des colliers de coquillage.

L'orateur de Bouarate prit à son tour la parole pour remercier les braves guerriers de Nénéma de leur visite et de leurs présents; de ces deux bouquets, surtout formés de fleurs allégoriques, l'un était le symbole de la paix, l'autre de l'alliance; celui-ci renfermait un long collier de légers coquillages, découpés avec soin, qui était un chef-d'œuvre de patience; ce n'est pas sans raison que les indigènes y attachent le plus grand prix.

L'orateur de Bouarate fut écouté avec des signes évidents d'approbation, et aussitôt qu'il eut terminé, les danses commencèrent; comme d'habitude, elles furent entremêlées de repas, de discours et de hurlements de douleur, de regret en l'honneur du défunt.

Les Néo-Calédoniens sont très-amateurs des danses et des repas; aussi profitent-ils pour se livrer à leur plaisir favori de toutes les occasions gaies ou tristes qui se présentent; dans les tribus telles qu'Arama, où le chef était jeune, c'était chaque soir des danses qui se prolongeaient très-avant dans la nuit.

Parmi les indigènes qui s'étaient ainsi rendus de toute part à Hienguène, il s'en trouvait qui venaient du sud et qui nous prévinrent qu'un bâtiment était en ce moment dans le port de Houagap. A cette nouvelle, je donnai aussitôt l'ordre du départ, et bien qu'il fût déjà quatre heures du soir, nous nous mîmes en route, tant nous avions tous le désir de retourner dans la vie européenne, dont nous étions privés depuis près de six mois. Bouarate nous prêtait une pirogue sur laquelle s'embarquèrent Poulone et deux soldats fatigués; quant à nous, nous partions à pied, comptant arriver ainsi plus rapidement. Nous serrâmes cordialement la main de Bouarate; peu après nous étions tous en route, et les clameurs des gens de la fête n'arrivaient plus que confusément à notre oreille.

Nous étions dans la saison de la pleine lune, aussi nous pûmes facilement poursuivre notre route avec la seule lueur de cet astre, si brillant dans cet hémisphère. Nous traversâmes ainsi plusieurs cours d'eau et plusieurs villages; le bruit de nos pas éveillait bien les indigènes, mais avec leurs craintes des esprits nocturnes, ils n'osaient pas se déranger, et racontèrent sans doute le lendemain qu'une légion d'âmes, revenues de l'autre monde, avait parcouru leurs villages; il est vrai que les empreintes de nos souliers ferrés dans le sentier sablonneux durent leur indiquer la nature de ces esprits.

Vers les trois heures du matin, nous étions harassés et sentions le besoin de nous reposer; nous entrions précisément dans un village; nous avisâmes une case assez vaste, et nous y pénétrâmes sans plus de façon; selon l'usage, un feu léger brillait au centre de la hutte, et ses habitants dormaient tout autour; jeux du hasard! nous étions précisément dans le dortoir des femmes; ces brunes dormeuses s'éveillèrent en un instant, et, se méprenant sur nos intentions, se mirent à pousser des cris, des sanglots ou des gémissements à fendre l'âme de gens plus malintentionnés que nous; au milieu des ténèbres et de l'agitation de ces dames, les explications étaient impossibles, et pour mettre un terme à cette scène, qui aurait pu nous faire rire si nous n'avions été aussi fatigués, je fis placer tous mes hommes à l'opposé de la porte, laissant ainsi complétement libre l'unique issue de la hutte; ce moyen eut un plein succès : nos dames se précipitèrent en masse au dehors, et se mirent à parcourir le village en poussant de grands cris qui eurent bientôt mis tout le monde sur pied. Dieu sait quels contes elles durent alors faire, car dans leur frayeur et dans l'obscurité je ne crois pas qu'elles aient eu le temps de constater exactement notre nature.

Quant à nous, heureux d'être aussi facilement maîtres de la case, nous postâmes une sentinelle auprès de la porte, et nous nous endormîmes avec cette rapidité et cette profondeur que connaissent seuls les gens pour qui les heures de sommeil sont comptées et qui doivent réparer en peu de temps les fatigues de toute une journée.

Un peu avant le lever du jour, j'éveillai mes

compagnons et nous reprîmes notre marche; les sentinelles avaient bien aperçu quelques sombres silhouettes armées de flèches et de casse-têtes qui rôdaient autour de la case, mais celles-ci se tinrent toujours à bonne distance, tant la terreur de tous était grande; pourtant avec la lumière du jour cette panique aurait cessé, et j'étais bien aise d'éviter toute explication en partant avant l'aube. Nous fûmes suivis pendant quelques instants par des Kanaks qui nous épiaient à travers les éclaircies de la verdure; enfin ils abandonnèrent leur espionnage pour aller sans doute faire leur rapport au reste de la tribu.

Dans une halte que nous fîmes un peu plus tard, nous trouvâmes une famille indigène qui nous donna quelques renseignements; le lieu où nous étions se nommait Coquingone, et l'on y remarquait, sur un grand rocher plat, deux trous qui y étaient creusés; l'un d'eux était vide et l'autre plein d'eau, et l'on nous assura que si l'on vidait avec la main l'eau contenue dans la cuvette pleine, la pluie surviendrait certainement, mais qu'au contraire si on emplissait la cuvette vide, le beau temps serait assuré. Je souriais de cette superstition, lorsque je m'aperçus que, comme bien d'autres, elle avait sa raison d'être, qu'elle était basée sur une expérience pratique; en effet, en regardant de plus près, je vis que la cuvette pleine d'eau n'avait aucune fente, et de plus qu'elle était ombragée par le feuillage d'un vieil arbre rameux, de sorte que l'eau une fois dans la cuvette devait mettre un long temps à s'évaporer; par contre, lorsque la cuvette était vide, en ce pays de courtes sécheresses, la pluie ne devait pas être éloignée. L'autre cuvette, au contraire, exposée au grand soleil, avait dans ses parois et dans le fond de petites fentes par lesquelles il était facile à l'eau de s'infiltrer, de sorte qu'il fallait qu'il plût beaucoup et longtemps pour qu'elle s'emplît; ce cas échéant, pas n'était besoin d'être sorcier pour pronostiquer le retour du beau temps, d'autant plus proche que la durée de la pluie avait été plus anormale.

La famille indigène dont le chef nous donnait ces détails était elle-même en voyage; c'étaient des retardataires de la fête de Hienguène, et j'ai le plaisir d'en offrir au lecteur une reproduction; il verra combien les rôles de l'homme et de la femme sont renversés aux antipodes : l'homme n'a d'autre fardeau que sa hache; quant à sa compagne, elle disparaît à demi sous la charge des provisions de la route ou des cadeaux que l'on destine aux amis que l'on va voir, c'est-à-dire des cannes à sucre, des ignames, du poisson fumé, etc.

Nous saluâmes ces voyageurs, qui disparurent bientôt dans le sentier que nous venions de suivre, et nous reprîmes notre route.

Vers les onze heures du matin nous arrivâmes enfin devant la majestueuse rivière de Ti-houaka; le poste, terme de notre course, n'était éloigné que d'une demi-heure, mais il était sur l'autre rive, et nous n'avions pas la moindre pirogue pour traverser ce grand cours d'eau; c'était un contretemps fâcheux; nous étions fatigués, affamés, et l'ardeur du soleil ajoutait encore à nos peines. Nous remontions depuis quelques instants le rivage en quête d'une pirogue, lorsque j'en aperçus une amarrée sur l'autre rive; c'était déjà beaucoup, mais il fallait l'aller chercher; je tournai mes regards vers mes compagnons en la leur montrant, et je lus bien vite sur leurs figures fatiguées qu'aucun d'eux ne se sentait le courage de nager jusqu'à l'autre bord. Je n'insistai pas, je déposai mon fusil, ma hache, etc., sur le rivage, quittai ma chemise et mon inexpressible, mes guêtres de cuir et mes souliers ferrés (c'était là tout mon costume dans ces voyages), puis je me mis à l'eau; sa fraîcheur sembla me rendre toute ma vigueur, et, malgré la grande vitesse des eaux, je gagnai rapidement du chemin. Pour me préserver des rayons verticaux du soleil, j'avais gardé mon chapeau de paille; lorsque je fus au milieu de la rivière, là où le courant m'emportait avec une si grande rapidité que je voyais la rive fuir devant moi, je m'imaginai que mon chapeau pesait sur ma tête comme un disque de plomb; par un mouvement irréfléchi, je le jetai à l'eau: la réflexion me revint aussitôt, mais il était déjà bien loin, emporté par le courant. Peu après je prenais pied sur l'autre rive. Je n'avais pas retourné une seule fois la tête, et je fus surpris de voir à mes côtés mon domestique, qui, sans me rien dire, s'était mis à l'eau après moi et me suivait.

Bientôt après, grâce à la pirogue, tout mon personnel avait passé la Ti-houaka, qui, en ce point, est un des plus grands et des plus rapides cours d'eau de l'île; je m'ajustai un chapeau grotesque au moyen de larges feuillages, et c'est en cet état que je fis mon entrée au poste de Houagap, où je fus reçu cordialement par son sympathique commandant, M. Charpentier.

Mais, à notre regret, nul bâtiment de guerre n'était en rade; c'était un petit bateau caboteur qui avait été cause de la fausse nouvelle qui nous avait fait revenir si précipitamment.

XVIII

Excursion dans l'intérieur de l'île. — Les indigènes. — Une cascade. — Pilou-pilou, combat et cannibalisme.

Après m'être reposé quelques jours dans ce camp militaire, je recommençai mes excursions dans la direction des montagnes de l'intérieur; j'avais parfois comme compagnon le commandant du poste, mais plus souvent je faisais ces voyages en compagnie du docteur Vieillard, dont j'ai parlé. Naturaliste infatigable, habitant l'île depuis plusieurs années, et d'une grande aménité de caractère, j'avais trouvé là le meilleur compagnon que l'on pût désirer.

Notre première course nous conduisit le long de la belle rivière de Ti-houaka, dont j'ai parlé tout à l'heure. Son cours n'avait pas encore été remonté, car, outre la difficulté naturelle de la route, le sommet de son bassin était habité par une tribu qui ne s'était jamais soumise, et qui, à l'époque des guerres contre la tribu de Houagap, avait servi de refuge aux mécontents ou à ceux dont la tête avait été mise à prix. On avait bien entrepris contre ces indigènes une expédition, seulement elle n'avait été poussée que jusqu'à une faible distance du poste. Ce voyage présentait donc un certain danger; mais le docteur pensait trouver dans les plantes quelques nouvelles espèces, et je tenais, de mon côté, à voir en place des *euphotides* et d'autres roches remarquables, que roulaient à l'état de galets les eaux de la Ti-houaka.

Nous partîmes avec six soldats armés, tous hommes de bonne volonté, entreprenants et rompus à ce genre de course : trois Kanaks nous servaient de guides; Poulone, *mon tayau* de Balade, que j'ai déjà présenté au lecteur, complétait notre petite troupe, bien qu'il fût à peu près convaincu qu'il serait mangé. La pirogue du docteur, si légère que deux hommes pouvaient la transporter au besoin, contenait nos provisions.

La vallée que nous suivions est des plus fertiles; aussi on y rencontre à chaque instant de petits villages, qui sont si bien cachés dans la verdure qu'on pourrait facilement passer à côté sans les voir. Les cocotiers y prospèrent aussi jusqu'à environ quinze à vingt kilomètres de la mer. Avant d'atteindre cette limite, la rivière est déjà devenue bien torrentueuse, et il a fallu, pour franchir certains rapides, transporter à dos d'homme notre pirogue et son chargement. Mais, grâce au naturel curieux et obligeant des indigènes, notre troupe s'est grossie en chemin de quatre ou cinq jeunes gens, toujours disposés à nous prêter main-forte dans les mauvais passages.

A vingt-cinq kilomètres environ, la rivière se bifurque; nous suivîmes le bras principal, celui de l'ouest, qui nous amena bientôt au village de Poimbey. Nous venions de quitter le territoire de la tribu de Houagap, et nous étions en pays insoumis.

Tout à fait imprévue, notre entrée dans le village produisit l'effet d'un coup de théâtre. Un très-petit nombre d'habitants avaient été à même de voir des blancs; aussi, croyant à une surprise et à une attaque, les femmes disparurent toutes avec une promptitude extraordinaire dans l'épaisse broussaille ou dans les hautes herbes, emportant leurs enfants avec elles. Quant aux hommes, quoique bien certainement leur cœur battît d'émotion, pas un d'eux ne fit un geste témoignant de la moindre crainte. Ils se levèrent en silence, afin d'être prêts à bondir derrière un abri que leur coup d'œil rapide avait déjà choisi; mais en voyant notre petit nombre et nos allures pacifiques, ils reprirent leur première position et acceptèrent gravement, ou avec un sourire ironique, les bonjours que nous leur adressâmes. Quelques-uns d'entre eux, immobiles et dédaigneux, semblaient être des statues de bronze, n'eût été leur œil noir et étincelant, qui suivait nos moindres gestes et n'indiquait ni confiance ni bonne volonté à notre égard.

Il était tard, nous avions faim, et, suivant les us et coutumes des voyageurs, sans plus nous occuper de nos hôtes, nos gens procédèrent à l'établissement du campement et à la confection du dîner; puis un exprès indigène fut expédié au chef du village pour le mander auprès de nous.

Nos armes étaient en faisceau sous la garde d'une sentinelle; nos revolvers, du reste, ne quittaient pas notre ceinture; le docteur classait ses découvertes; Poulone, toujours taciturne, sa hachette à la main, appuyé contre un cocotier, ne perdait pas un geste de ces hommes dont il ne parlait pas le dialecte, et dans lesquels par conséquent il voyait des ennemis; car dans cette île, qui semble avoir reçu plusieurs émigrations successives, bien que le fond de la langue soit commun à toute la population, les dialectes surabondent, la prononciation varie, et les alliances ne se nouent guère qu'entre les tribus qui peuvent se comprendre.

Mon chien Soulouque avait disparu depuis quelques instants, et j'allais l'appeler, lorsque je le vis revenir en grande hâte, bondissant au-dessus des hautes herbes, dans lesquelles il disparaissait pour reparaître tout entier, grâce à un nouveau bond. Arrivé près de moi, il me regarda fixement avec ses deux grands yeux intelligents, tout en remuant sa longue queue ondoyante, puis faisant deux bonds vers le point d'où il revenait, il tourna la tête; je ne bougeai pas; il revint, et me regarda de nouveau en poussant des gémissements d'impatience. Il avait assez parlé : je me levai, pris mon fusil chargé à plomb, et le suivis.

Les Kanaks, à qui rien n'échappe, avaient tout vu; plusieurs me suivirent en silence; Poulone était cependant entre eux et moi. Soulouque, plein d'ardeur, courait devant, faisant par intervalles de petits temps d'arrêt pour m'attendre. Mais il ralentit soudainement son allure; son corps se mit à ramper dans les herbes comme celui d'une couleuvre : nous étions près de notre but. Je fis signe aux Kanaks étonnés de s'arrêter, et marchai seul dans le plus grand silence derrière mon chien. Au bout de quelques pas, il tomba en arrêt; je suivis la direction de son regard. Nous étions sur un des nombreux méandres de la rivière, où se trouvait une anse évasée et s'étalant au loin; là était installée une troupe nombreuse de canards sauvages : les uns fouillaient de leur bec le sable humide du rivage; d'autres dormaient ou digéraient, gravement assis sur leurs pattes; les plus jeunes nageaient ou faisaient leur toilette sur le cristal de l'eau. Ayant embrassé d'un regard tout cet ensemble, j'épaulai, cherchant des victimes parmi ces paisibles nageurs. Soulouque, dont tout le corps tremblait d'une impatience nerveuse, semblait me dire : *Eh bien!* Je fis feu des deux coups à la fois dans la bande, et une minute après, Soulouque m'apportait quatre beaux et bons canards.

Cet heureux coup eut deux résultats : le premier, de nous assurer un bon dîner; le second, et peut-être le plus important des deux, de montrer à nos hôtes la valeur de nos armes. Je crus deviner qu'ils exagérèrent même la chose dans le récit qu'ils en firent au retour, et qu'ils étaient bien près d'affirmer qu'un fusil qui tuait quatre canards d'un coup avait le pouvoir de tuer tout autant de Kanaks.

Le chef du village de Poimbey, vieillard à longue barbe blanche, arriva accompagné d'une escorte vêtue aussi primitivement que possible. Néanmoins, dans ces montagnes, où le froid est quelquefois assez sensible à la peau nue, les indigènes se confectionnent des manteaux fort curieux : à l'intérieur, c'est une natte parfaitement tressée; mais à l'extérieur, des milliers de bouts de paille, qu'ils ont à dessein laissé dépasser pendant le tressage, forment, en retombant les uns sur les autres, comme une toiture de chaume sur le dos de celui qui porte ce surtout. Ce vêtement de paille garantit tant bien que mal du froid, mais totalement de la pluie. Dans les atlas de Cook et de Dumont d'Urville, on voit de pareils manteaux sur le dos des Néo-Zélandais.

Il s'agissait d'obtenir les bonnes grâces du chef.

Nous lui dîmes, par l'intermédiaire de nos guides, que nous étions des amis, que nous ne venions rien prendre chez lui, mais seulement examiner son territoire. « Soyez les bienvenus », nous répondit le vieillard; puis, se retournant vers ses hommes, il ajouta : « Que l'on apporte aux étrangers des ignames, des taros et des cocos, afin qu'ils voient que nous partageons avec eux et que nous sommes aussi leurs amis. »

Quelques instants après, à la grande satisfaction de Poulone et de nos guides kanaks, un grand amas de vivres indigènes s'élevait au milieu de nous; de notre côté, ne voulant pas être dépassés en générosité, nous invitâmes le vieux chef à dîner, après lui avoir offert du tabac, des pipes et des étoffes. Ces minimes cadeaux déridaient tous ces visages contractés par la défiance; des cris perçants rappelèrent les fugitifs, qui, n'osant pas d'abord s'approcher, montraient seulement leurs figures curieuses à travers les éclaircies de la verdure.

Le visage de ce vieillard, toujours grave, soucieux même, prit dès lors une expression plus confiante; cependant il se trouvait avec ses ennemis les plus détestés, avec ceux qui avaient voulu lui enlever son indépendance, à lui le vieux sauvage, c'est-à-dire le plus libre des hommes et le plus jaloux de sa liberté; mais le repas était bon, et les sauvages eux-mêmes sont gracieux avec ceux qui les traitent.

Chacun de nos ustensiles de table attirait la curiosité de tous; le vieux chef, non moins ignorant que ses sujets de la manière d'utiliser une fourchette ou une serviette, regarda d'abord tranquillement notre manière d'opérer et finit par nous imiter sans trop de maladresse. A la vue d'un morceau de sucre, il hésita à mettre dans sa bouche cette pierre blanche; mais quand il en sentit la douceur et qu'il apprit que c'était tiré de la canne, il parut très-surpris, et après l'avoir émietté en un grand nombre de très-petits fragments, il les distribua aux plus notables de ses sujets. Particularité caractéristique de cette race de sauvages, le Calédonien se refuse toujours à boire de l'eau-de-vie; ce fut à peine si le chef trempa ses lèvres dans celle que nous lui offrîmes.

La grande et forte tribu de laquelle dépend le village de Poimbey, établie au milieu de l'île, était autrefois très-redoutée de ses voisins des deux rives; elle y descendait quelquefois subitement pour faire des razzias, ne revenant que chargée de butin et sans que personne osât la poursuivre dans ses montagnes. Poindi Patchili, chef actuel de cette tribu, est frère d'*Onine*, chef d'Amoa, dont j'ai raconté la fin misérable. Poindi est grand et bien fait, d'une bravoure et d'une agilité extrêmes; sa peau est presque blanche. Il reste toujours dans ses montagnes sauvages, loin des blancs, qu'il hait parce qu'ils ont tué des chefs, ses parents et ses amis, et dont ils ont pris les territoires[1].

Nous avions donc lieu de nous défier; cependant nous passâmes la nuit au milieu des guerriers, au moins malintentionnés, de cette tribu : mais notre audace même, qui domine toujours ces natures naïves, était notre meilleure sauvegarde. Toutefois nous ne dormions que d'un œil, et l'un de nous faisait toujours sentinelle.

La nuit ne fut troublée que par un incident assez comique. J'avais recommandé qu'on m'éveillât à cinq heures du matin; ma montre était suspendue près de ma tête. Au jour naissant, notre sentinelle, un soldat de marine, s'avança le plus doucement possible pour regarder l'heure; mais, si légèrement qu'il marchât, le faible bruissement de la paille sur laquelle j'étais étendu me réveilla, et, prompt comme l'éclair, j'appuyai mon revolver sur la tête du soldat en disant brusquement : « Qui va là? » Je reconnus de suite mon erreur; mais le malheureux était si effrayé qu'il ne songea plus à regarder l'heure, et retourna à son poste sans me répondre.

Au réveil, nous nous mîmes en route en remontant la rivière; un grand nombre d'habitants nous accompagnaient. Au bout d'une heure environ de

[1] Ce chef, dont l'asile avait été dénoncé à l'officier du poste voisin, fut surpris pendant la nuit; on le tua, et sa tête fut portée au poste.

marche, une cascade magnifique se présenta subitement à nous. Au sommet du plateau qu'elle parcourt, la rivière est tout à coup obligée de passer entre deux énormes blocs de rocher; ses eaux roulent écumantes et furieuses jusqu'à l'extrémité de cet étroit défilé, où une colonne de rocher, debout au milieu du rapide, les divise en deux canaux plus étroits encore : là, elles s'engouffrent avec une telle violence qu'elles se pulvérisent en écume et en pluie qui s'élève jusqu'à une hauteur considérable. Au sortir de ce passage, la rivière se précipite, d'une hauteur de douze mètres environ, dans un grand bassin très-profond, dont les parois à pic sont comme ciselées dans le roc. Le calme des eaux au fond du gouffre forme un contraste des plus étranges avec la fureur qui les anime plus haut. Le bruit produit par cette cascade est tel, que jusqu'à une certaine distance on ne peut pas s'entendre parler. Les rochers contre lesquels se brise la rivière sont formés d'un marbre violet et verdâtre qui, poli par un long frottement, ajoute encore par son éclat à la beauté du paysage. Au-dessus de cette cascade, rien de curieux n'attira notre attention. Nous séjournâmes encore quarante-huit heures au milieu des naturels sans relever dans leur conduite le moindre indice d'hostilité, et nous pûmes bientôt regagner Houagap, chargés de précieux spécimen botaniques et géologiques.

Au commencement du mois de juin 1864, le chef de poste de Houagap reçut une nombreuse et solennelle députation de la tribu de Houindo; on venait l'inviter à assister au *pilou-pilou* qui devait être célébré dans cette tribu le 6 juin, à l'occasion de la récolte des ignames, avec toute la pompe requise par les vieilles coutumes : cinq ou six tribus, dont quelques-unes habitaient de l'autre côté de l'île, devaient s'y rendre. Généralement les Kanaks n'aiment guère, dans ce genre de fête, la présence de l'Européen et surtout celle des soldats français ; mais ce qui, dans cette occasion, engageait vivement le chef de cette tribu à inviter les blancs ses voisins, c'est qu'il était en ce moment en guerre avec la tribu de Ponérihouen, tribu insoumise et querelleuse, que nous avions eu nous-mêmes besoin de châtier dans une précédente expédition. Voici quels étaient les causes et l'historique de la querelle :

Une rivière large et profonde sépare les deux tribus; celle de Ponérihouen traversa un jour cette limite, et vint établir des plantations sur le territoire de sa voisine. C'était une usurpation, et les gens de Houindo chassèrent les envahisseurs. De là une guerre permanente, pendant laquelle la tribu de Houindo vint à Houagap demander main-forte à ses nouveaux alliés les Français. Un poste de dix hommes commandés par un sergent fut envoyé, et, avec l'aide des naturels, il établit un petit blockhaus sur le sommet d'une butte dominant la rivière à son embouchure; c'était le lieu choisi par les ennemis pour opérer leurs attaques, que facilitait une barre qui forme là, comme au débouché de tous les cours d'eau néo-calédoniens, un gué presque continu et praticable en tout temps. De plus, à la marée basse, au milieu de la rivière, s'étale un îlot de sable assez large, sur lequel les deux partis venaient tour à tour se défier.

A partir de l'installation du poste français, les attaques continuèrent encore; mais les gens de Ponérihouen n'osèrent plus se hasarder à traverser la rivière pendant le jour. Toutefois ils la passaient quelquefois la nuit, se cachaient dans les bois, et réussissaient à massacrer quelques-uns de leurs adversaires isolés. L'un d'entre eux poussa la hardiesse jusqu'à venir au cœur du village de Houindo enfoncer sa zagaie dans la porte même du chef. Ils possédaient quelques fusils, dont ils se servaient avec une assez grande précision. Toujours à l'affût derrière quelque rocher ou dans le feuillage épais d'un arbre de l'autre rive, ils épiaient le moment où un soldat ou un Kanak s'approchait du bord pour lui envoyer une balle; il est vrai que, d'un autre côté, la supériorité du tir de nos hommes et de nos fusils commençait à refroidir beaucoup l'ardeur de l'ennemi.

Cependant cet état de choses ne pouvait se prolonger, et le commandant du poste de Houagap attendait des ordres et des renforts pour frapper un coup décisif sur cette tribu turbulente. C'est à ce moment qu'eut lieu la grande fête de Houindo. Le lieutenant ni le docteur, retenus par le service, ne purent s'y rendre; quant à moi, je ne pouvais manquer une telle occasion d'assister à un de ces grands *pilou-pilou* dont tout le monde parle, et que si peu d'Européens se sont trouvés à même de voir. Je me mis donc en route avec une escorte de Kanaks de Houagap invités à la fête, et dix soldats bien armés, qu'il était prudent d'avoir avec soi au milieu de la nombreuse réunion d'indigènes dans laquelle nous allions nous trouver.

Houindo est situé au cap Bocage et sur la route de Kanala, à mi-chemin environ de Houagap; il faut, pour s'y rendre, une forte journée de marche pénible au bord de la mer, dans des sables et sur des coraux. A notre arrivée, le chef nous donna une case et des vivres. C'était un homme jeune et bien fait. Il nous parla avec animation de ses ennemis de Ponérihouen; ceux-ci lui avaient fait dire qu'ils profiteraient du *pilou-pilou* pour venir l'attaquer et changer cette fête en jour de deuil. Aussi les sentinelles placées en vigie sur le sommet des montagnes avaient ordre de redoubler de surveillance. Le chef nous montra devant sa case, avec un air d'orgueil, quatre ou cinq crânes qui grimaçaient au bout de longues perches, trophées glorieux des derniers combats; quant au reste des cadavres auxquels ils avaient appartenu, on aurait eu grand'peine à en retrouver quelques os à demi-calcinés par le feu et rongés par les dents avides de ces implacables sauvages.

Le lendemain, je me rendis à sept heures du matin sur le théâtre de la fête; c'était une vaste plaine que dominait un plateau. Au sommet de celui-ci étaient assis les chefs et les vieillards; au bas se tenait la foule, devant laquelle s'élevait un amas considérable d'ignames, fruit de la récolte que nous allions fêter. Trente ou quarante jeunes gens, choisis parmi les plus beaux de la tribu, venaient en prendre chacun une charge, et tous ensemble remontaient au pas de course sur le plateau avec leurs fardeaux qu'ils déposaient aux pieds des chefs; ensuite, toujours courant, ils retournaient au grand tas d'ignames pour en rapporter une nouvelle charge, et ainsi de suite. Dans cette course effrénée, ils étaient suivis par la foule hurlante, qui bondissait autour d'eux en brandissant ses armes.

Tout Européen se fût intéressé à cet étrange spectacle; mais un peintre, un sculpteur n'auraient pu se lasser d'admirer les formes des jeunes acteurs. De plus beaux modèles académiques ont rarement posé dans un atelier.

Le Calédonien a généralement le corps grand et svelte; jamais l'embonpoint de l'Européen ne vient vulgariser ses formes; ses muscles, fondus dans la chair pendant sa jeunesse, ressortent en saillie vigoureuse dans son âge viril. Il est infatigable, alors surtout que le plaisir ou la passion l'anime.

Les ignames apportées sur le plateau étaient divisées en tas inégaux, surmontés de cocos, de poissons, etc., chacun d'eux formait la part réservée à un chef ou à une famille des assistants; personne n'était oublié.

Depuis deux heures environ je regardais cette scène, lorsqu'un long cri aigu et perçant retentit au loin, dominant même le bruit de la fête; aussitôt tout le monde devint immobile, et l'anxiété se peignit sur tous les visages. Ce hurlement lugubre et lointain, c'était le cri de guerre; les gens de Ponérihouen, fidèles à leur promesse, tentaient une attaque, et les sentinelles, du haut des montagnes, signalaient leur approche. Au milieu du silence général, le chef de Houindo prit la parole, et ordonna en peu de mots à ses jeunes gens d'aller au-devant de l'ennemi; tous, agitant leurs armes avec frénésie, se précipitèrent à l'envi vers le point de l'attaque, où, à l'exception des femmes, toute l'assistance les suivit. Curieux d'être témoins de cette lutte, nous nous joignîmes à la foule.

Au bout d'une heure de marche environ, nous étions au bord d'une large et belle rivière qui, nous l'avons dit, servait de limite aux deux tribus ennemies. A ce moment la mer était basse, et sur un large banc de sable asséché au milieu du cours d'eau, une lutte acharnée était déjà engagée entre les deux partis; mais notre arrivée subite décida complétement de son issue. Les Ponérihouens, avertis de notre présence par les clameurs de leurs nombreux compatriotes qui nous apercevaient de la rive opposée, se retirèrent, quoique avec assez de lenteur, devant nos redoutables carabines.

Mon intention n'était certes pas de devenir acteur dans cette lutte, à moins qu'une agression directe ne m'y engageât; pour ne pas la provoquer, je m'écartai du bord de la rivière avec mes hommes, et j'allai me placer sur un rocher élevé, du haut duquel on dominait parfaitement les lieux environnants.

La scène avait quelque chose de vraiment bizarre. Nus ou ceints d'étoffes aux mille couleurs voyantes, les guerriers brandissaient leurs armes tout en bondissant, hurlant, injuriant leurs adversaires. Les vieillards au corps amaigri, dont la main ne pouvait lancer la pierre ou la zagaie, ne restaient pas oisifs pour cela : assis sur les pointes élevées des rochers de la grève, leur voix ne cessait d'animer le courage de leurs jeunes gens et de prodiguer l'insulte à l'ennemi; lorsqu'une pierre aiguë passait en sifflant auprès de leur tête, ils ne daignaient pas s'incliner, mais leur voix plus vibrante, leurs paroles plus rapides redoublaient de sarcasmes. Écoutez, me dit l'interprète, voilà ce qu'ils disent :

« Vous avez raison d'être venus maintenant, c'est une grande fête chez nous, et vous nous manquiez ; mais vous voilà, nos jeunes gens vont vous saisir, et votre chair va compléter notre festin d'aujourd'hui. »

Les gens de Ponérihouen, dont les paroles arrivaient distinctement jusqu'à nous, répliquaient :

« Vous n'êtes que les chiens de ceux qui portent la foudre. Trop lâches pour vous défendre contre nous, vous avez appelé les blancs à votre secours ; dites-leur de s'éloigner, et nous vous verrons fuir comme la poussière qu'emporte le vent. »

A ce reproche un peu mérité, nos alliés ne savaient trop que répondre, lorsqu'un jeune chef, appelant autour de lui ses guerriers, s'élança le premier dans la rivière. En quelques brasses, devançant la petite troupe qui s'était précipitée sur ses pas, il atteignit le banc de sable ; au même moment, un nombre à peu près égal des gens de Ponérihouen abordait aussi. Le banc avait cinquante mètres environ dans sa plus grande largeur ; ces ennemis acharnés étaient donc face à face. Trop près de nos alliés pour craindre notre feu, et surtout celui du sergent et de son détachement qui venait d'arriver, les gens de Ponérihouen avaient recouvré toute leur audace. Chaque parti se composait de trente hommes environ; les deux chefs seuls avaient un léger fusil de chasse à deux coups, qu'ils faisaient tournoyer au-dessus de leur tête comme si c'eût été une plume, et tous poussèrent en même temps leur cri de guerre. A cet instant, le plus profond silence régnait sur les deux rives. Tous les Kanaks attentifs, accroupis sur le rivage, suivaient d'un œil anxieux les moindres détails de l'affaire; les vieillards seuls continuaient leurs psalmodies, mais leur voix était descendue jusqu'à un diapason monotone.

Le combat commença d'abord pa un jet de pierres projetées avec une adresse et une force dont nous n'avons pas d'idée. Ces pierres, appointées des deux bouts, se lancent au moyen de la fronde et sont projetées de but en blanc; leur trajectoire, qu'elles parcourent en sifflant, est presque aussi peu accentuée que celle d'une balle. Prêter l'oreille à ce sifflement est une des grandes affaires du Kanak sur le champ de bataille; toujours sur le *qui-vive*, le corps baissé, son œil de lynx suit tous les mouvements de chacun de ses adversaires, et lorsqu'un projectile arrive sur lui, il lui échappe avec une merveilleuse adresse en bondissant de côté, ou bien en se jetant vivement à terre.

Au bout d'un instant, plusieurs hommes des deux partis avaient déjà reçu de légères blessures qui ne faisaient qu'augmenter leur rage, lorsqu'un de nos alliés, mortellement blessé au front, tomba sur le sable, qu'il étreignait dans les dernières convulsions de l'agonie. Je ne saurais dépeindre les cris de joie de tous les Ponérihouens, non plus que les hurlements de douleur de nos alliés. Tous ceux de ces derniers qui étaient encore sur le rivage se précipitèrent dans la rivière; ceux qui étaient sur le banc de sable s'élancèrent en avant contre les Ponérihouens, qui, sans reculer, soutinrent vaillamment le choc. A quinze pas environ, les combattants s'envoyèrent leurs zagaies [1], qui traversèrent bon nombre de bras et de jambes; mais les blessures de cette sorte sont peu de chose pour ces hommes stoïques, et avec ma bonne lorgnette je pouvais voir que, même lorsqu'ils retiraient de leurs propres mains l'arme de la plaie, l'expression qui se peignait sur leur visage n'était pas celle de la souffrance, mais uniquement celle de la fureur.

Dès le commencement de la lutte, les fusils des deux chefs avaient retenti sans résultat bien sensible; aussi, dédaignant ces inventions de la guerre moderne, généralement peu redoutables entre leurs mains, ils avaient saisi immédiatement leurs armes ordinaires, et l'on voyait le chef de Houindo, à la tête de sa petite troupe, s'élancer en avant, brandissant une longue lance de la main droite, et de la

[1] Lance pointue qu'ils tiennent dans la main, au point précis du centre de gravité, et qu'ils lancent ainsi à une très-grande distance avec une telle adresse qu'ils manquent rarement leur but.

gauche un tomahawk acéré. Il était le but de tous les traits; mais par des bonds et des mouvements de côté exécutés avec une prestesse merveilleuse, il réussissait à éviter cette grêle de projectiles. Sa troupe, un instant hésitante, avait laissé entre elle et lui un intervalle assez grand, et pourtant, devant cet homme isolé, les Ponérihouens se retiraient peu à peu, étonnés de son audace et de son bonheur à éviter leurs traits. C'était, du reste, un jeune homme magnifique, et à le voir ainsi nu, la poitrine et la barbe noircies pour la guerre, tous les muscles en jeu, ne toucher le sol que pour y prendre un point d'appui et rebondir, se tordant et se courbant dans l'air au milieu des traits pleuvant autour de lui, on eût dit un être surhumain. Certes, ce n'était pas l'homme tel que nous le connaissons dans nos villes, pas plus du reste que le cheval de fiacre, empêtré de ses harnais gênants, n'est le cheval sauvage, à la crinière longue, abondante et mobile, au col recourbé et fort comme un arc de bois de fer, aux naseaux ouverts et inquiets, qui bondit comme un ressort et se dresse comme une chèvre de montagne.

Devant ce guerrier, je l'ai dit, tous reculaient; cependant, bien qu'il fût très-près de l'ennemi, il n'avait encore pu lui porter aucun coup, car, pour se servir efficacement de sa lance, il eût fallu qu'il restât une seconde immobile, ce qui eût fatalement amené sa perte. Néanmoins les gens de Ponérihouen quittaient le banc de sable et entraient peu à peu dans l'eau, tout en gardant bonne contenance et ne cessant de raser de la pointe de leurs lances le corps du chef notre ami. A ce moment, poussant le hurlement de guerre, la troupe du rivage de Houindo accosta. Ce fut le signal de la retraite chez les Ponérihouens, et quoique de l'autre bord on vînt à leur secours, ils lâchèrent pied rapidement et plongèrent à demi dans l'eau. Là, ils ne pouvaient plus envoyer facilement leurs lances; c'était ce que le chef de Houindo attendait. Il s'arrêta brusquement, rejeta en arrière son bras armé de la zagaie et ajusta un instant; alors son bras décrivit dans l'air une courbe rapide, et sa lance acérée, atteignant le but, s'enfonça dans la poitrine du chef ennemi, déjà dans l'eau jusqu'à la ceinture, et qui tomba sans jeter un cri. Aussitôt les Houindos s'élancèrent dans la rivière pour s'emparer au moins de son cadavre; mais à ce moment arrivaient les Ponérihouens, qui, eux aussi, se jetèrent à l'eau pour sauver ce trophée. Il y eut pendant quelques instants une mêlée terrible au milieu de ces eaux furieuses; les guerriers s'étreignaient l'un l'autre, se laissant emporter par la rivière, et se noyant plutôt que de lâcher prise. Enfin les gens de Ponérihouen cédèrent, laissant les corps de deux ou trois de leurs camarades entre les mains des vainqueurs hurlant de joie et ivres de vengeance assouvie. Je vis l'un d'eux, presque un vieillard, séparer à coups de hache un bras du cadavre du malheureux chef ennemi, l'agiter au-dessus de sa tête en manière de triomphe, puis arracher avec ses dents un lambeau de cette chair encore palpitante. J'appris depuis que cet homme était le père du jeune guerrier tué au début de la lutte.

De longs hurlements de deuil et de rage répondirent à cet acte de sanglante sauvagerie; ensuite les Ponérihouens s'enfoncèrent dans les broussailles et disparurent à nos regards. Ils allaient pleurer les leurs et méditer de nouvelles vengeances.

C'était un beau jour pour nos alliés; leur joie se traduisait par des hurlements sans fin, l'orgueil du triomphe se lisait dans leurs yeux.

Leur chef s'avança vers nous suivi d'un de ses guerriers, qui portait sur son épaule la jambe d'une des victimes du combat; il lui ordonna de la mettre à nos pieds, et dit :

« Voilà un morceau de ton ennemi et du mien. Il pensait que ses os resteraient dans sa tribu, mais son crâne blanchira au soleil devant nos cases; nos femmes et nos enfants riront en le voyant, et sa chair fournira un bon festin à nos guerriers, qui seront après plus braves et plus forts. Choisis pour toi et les tiens la partie qui te plaira. J'en enverrai aussi au capitaine de Houagap, afin qu'il connaisse notre triomphe. »

J'étais trop habitué aux coutumes des Kanaks pour être très-étonné de ces paroles, car ce n'était pas le premier présent de chair humaine que je voyais envoyer ainsi; dans les postes du nord, les commandants en reçoivent assez souvent. Cependant je ne pus m'empêcher, en refusant celui-ci, d'en exprimer mon dégoût, et j'ajoutai que si le chef et ses guerriers mangeaient le corps des hommes qu'ils avaient tués dans le combat, j'en avertirais le capitaine du poste de Houagap (qu'ils aimaient et craignaient à la fois), et que certainement ils s'attireraient sa colère. Pendant que l'interprète traduisait ma réponse, je lisais sur la physionomie du chef l'étonnement, auquel succéda un air de respect et d'humilité quand il apprit que le capitaine n'approuvait pas que l'on mangeât de la chair humaine.

Déjà toute la troupe des Kanaks avait pris le chemin du village, nous fîmes comme eux. Les événements que je viens de raconter avaient duré environ trois heures; il faisait chaud, et nous avions faim. Arrivés au lieu du *pilou-pilou*, nous trouvâmes que la fête avait repris sa première allure. Le combat qui venait d'avoir lieu, loin de diminuer l'ardeur des naturels, n'avait fait que la surexciter; le seul changement consistait en ce que les femmes et les jeunes filles avaient commencé leurs danses à part. Elles se trouvaient en ce moment à environ deux cents mètres des guerriers, et nous ne perdîmes pas cette occasion de voir de près ce qu'étaient les femmes calédoniennes, qu'on ne fait ordinairement qu'entrevoir. En effet, lorsqu'on surprend une femme *kanaque* dans un sentier, on la voit se glisser subitement dans les hautes herbes et y rester cachée jusqu'à ce qu'on soit passé. Toutefois, lorsqu'on séjourne un certain temps dans un village, cette sauvagerie diminue peu à peu et finit par disparaître entièrement.

Il y avait là quatre ou cinq cents femmes de tout âge. Leur unique vêtement consistait en un *tapa,* sorte de ceinture, habituellement formée des fibres du pandanus, qui retombaient en franges autour d'elles; le seul ornement que la coquetterie eût suggéré aux plus jeunes était une couronne de feuillage, ou bien une fleur voyante placée dans leur chevelure. Quelques-unes avaient des colliers de jade vert, substance non moins estimée parmi les Néo-Calédoniens que parmi leurs voisins de la Nouvelle-Zélande; des bracelets formés en usant le coquillage qu'on nomme *cône* ornaient aussi leurs bras. La plupart s'étaient, en outre, noirci le visage et la poitrine.

Leur danse était simple et peu variée; elles s'étaient réunies en un cercle immense, autour duquel tournait un petit groupe d'entre elles portant de longues branches vertes et fleuries : toutes chantaient en cadence un air monotone et marquaient la mesure par un mouvement du corps, en même temps qu'elles frappaient le sol de leurs pieds et leurs mains l'une contre l'autre.

Il existe ici une différence frappante entre les deux sexes sous le rapport de la beauté, et l'on se demande si l'homme de ce pays n'a pas raison de considérer comme beaucoup au-dessous de lui une semblable compagne, ou si c'est, au contraire, le degré d'avilissement dans lequel vit la femme qui l'enlaidit ainsi. Ce n'est pas que la nature n'accorde à la femme un moment d'éclat, c'est lorsqu'elle devient jeune fille; alors ses formes sont d'une pureté irréprochable, et la douceur de sa peau ferait envie à beaucoup de nos jeunes Européennes. Mais cette fugitive floraison n'a que la durée d'un éclair, et se flétrit bientôt sous la rude part que la vie sauvage fait à la femme : sa peau se ride, les cicatrices dont elle se couvre à la mort du premier parent venu la rendent repoussante; puis la maternité l'achève. Les femmes kanaques sont peu fécondes, soit parce qu'elles nourrissent longtemps leurs enfants, soit par toute autre cause.

La journée s'avançait, le soleil était près de terminer sa course, lorsque le chef nous fit prier de nous rapprocher de la fête pour assister à la distribution des divers tas d'ignames qui venaient enfin d'être terminés. On nous fit monter sur le plateau où tous se trouvaient maintenant, et l'on nous y plaça de telle sorte qu'autour de nous était un espace vide; à notre gauche et en arrière étaient les présents d'ignames; en avant de nous se trouvaient les guerriers assemblés en un groupe nombreux, les chefs et les vieillards étant placés au premier rang.

La cérémonie commença; chaque chef sortait à son tour du groupe, s'avançait de quelques pas et adressait un discours à la foule, qui, à la fin de chaque phrase, répondait par un hurlement général. Quelques ornements distinguaient les chefs des simples guerriers; des plumes d'oiseaux spéciaux ornaient leur tête; enfin ils étaient souvent armés de fusils à deux coups, — le plus grand luxe du Calédonien. — Lorsque le chef était jeune, son discours terminé, il simulait un combat, bondissait au-devant du groupe en faisant vibrer avec force sa zagaie dans ses mains nerveuses, puis tout à coup il la jetait au loin devant lui dans la plaine comme sur un ennemi supposé. Telles étaient les scènes qui se déroulaient devant nos yeux, lorsque soudain un jeune chef étranger bondit hors des rangs, brandit un instant dans ses mains sa zagaie flexible, prononça quelques mots d'une voix retentissante, et au lieu de lancer son trait dans les herbes de la prairie, l'envoya de toute sa force sur un bouquet de cocotiers situé sur le plateau. Quel que fût le but ou la cause de cet acte, exécuté avec la rapidité de l'éclair, il produisit sur les assistants un effet aussi prodigieux qu'instantané. Une clameur immense retentit; le chef même de Houindo, armant son fusil, s'élança d'un seul bond au-devant de l'étranger, l'ajusta... et c'en était fait de lui si un vieillard n'eût relevé l'arme, dont la charge se perdit dans l'air. A partir de ce moment, je ne vis plus rien de la scène, que me cacha aussitôt la foule; la plupart des naturels couraient çà et là comme les habitants d'une fourmilière que le pied d'un voyageur vient de démolir. Il fallait que les paroles et l'acte de l'étranger eussent été bien extraordinaires pour que les Calédoniens, toujours si amis du décorum dans leurs fêtes, fussent ainsi troublés.

Nous attendions avec une certaine anxiété le dénoûment de cette affaire, lorsqu'un Kanak, s'approchant de moi, me dit de la part du chef, notre hôte, que la fête se trouvait terminée, et, m'indiquant en même temps un grand tas d'ignames, de poissons, etc..., il ajouta : « Voilà les présents que le chef offre à toi et à tes hommes. » Après avoir remercié cet émissaire, je voulus l'interroger sur les causes de la querelle, mais je ne pus en tirer que des réponses évasives qui ne m'apprirent absolument rien.

Après la distribution des ignames, les Kanaks font un grand repas qui dure très-longtemps, et, lorsqu'ils sont bien repus, commence la véritable fête; c'est au milieu de la nuit, sans autres lumières que quelques torches que promène çà et là le caprice de l'un d'eux : hommes, femmes, enfants forment une mêlée confuse. Surexcités par la grande abondance de nourriture qu'ils ont absorbée, il se produit alors chez eux une espèce d'ivresse analogue à celle qu'amèneraient chez nous les alcools; ils ne cessent de hurler et de sauter en mesure, frappant l'une contre l'autre des écorces d'arbres recourbées. Le choc de ces écorces produit un son sourd qui se propage au loin et qui, entendu d'une certaine distance, peut se traduire par les syllabes *pilou-pilou*. Beaucoup de naturels, surtout dans le nord, prononcent *pelou-pelou*.

Après les événements bizarres que je viens de raconter, la fête paraissait terminée; et, du reste, ne jugeant pas prudent de séjourner plus longtemps au milieu de cette foule surexcitée, je me retirai avec ma petite troupe dans le campement que nous avions choisi à un kilomètre de là environ. Les présents des indigènes procurèrent à mes hommes un excellent et copieux repas. — Le soleil s'était caché derrière les montagnes, la nuit était obscure et calme, et nous songions au repos, lorsque nous entendîmes de nouveau des hurlements et des bruits de fête qui nous annoncèrent que nos voisins avaient repris le cours de leurs divertissements.

Je voulais explorer le lendemain les environs, et je pris sur-le-champ le parti de retourner vers le théâtre de la solennité pour prendre congé des chefs, leur faire quelques présents et les remercier de leur bonne hospitalité. La fête avait repris son cours. Je demandai à plusieurs Kanaks où était le chef, que je n'apercevais pas au milieu de la foule. Cette question parut embarrasser beaucoup ceux à qui je l'adressais, et, pour ne pas y répondre, ils s'éloignaient rapidement à la faveur de l'obscurité lorsque j'insistais; il y avait évidemment quelque mystère au-dessous de tout cela, je voulus le pénétrer. Un jeune indigène passait en ce moment près de nous, j'ordonnai à mes hommes de l'entourer, et lui fis demander par mon interprète où étaient les chefs. « Je ne sais pas, répondit-il. — Je veux que tu me conduises vers le chef de Houindo, j'ai à lui parler. » Ni mon ton ni mes manières n'admettaient de réplique; il le comprit, et jeta un regard furtif autour de lui. Nous l'entourions; aucune issue n'était laissée à la fuite, et l'allure de mes soldats était aussi peu rassurante que la mienne : « Les chefs mangent, nous dit alors notre *prisonnier*, et je ne puis vous conduire vers eux. — Pourquoi cela? — Le chef, si je le faisais, me briserait le crâne d'un coup de casse-tête, ajouta-t-il. — Eh bien, dis-nous seulement où est la case du chef, et je te laisse aller. » Heureux d'en être quitte à si bon marché, le Kanak n'hésita plus, et nous fit signe de le suivre. Il s'enfonça aussitôt dans les hautes herbes, lentement, en silence, et sondant du regard l'obscurité qui nous environnait, pour s'assurer qu'aucun espion n'était là pour le voir. La chute d'une feuille, le frôlement des ailes d'un oiseau de nuit suffisaient pour le rendre immobile; il écoutait, et reconnaissant bientôt son erreur, il continuait à s'avancer. Enfin, notre guide me mettant la main sur le bras pour attirer mon attention, me dit de sa voix la plus basse : « Derrière ce bouquet de hauts cocotiers, vous trouverez la case du chef. » Il scruta une dernière fois de l'œil les environs; mais personne autre que moi n'avait entendu ses paroles; d'un pas silencieux et rapide, il s'éloigna aussitôt, courbant sa taille au-dessous du niveau des hautes herbes pour échapper aux regards indiscrets.

Que se passait-il donc d'extraordinaire chez le chef de Houindo? Il était évident que ses sujets avaient reçu l'ordre de ne pas venir le troubler, et surtout de nous cacher le lieu de sa retraite. Je croyais deviner la cause de toutes ces précautions, et malgré moi, au milieu de cette nuit sombre, l'oreille frappée à chaque instant par les hurlements de plus de mille sauvages dont les clameurs incessantes nous arrivaient distinctement, la tête pleine des scènes terribles qui se déroulaient sous nos yeux depuis le matin; malgré moi, dis-je, mon cœur battait d'émotion, et je portai la main à ma ceinture pour m'assurer de la présence de mes armes.

Le silencieux Poulone partageait probablement mes idées, car il me dit : « Il n'est pas bon d'aller chez le chef de Houindo, il a vu beaucoup de sang aujourd'hui ; le Kanak qui a vu du sang veut en voir davantage, comme le blanc qui a bu du gin en désire encore d'autre. — Sois sans inquiétude, *mon tayau*, nous sommes onze, et nos balles vont vite. — Oui, mais la nuit est sombre, l'endroit écarté, le Kanak y voit comme le chat, son tomahawk arrive sur la tête avant qu'on ait entrevu la main qui le soulève; puis on dit que ce sont les gens de Ponérihouen qui sont venus. Il vaut mieux, croyez-moi, aller doucement et voir de loin ce qui se passe dans la case du *festin*, puis revenir vite sur nos pas; avant peu, notre absence sera remarquée et le chef averti. » Poulone avait raison ; j'ordonnai donc d'avancer dans le plus profond silence.

L'homme de Balade passa le premier pour nous servir de guide, et nous continuâmes notre route lentement et sans bruit. Au bout de quelques minutes de marche, nous étions près du bouquet de cocotiers derrière lequel devait se trouver la case du chef. « C'est bien ici, murmura Poulone ; voyez cette lueur qui arrive jusqu'à nous en filtrant à travers les interstices du feuillage, c'est celle du feu autour duquel ils doivent se trouver. » Augmentant encore de précautions pour marcher en silence, nous traversâmes le bouquet de cocotiers. La lueur d'un grand feu arrivait de plus en plus jusqu'à nous. Un murmure de voix frappant nos oreilles nous servait de guide; certainement nous n'étions qu'à quelques pas, car on distinguait chaque parole. Un épais rideau de cannes à sucre et de bananiers nous séparait encore; je fis signe aux hommes de s'arrêter un instant, et suivis Poulone, qui glissa comme un serpent de bronze au milieu de cette verte barrière. Tout à coup il devint immobile, et me fit signe de venir près de lui; j'obéis : alors la main de mon fidèle compagnon écarta lentement une grande feuille de bananier, et par une ouverture de quelques centimètres, j'aperçus une scène qui me fit frissonner jusqu'à la moelle de mes os.

Une douzaine d'hommes étaient assis près d'un grand feu; je reconnus les chefs que j'avais vus pendant la journée. Sur de larges feuilles de bananier était placé au milieu d'eux un monceau de viandes fumantes, entourées d'ignames et de taros; la vapeur qui s'élevait de ces aliments, apportée par la brise, arrivait jusque vers nous, et j'aurais désiré pouvoir retenir mon souffle pour ne pas aspirer le fumet d'un aliment aussi révoltant. Je l'avais bien prévu : nos amis se livraient à leurs barbares festins, et sans doute les malheureux Ponérihouens tués dans la journée en faisaient les frais; le trou dans lequel on avait fait cuire leurs membres détachés à coups de hache était là; une joie farouche se peignait sur le visage de tous ces démons; ils mangeaient à deux mains. Ce spectacle était si extraordinaire qu'il me faisait l'effet d'un rêve, et j'étais tenté d'aller à eux pour les toucher et leur parler. Un point surtout attirait toute mon attention. En face de moi, et bien éclairé par la lueur du foyer, se trouvait un vieux chef à la longue barbe blanche, à la poitrine ridée, aux bras déjà étiques. Il ne paraissait pas jouir de l'appétit formidable de ses jeunes compagnons; aussi, au lieu d'un fémur orné d'une épaisse couche de viande, il se contentait de grignoter une tête. Celle-ci était entière, car, conservant le crâne comme trophée, ils ne le brisent jamais; on avait eu cependant le soin de brûler les cheveux. Quant à la barbe, elle n'avait pas encore eu le temps de pousser sur les joues du pauvre défunt, et le vieux démon, s'acharnant sur ce visage, en avait enlevé toutes les parties charnues, le nez et les joues. Restaient les yeux, qui, à demi-ouverts, semblaient être encore en vie; le vieux chef prit un bout de bois pointu et l'enfonça successivement dans les deux prunelles. On aurait pu croire que c'était pour se soustraire à ce regard et finir de *tuer* cette tête vivante; point du tout, c'était tout simplement pour parvenir à vider le crâne et en savourer le contenu. Il retourna plusieurs fois son bois pointu dans cette boîte osseuse, qu'il secoua sur une pierre du foyer pour en faire tomber les parties molles, et cette opération accomplie, il les prenait de sa main maigre comme une griffe et les portait à sa bouche, paraissant très-satisfait de cet aliment. Ce premier moyen ne réussissant pas à extraire entièrement la cervelle, le vieux sauvage expérimenté mit l'arrière de cette tête dans le feu, à l'endroit où il était le plus violent, de façon que par cette chaleur intense la cervelle pût se séparer entièrement de son enveloppe intérieure; ce procédé réussit parfaitement, et en quelques minutes le cannibale fit sortir par les diverses petites ouvertures du crâne le reste de son contenu. A ce moment, j'entendis retentir tout près de mon oreille ce bruit sec que produit une batterie de fusil que l'on arme. J'étais tellement absorbé que je tressaillis comme mû par un ressort; mais je reconnus vite le sergent D..., qui m'accompagnait. Il était près de moi, sa carabine épaulée et visant le vieux tigre; il n'était que temps, je relevai rapidement l'arme, qui ne partit pas, et je fis impérieusement signe au sergent de se retirer. Poulone et moi le suivîmes, et nous retrouvâmes bientôt notre petite troupe, avec laquelle nous revînmes au camp. « Je vous demande pardon, me dit à part le sergent D..., mais c'était plus fort que moi; le sang m'est venu aux yeux quand j'ai vu ces coquins se manger entre eux. — Kanak comme ça, répondit Poulone, lui beaucoup content *kaï-kaï* (manger) ses ennemis. »

XIX.

Retour au chef-lieu.

Quelques jours après mon retour à Houagap, la *Calédonienne* entrait à pleine voile dans le port; jamais je n'avais trouvé la goëlette si fine, si bien taillée, si gracieuse quand elle se soulevait légèrement avec les plus petites ondulations des eaux : c'est qu'elle devait me ramener au chef-lieu, et que je commençais à être saturé de la vie sauvage que je menais depuis six mois. — Cependant nous ne devions pas repartir de suite; outre le ravitaillement du camp, la *Calédonienne* amenait un détachement de troupe chargé de se mettre sous les ordres du commandant du poste, et d'aller avec lui châtier la tribu de Ponérihouen et celle de Mou, qui, nous l'avons vu dans le chapitre précédent, se permettaient des agressions constantes contre nos alliés de Houindo, et nous bravaient chaque jour par quelque acte éclatant de cannibalisme.

Je ne raconterai pas cette expédition, qui, conduite habilement et avec un louable esprit de conciliation, amena la soumission des chefs ennemis; en général, le simple déploiement de nos forces suffit à soumettre les plus rebelles tribus. Ainsi l'on évita les scènes habituelles : la destruction des villages, des vivres, des plantations, la mort sous nos balles de quelques Kanaks; conduite qui soumet sans doute, car, en principe, rien ne réduit mieux que la force brutale, mais qui laisse la haine, la rage, l'espoir et le désir de la vengeance dans le cœur de ceux qui survivent.

A la suite des événements que nous venons de retracer, une paix profonde s'est établie dans cette partie de l'île, et les colons peuvent s'y établir en toute sûreté; ils trouveront dans les Kanaks des alliés et non des ennemis.

Quant à moi, de retour au chef-lieu, et après avoir fait un premier classement des notes et échantillons qui étaient le fruit de mon premier voyage le long de la côte orientale, je n'eus d'autre désir que de recommencer de nouvelles explorations. C'est alors que j'entrepris de remonter la côte occidentale, qui était encore vierge pour la science; je parcourus aussi les îles voisines dépendant de la Nouvelle-Calédonie; enfin je visitai Taïti, la perle du Pacifique. Dans tous ces voyages, j'eus moins de bonheur que dans ceux que je viens de raconter, car j'ai à regretter le massacre de quelques-uns de mes malheureux compagnons par ces féroces sauvages qui jusque-là nous avaient respectés.

Si le lecteur qui a bien voulu me suivre jusqu'ici n'en est point trop fatigué, il retrouvera, j'espère, dans la suite de mes récits, le même amour de la vérité, et voudra bien pardonner ce que peuvent avoir souvent d'exagéré des opinions écloses dans un jeune cerveau.

Post-Scriptum. — Les pages précédentes ne sont autre chose que des notes de voyage coordonnées.

Elles allaient paraître, lorsque éclata la série d'événements malheureux qui ont accablé la France depuis près d'une année. Ce sera là mon excuse auprès du lecteur qui trouverait, peut-être avec raison, que certaines *notes* badines de ce livre ne s'accordent guère avec le crêpe noir qui recouvre en ce moment en France tous les cœurs généreux

J. G.

XX

La Nouvelle-Calédonie en 1900. — Le forçat. — L'agriculture. — Les sauterelles. — L'indigène. — Le transporté. — Les voies de communication. — La géologie et les mines : nickel, cobalt, chrome, charbon. — L'avenir de la colonie.

Je n'ai pas cessé, depuis mon exploration de la Nouvelle-Calédonie, de me tenir au courant de ses progrès : on ne saurait passer trois années à parcourir un pays vierge et intéressant pour la science, comme l'était celui-ci en 1863, sans s'y attacher profondément. Les fatigues, les privations, les dangers d'une part; les efforts intellectuels à la poursuite de la solution des problèmes de la nature, d'autre part, sont des liens non moins solides que, pour un jeune homme, l'enivrement de cette vie indépendante, sous un ciel rayonnant, avec des horizons inconnus et sans fin. J'ai donc grand plaisir aujourd'hui à mettre sous les yeux du lecteur cette courte description historique qui lui permettra de voir comme, en quarante années, un pays sauvage a grandi pour se rapprocher de l'état parfait de civilisation vers lequel tendent aujourd'hui même les parties de notre planète hier encore les plus sauvages. Ici, je dois le reconnaître, les progrès ont été relativement lents, et l'on s'accorde à donner comme cause à ce fait la présence du bagne et des forçats libérés. Nous avions prévu cet événement, ce qui était facile, car, à moins de n'avoir soi-même que peu à perdre et de n'être pas difficile sur le choix des concitoyens, on préfère tout autre lieu d'émigration que celui que peuple une légion de malheureux perdus de crimes et, par suite, bien rarement réhabilitables. Ces hommes du bagne sont doués, pourrait-on dire, des qualités inverses de celles requises dans nos sociétés; par exemple, ils ne se plient à aucun travail, et l'on en a vu plusieurs fois se mutiler, se crever les deux yeux, à la face même de leur gardien, et lui dire froidement ensuite : « A présent, vous ne pourrez me faire travailler. » C'est là un cruel et terrible spectable! un mélange d'énergie forcenée et d'entêtement stupide. Pour conquérir leur liberté, rien ne les arrête, car ils mettent toujours au second plan la considération de la mort quand ils cherchent à fuir. Nous montrons la photographie [1] d'un bateau plat de deux mètres, grossièrement transformé, et sur lequel quatre forçats se lancèrent dans la direction de l'Australie : la mort était inévitable! Le canot fut retrouvé renversé et les quatre hommes furent sans doute la proie des

[1] Gracieusement communiquée par M. le gouverneur Feillet.

BATEAU ORGANISÉ PAR QUATRE TRANSPORTÉS POUR LEUR ÉVASION

requins. Une fois son temps fini, le forçat doit rester dans l'île et s'y suffire; on lui donne alors le titre de libéré et nous en reparlerons.

Les efforts des colons n'ont cessé de se porter sur la mise en valeur des terrains; le bas prix auquel on a pu pendant longtemps acquérir des terres de bonne qualité, admirablement placées par rapport aux cours d'eau et aux ports naturels, si nombreux, n'ont jamais cessé d'exciter l'ambition et les espérances; mais rude a été souvent la leçon de l'expérience, surtout pour des travailleurs presque toujours peu fortunés et qu'un seul échec ruinait pour toujours. Ainsi, la canne à sucre, sur laquelle on avait beaucoup compté, fut cultivée tout d'abord avec d'autant plus d'ardeur qu'un certain nombre d'agriculteurs de l'île Bourbon vinrent à la Nouvelle-Calédonie dans l'espoir de trouver dans son sol encore vierge les richesses en sucre que leur île refusait, après avoir fourni pendant de longues années ces belles récoltes restées légendaires. Dès le début, les espérances de ces planteurs semblèrent devoir se réaliser, mais un fléau inattendu fondit sur l'île : les sauterelles, jusqu'alors négligeables, développèrent leurs désastreuses légions à mesure que les plantations de cannes à sucre se développèrent elles-mêmes. Elles trouvaient dans les herbes hautes et rudes qui couvrent une grande partie de l'île un abri presque inviolable, pendant que, d'autre part, les variétés d'oiseaux qui les déciment dans les autres contrées faisaient ici à peu près défaut. L'homme dut céder en face de ces légions ailées, pluie et nuages vivants. Le découragement fut complet, d'autant plus que la culture du coton, qu'on venait d'introduire, donna bientôt aussi de profonds déboires; car, si l'arbuste pousse bien, son produit est trop souvent avarié par les grandes pluies qui tombent au moment de la récolte, et cela au point que la culture n'est plus rémunératrice.

Le maïs, très employé dans la colonie pour la nourriture des travailleurs indigènes, des chevaux et de la volaille, est toutefois d'une culture limitée aux besoins locaux : nous ne citerons que pour mémoire le blé, l'orge, le sorgho, le sarrasin et l'avoine, qui luttent difficilement contre les importations étrangères. Les cultures auxquelles les colons se sont arrêtés comme se prêtant le mieux au pays sont maintenant celles du café, de la vanille et de l'indigo; la vanille, dont les fleurs femelles ont besoin d'être fécondées, le sont ici par les nombreuses troupes d'abeilles; quant au café, il est d'une qualité supérieure et jusqu'ici exempt des maladies qui attaquent l'arbuste soit au Brésil, soit à Ceylan.

Les forêts n'offrent pas ici au commerce les essences de luxe, mais des bois de charronnage et d'ébénisterie commune, bien suffisants pour les besoins de la colonie, et l'on a dû prendre soin d'arrêter les déboisements inutiles qui ravageaient les forêts.

Les prairies naturelles, dès le début, servirent à élever du bétail en liberté; grâce à l'abondance des eaux, la sécheresse est moins redoutable; mais si les bœufs et les chevaux se développent très bien, le mouton souffre de la présence d'une herbe spéciale dont les piquants nombreux pénètrent sa laine, puis sa chair, et entraînent la mort de l'animal : l'incendie des prairies en temps utile, ou bien le séjour prolongé du gros bétail, arrivent à détruire cette herbe. La maladie désignée sous le nom de la *tique,* malgré de sévères règlements préventifs, fait parfois de grands ravages.

Il y eut naturellement à compter avec les indigènes, premiers occupants; ils se retirèrent sans trop de mauvaise grâce devant les rares colons des premiers jours et se concentrèrent dans les hautes vallées ou dans les plaines marécageuses bordant la mer; mais l'afflux grandissant des colons amena des luttes, des révoltes, partant des massacres de planteurs, qui furent facilement vengés par nos troupes et nous procurèrent, en fin de compte, de nouvelles terres, pendant que le sauvage refoulé, décimé, allait vivre sur les hauteurs, où le froid et la faim l'escortaient. Il semble que ce qui reste de ces Kanaks est moins farouche à présent; ils ne sauraient se plier à notre civilisation, mais ils cherchent à en profiter en se rapprochant de nos établissements, où ils jouissent des miettes de nos tables : de petits cadeaux de vieux vêtements, d'outils hors d'usage, quelques verres de liqueur, maintiennent une bonne harmonie relative; des présents administratifs plus sérieux faits aux chefs, dont les pouvoirs ne cessent pas d'être reconnus par les tribus, facilitent encore les relations; de sorte que, si ces sauvages ne servent pas notre civilisation, ils ne cherchent plus à l'entraver, en attendant que leur race disparaisse entièrement. D'autre part, on a eu le bon esprit de délimiter les terres qu'on leur consacre et même de les munir d'un titre régulier de propriété sur un papier officiel, et dont ces grands enfants ont la naïveté d'être fiers, alors même que, comme corollaire, on les assujettit à un impôt de 15 francs par an et par tête d'homme adulte. Ils payent bien cet impôt, mais souvent c'est le travail des femmes qui permet ce payement, et la colonisation n'a presque rien à attendre du travail effectif du Kanak.

L'administration, qui comptait sur les transportés pour le développement de la colonie, fut bien déçue : ils devaient, en cours de peine, faire des routes, des terrassements, combler des marais; leur nonchalance irrémédiable laissa tout en suspens ; une fois libérés, nantis des terres les meilleures et les mieux situées, ils les laissèrent en friche. Le gouvernement, après de longues années de patience, se décida à reprendre ces terres aux libérés incapables pour en doter les colons qui arrivent dans la colonie avec un petit capital et l'idée de bien faire. Au lieu des vastes concessions accordées au début et qui restent longtemps à peu près inutiles aux mains de leurs propriétaires, on a pris le parti maintenant de morceler la terre, afin qu'on la cultivât mieux et que par quelques produits, tels que le café, qui exige beaucoup de soins et de travaux, mais rapporte beaucoup à l'hectare, un grand nombre de colons pût vivre. Il nous semble que ce système est meilleur et devra aboutir, à la longue, à faire des parties fertiles de l'île de véritables oasis, et l'on pourra être reconnaissant à M. le gouverneur Feillet, qui l'a mis en vigueur.

Depuis quelques années, certains colons ont abandonné les bords de la mer et des fleuves, près de leur embouchure, pour se porter dans les parties montagneuses, élevées, de l'île, où le climat est moins chaud, les moustiques plus rares, mais où la terre est bonne, l'eau abondante, les forêts étendues et les pâturages de bonne qualité. Dans mon second volume[1], je décris le charme et les richesses

[1] V. *l'Océanie*. — Plon-Nourrit et Cie, édit.

de ces sommets que les Kanaks habitaient en nombre, et je comprends l'attrait qu'ils inspirent aux nouvelles familles de colons. C'est le massif de la « Table Unio », à peu près infranchi de mon temps, qui recueille ces émigrants aujourd'hui, et nous pouvons en donner une vue grâce à M. le gouverneur Feillet, qui y fait construire des chemins pour en faciliter l'accès aux colons.

La main-d'œuvre est abondante aujourd'hui, de sorte que la richesse des bras est peu de chose : l'ouvrier blanc se paye à raison de 30 francs par mois, plus la nourriture, pendant que les Kanaks de l'île ou les engagés des Nouvelles-Hébrides ne se payent que 20 francs par mois. Nous donnons la photographie d'un Kanak travailleur des Nouvelles-Hébrides, arrivé pendant notre séjour. On engage aussi des Asiatiques ou des Japonais.

La Nouvelle-Calédonie est maintenant bien reliée au reste du monde et un service postal bimensuel est organisé avec Sydney; de même, un câble télégraphique est jeté entre la colonie et l'Australie. Des courriers postaux circulent régulièrement dans l'île par malle-poste, chevaux ou piétons; enfin, un paquebot fait souvent le service de tour de côte et un réseau télégraphique englobe tous les points notables de la colonie. On parle actuellement de la construction de voies ferrées partant de Nouméa.

p. 370.

ROUTE SUR LES CONTREFORTS
DU PLATEAU UNIA

La géologie et par suite la recherche des mines avaient fait, comme nous l'avons dit, le but principal de notre mission; préparé avant le départ de France par deux années passées comme ingénieur dans les usines des « Aciéries de la marine et des chemins de fer » et par une étude géologique de l'île de Sardaigne, que nous avions mis trois mois à parcourir en 1862, nous pouvons dire aujourd'hui et sans fausse modestie que nous étions à même de nous rendre compte des richesses minérales de la colonie; aussi nos nombreux rapports officiels, appuyés par des échantillons, ne tardèrent pas à établir l'existence des diverses matières minérales, exploitées maintenant, et à pronostiquer leur grand avenir. Nous mettions déjà au premier rang le nickel, le cobalt et le fer chromé. Au sujet du fer chromé, si abondant, je rappellerai un fait amusant : un navire de guerre fut désigné pour apporter en France un chargement de ce minerai, mais, comme aucun spécialiste ne présidait à l'embarquement, on se trompa de gisement et l'on chargea un simple minerai de fer au lieu du fer chromé. Le fait ne fut reconnu qu'en France, mais, au lieu de le donner comme le résultat d'une erreur, assez naturelle, ce fut le découvreur qui passa pour s'être grossièrement trompé et l'on glosa jusqu'à ce que la vérité se fît jour. Inversement, nous avions spécifié dans nos rapports que si les terrains à charbon sont étendus à la Nouvelle-Calédonie, il ne fallait pas attribuer à ce fait une grande importance économique. Ce pessimisme raisonné fit l'objet de vives critiques et nous avions retardé les progrès de la colonie! On fit donc, avec les deniers de l'État ou des particuliers, de nombreux travaux sur ces veines d'un charbon inférieur, alors que les pays voisins d'Australie et de Nouvelle-Zélande, mieux favorisés sous le rapport de l'abondance de la houille, de sa situation au bord de la mer et surtout par la possibilité d'une extraction intensive, pouvaient inonder de charbon à bas prix la colonie, *s'il en eût été besoin*. Nous le répétons de nouveau aujourd'hui : le moment est encore lointain où il sera économique d'extraire le charbon calédonien.

Quant au nickel, malgré mes collections exposées en France, au Palais de l'Industrie, d'une façon permanente, et qui contenaient des minerais provenant de seize endroits différents de l'île; malgré les écrits du géologue Clarke et du minéralogiste Dana; malgré les savants François Tereil, Jannettaz et autres, il fallut, pour qu'on s'occupât de ce minerai nouveau, la crise qui affecta le métal nickel vers 1874 et le rendit un moment introuvable. Les Anglais, manquant de leurs minerais sulfurés ordinaires, furent donc les premiers à demander notre minerai oxydé calédonien, qu'il suffit, peut-on dire, de quelques coups de pioche pour leur livrer en quantité dépassant bientôt les besoins. La spéculation s'en mêlant, des stocks énormes du nouveau minerai se dirigèrent sur l'Europe et s'y accumulèrent invendus. Pour augmenter le désarroi, les industriels anglais affectèrent de considérer ce minerai comme difficile à réduire. Il était impossible de les démentir, car ils avaient toujours eu le bon esprit de tenir secrètes leurs méthodes métallurgiques, et, grâce à cette précaution, ils jouissaient d'un monopole qui les enrichissait. Malgré cette absence complète de données techniques, j'eus — je puis le dire aujourd'hui — le courage de chercher par moi-même un moyen d'extraire le métal de sa gangue, et, chose curieuse, une des premières expériences que je fis fut précisément celle dont les résultats ouvraient les plus grands horizons et classait le métal nickel parmi les métaux les plus utiles, alors que, jusqu'à ce moment, sa nécessité était même discutable. Cette expérience consista à fondre simplement dans des creusets le minerai brut, c'est-à-dire chargé de fer ocreux, en mélange avec du charbon de bois et un « fondant » ; j'obtenais ainsi des boules métalliques ou « culots » qui n'étaient qu'un alliage intime et impur de nickel et de fer. Je m'attendais à voir ces « culots » se briser sur l'enclume sous le choc d'un marteau, ainsi que cela serait arrivé si le mélange eût été soit du fer exempt de nickel, soit du nickel exempt de fer ; à mon profond étonnement, le marteau aplatissait l'alliage, avec peine, il est vrai, mais sans qu'il se produisît de gerçures notables... Ce fut pour moi une révélation que reflètent mes écrits de l'époque. Toutefois, cet enthousiasme n'eut guère d'écho parmi les spécialistes, qui n'accueillirent que très à la longue mes assertions, quand ils ne les combattirent pas *a priori ;* mais les esprits étaient néanmoins préparés, et vers 1890 les aciéries du monde entier se mirent à fabriquer l'acier au nickel. Je me souviens qu'à cette époque, appelé aux États-Unis par des propriétaires de mines de nickel, ils ne purent s'empêcher de me témoigner leur surprise qu'après mes écrits si nets de 1876 sur la supériorité des alliages d'acier et de nickel, aussi bien que d'après les échantillons moulés, forgés ou laminés, que j'avais exposés et qui m'avaient valu les plus hautes récompenses, l'Europe eût attendu de si nombreuses années avant d'appliquer cette invention qui devait révolutionner l'industrie de l'acier.

Qu'on en juge! Les forges avaient mis des siècles de soins et de progrès pour amener l'acier à un maximum de résistance qu'on ne dépassait plus, et il suffisait d'ajouter un peu de nickel à ces mêmes aciers supérieurs pour augmenter tellement leurs diverses qualités de résistance, de flexibilité, de compression et autres, que l'on peut dire qu'un navire de guerre exclusivement construit en fer au

p. 375.

FONDERIE GARNIER POUR FERRO-NICKEL

nickel aurait une valeur de résistance combattive deux fois plus grande, à poids égal, que celle d'un navire semblable en acier supérieur, mais sans nickel. A la suite des expériences au creuset que nous venons de rappeler et des résultats si remarquables obtenus, je n'hésitai pas à conseiller aux industriels de la colonie de construire un fourneau de grande dimension dans le pays même, et je fournis une bonne partie des fonds nécessaires; j'expédiai de Bordeaux (1876), sur deux navires, tous les éléments de cette fonderie, pendant qu'un ingénieur et deux contremaîtres partaient par voie rapide préparer le terrain; de sorte que le 10 décembre 1877, le fourneau était mis en feu et la première coulée de ferro-nickel faite en présence du gouverneur, des officiers et de la population de Nouméa. Grâce à cet effort, l'industrie du nickel devenait française, car, à l'état de minerai, le nickel s'en allait par les navires de commerce anglais, tandis qu'à l'état de lingot brut, le fret perdait son importance, puisque le lingot rendait 70 pour 100 de nickel et n'était pas encombrant, tandis que le minerai de nickel ne renfermait que 10 pour 100 de métal et devait se charger dans des sacs. Nous donnons une vue d'ensemble et une autre de détail de cette première fonderie.

Plus tard, avec la baisse énorme du fret, l'importance de cette usine diminua, mais pas avant qu'elle eût rendu de grands services, permettant à ces mines lointaines de nickel de concurrencer d'abord, puis de détruire, ou à peu près, les anciennes exploitations de Norvège, de Suède et d'Allemagne, d'où l'on tirait alors le nickel.

Je me permettrai même de rappeler qu'un propriétaire de mines de la colonie ne me cacha pas que, sans cette fonderie, lui et ses amis étaient ruinés et obligés de livrer leur stock de minerai aux Anglais au prix du fret; tandis que, grâce à cette fonderie, ils changèrent ce minerai en lingots dont la vente paya tous les frais et leur laissa encore un gros bénéfice.

Aujourd'hui que l'emploi du nickel dans les aciers supérieurs est entré dans la pratique courante des métallurgistes du monde entier, la consommation du nickel a atteint le chiffre de 10 millions de kilos par année, et ce n'est qu'un début. Il est donc important de rechercher si les mines de la Nouvelle-Calédonie peuvent fournir indéfiniment à ces demandes sans cesse croissantes; pour éclairer mieux cette question primordiale, nous demanderons au lecteur la permission de faire ici, en quelques lignes, la géologie de ces gisements de « garnierite ».

Il est vrai que nous avons déjà écrit plusieurs articles sur cette question, que des géologues autorisés ont aussi émis leurs théories; mais, à la

VUE D'ENSEMBLE DE LA FONDERIE DE FERRO-NICKEL

suite de mon dernier voyage d'étude en Australie, j'ai dû un peu modifier mes vues premières sur la genèse de ces minerais calédoniens et m'arrêter à une théorie que tous les faits me semblent confirmer; elle est encore inédite : je suis donc doublement heureux de pouvoir la résumer ici, espérant que le lecteur voudra bien excuser l'aridité de ma thèse eu égard à l'importance de la question.

Le relief de notre colonie est en grande partie formé par des roches qui furent d'abord fondues et se solidifièrent ensuite lentement, pour former diverses zones enchevêtrées les unes dans les autres et variables de composition, quoiqu'elles eussent une origine commune : chacune de ces zones est constituée par des cristaux de composition différente et en nombre plus ou moins grand, disséminés dans une pâte magnésienne plus ou moins abondante. Il y avait les zones de « diorites », formées de cristaux solidement accolés de « feldspath » et d' « amphibole noire », d'aspect métallique; puis les zones « d'euphobides », où l'amphibole, unie encore au feldspath, était verte; puis la « serpentine » massive, se présentant soit en masses vertes compactes, soit en masses chargées de cristaux de « diallage » et de « péridot ». Mais la commune origine de ces roches, si différentes à l'œil, se dénonçait de diverses façons; c'est ainsi que toutes ces zones avaient un élément commun, la « magnésie ». De plus, des cristaux de « fer chromé », de « fer oxydulé », de « manganèse », du « cobalt », voire même du cuivre, se rencontraient encore dans ces roches, mais avec une abondance des plus variables suivant les régions considérées ; enfin, l'oxyde de nickel formait l'une des constantes les plus fidèles de toutes ces roches diverses et n'y dépassait que rarement la teneur de 2 pour 100. — Il serait impossible à l'industrie de tirer économiquement de ces roches primitives anciennes le nickel, le cobalt, le chrome, le fer, puisqu'elles ne renferment ces métaux qu'en faible proportion ; mais la nature y a pourvu : avec le secours, surtout, des eaux plus ou moins minérales qui baignent leur surface et les pénètrent peu à peu depuis des siècles, ces roches, malgré leur compacité, se sont décomposées jusqu'à une profondeur assez grande, c'est-à-dire que leurs éléments solubles dans l'eau ont peu à peu disparu en grande partie, ne laissant subsister que les métaux, l'alumine, la silice, et toutes les substances sur lesquelles les actions atmosphériques ont peu de prise. Il y eut donc une concentration parfois considérable des métaux, tout d'abord tellement disséminés, et c'est ainsi que le nickel a passé d'une proportion de 1 pour 100, par exemple, dans la roche primitive, à une proportion de 10 pour 100 et plus dans la roche concentrée actuelle. C'est là une teneur suffisante pour permettre l'exploitation économique du nickel : on voit donc que c'est grâce à une préparation naturelle, qui a duré de longs siècles, que l'homme peut aujourd'hui extraire ce métal. Cette combinaison nouvelle, riche en nickel, a une couleur d'autant plus verte que la couleur jaune d'ocre de l'oxyde de fer en mélange est moins prononcée et réciproquement. Ces minerais conservent de leur origine une proportion d'eau considérable et une friabilité souvent très grande, surtout au voisinage de la surface; mais, à mesure que le mineur s'enfonce dans ce manteau de « roches pourries », il s'aperçoit qu'il n'a qu'une épaisseur relativement faible et que le terrain primitif solide, compact, pauvre en nickel, succède. Il va sans dire que dans les cas nombreux où la roche primitive contenait des métaux autres que le nickel ou en proportion plus grande que celui-ci, le même manteau s'est aussi bien formé; mais il est alors une concentration, variable suivant les cas, de fer, fer et manganèse, fer, manganèse et cobalt, fer chromé. La complexité même de ces gisements en fait un problème des plus difficiles pour le métallurgiste qui veut séparer ces divers éléments, et c'est bien regrettable, car ces mines métallifères sont parfois immenses et restent inutilisées, sauf dans quelques parties où tel ou tel métal a pu se concentrer en s'isolant des autres.

On peut déduire de cette genèse des minerais de

nickel qu'ils sont loin d'être inépuisables, surtout si une exploitation intensive en est faite pour satisfaire aux demandes grandissantes des aciers supérieurs; aussi, nous qui avons pu voir combien, dans leurs colonies, les Anglais imposent aux mineurs des lois rigides, draconiennes même, nous déplorons que les concessions de ces minerais n'aient pas été soumises à de sévères réglementations, du jour où il a été *officiellement* admis que le nickel était une matière absolument *indispensable* dans la fabrication des armes de guerre offensives et défensives, et surtout que, malgré les recherches, on n'a retrouvé nulle part sur terre de semblables gisements.

Je dirai peu de chose des métaux connexes du nickel; toutefois, le cobalt est de plus en plus exploité, à cause de la magnifique couleur bleue qu'il peut fournir. Quant au chrome, qu'on emploie beaucoup pour durcir les aciers, il est aussi très exploité actuellement.

Notre colonie est donc arrivée à une situation générale prospère, que nous n'avions pas cessé d'espérer. La situation financière, le véritable critérium du progrès d'un pays, marque des améliorations constantes, car les divers impôts rentrent régulièrement, et la population s'accroît par l'arrivée incessante d'immigrants de toute catégorie, depuis le pauvre hère fuyant la gêne jusqu'au capitaliste cherchant des moyens d'augmenter sa fortune. C'est avec un vif intérêt que je constate ces progrès d'une colonie à laquelle j'ai consacré tant d'années de travail et d'études, soit sur place, soit ici. J'ai pu apercevoir l'un des premiers ses nombreuses richesses, et je ne désespère pas, avant de quitter ce monde, d'apprendre que le sifflet des locomotives réveille à présent les échos des vallées solitaires que nous avons si péniblement explorées.

FIN

TABLE

TABLE DES GRAVURES

PARIS. IMPRIMERIE PLON-NOURRIT ET Cie, 8, RUE GARANCIÈRE. — 1385.

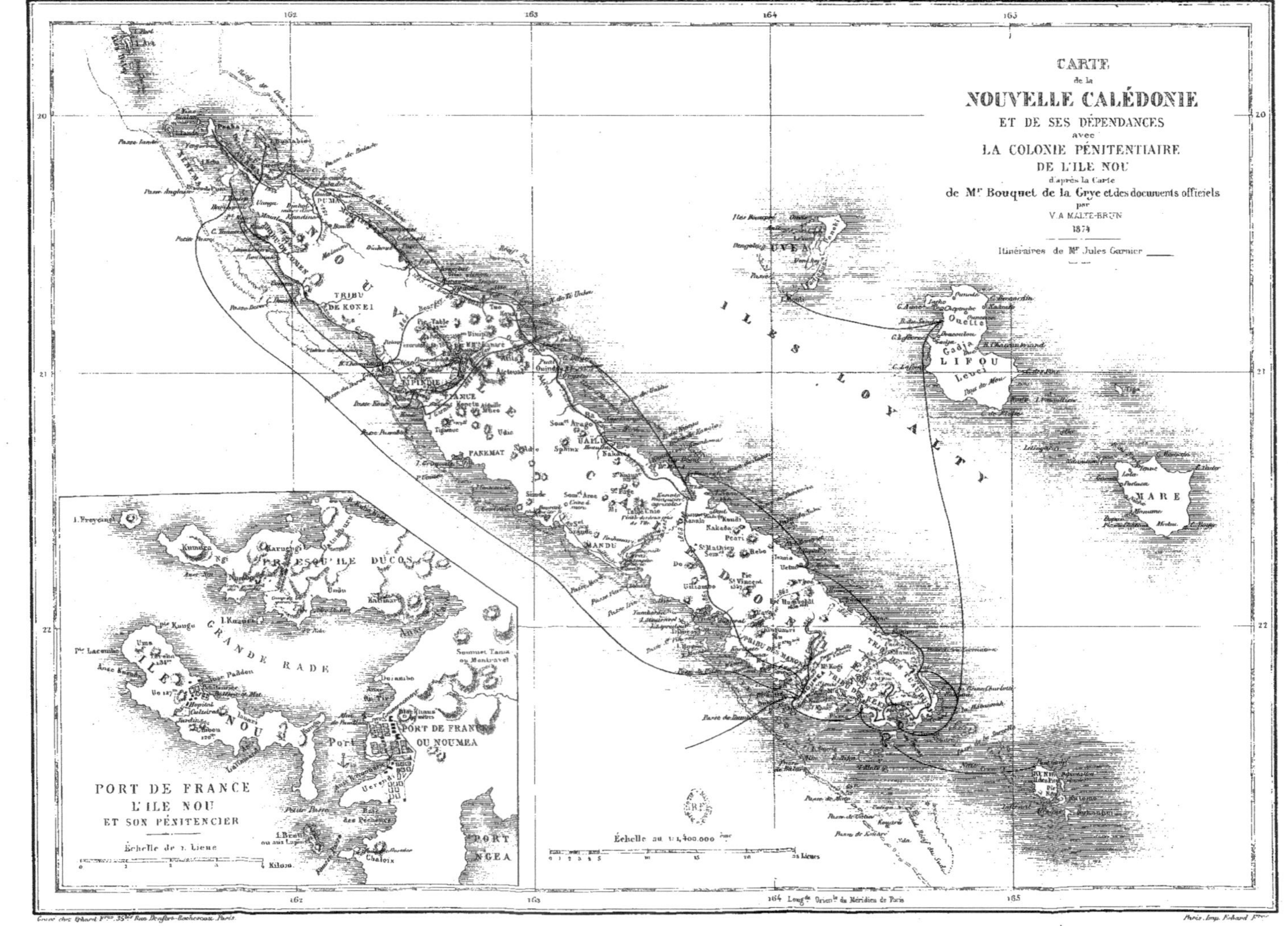
CARTE
de la
NOUVELLE CALÉDONIE
ET DE SES DÉPENDANCES
avec
LA COLONIE PÉNITENTIAIRE
DE L'ILE NOU
d'après la Carte
de Mr Bouquet de la Grye et des documents officiels
par
V. A. MALTE-BRUN
1874
Itinéraires de Mr Jules Garnier
ILES LOYALTY
UVEA
LIFOU
MARE
PORT DE FRANCE
L'ILE NOU
ET SON PÉNITENCIER
Échelle de 1 Lieue
GRANDE RADE
PRESQU'ILE DUCOS
PORT DE FRANCE OU NOUMEA
Échelle au 1/1,400,000ème
164 Longde Orientle du Méridien de Paris
Gravé chez Erhard Fres, 35bis Rue Denfert-Rochereau, Paris.
Paris, Imp. Erhard Fres

A LA MÊME LIBRAIRIE

Océanie. Iles des Pins, Loyalty et Tahiti. *Voyage autour du Monde*, par J. GARNIER. Ouvrage enrichi de gravures-photographies et d'une carte spéciale. 2e édition. Un vol. in-18. . . , ... 4 fr.

Un Séjour dans l'île de Java. *Le Pays — les Habitants — le Système colonial*, par Jules LECLERCQ. 2e édition. Un vol. in-18 avec une carte et 20 gravures. . . 4 fr.

(Couronné par l'Académie française et par la Société de géographie commerciale de Paris.)

Pages détachées. *Notes de voyage — au Sénégal — le Détroit de Magellan — Tahiti et les îles sous le Vent — Iles Marquises — l'Océanie centrale*, par Paul CLAVERIE. Un vol. in-18. . . . . 3 fr. 50

Un Royaume polynésien. — *Les Iles Hawaï*, par Georges SAUVIN. In-18 accompagné d'une carte. 3 fr. 50

Un Printemps sur le Pacifique. **Iles Hawaï**, par Marcel MONNIER. Un vol. in-18 avec gravures et carte spéciale. Nouvelle édition. . . . . 4 fr.

(Couronné par l'Académie française, prix Montyon.)

L'Australie nouvelle, par E. MARIN LA MESLÉE, membre de la Société royale de Sydney et de la Société de géographie commerciale de Paris. Préface de L. SIMONIN. Ouvrage enrichi de gravures et d'une carte. In-18. 4 fr.

Pérak et les Orangs-Sakèys. Voyage dans l'intérieur de la presqu'île malaise, par BRAU DE SAINT-PAUL LIAS, avec carte et vues du pays d'après des photographies prises par l'auteur. Un vol. in-18. . . . . 4 fr.

Ile de Sumatra : **Chez les Atchés. — Lohong**, par BRAU DE SAINT-POL LIAS, avec cartes et illustrations d'après des photographies prises par l'auteur. In-18. . . 4 fr.

Australie. *Voyage autour du monde*, par le comte DE BEAUVOIR. Ouvrage enrichi de deux grandes cartes et de douze gravures-photographies. 16e édition. In-18. . . . 4 fr.

(Couronné par l'Académie française.)

L'Ile de Cuba : *Santiago — Puerto-Principe — Matanzas — la Havane*, par H. PIRON. 2e édition. Un vol. in-18 orné de gravures sur bois. . . . . 4 fr.

Un Parisien dans les Antilles. Saint-Thomas, Puerto-Rico, la Havane, la vie de province sous les tropiques, par QUATRELLES. Un vol. in-8o anglais illustré de dessins de RIOU. 5 fr.

Haïti ou la République noire, par sir SPENSER ST-JOHN, traduit de l'anglais par M. J. WEST, capitaine de frégate en retraite. Un vol. in-8o anglais elzévirien accompagné d'une carte. . . . . 5 fr.

PARIS TYP. PLON-NOURRIT ET Cie, 8, RUE GARANCIÈRE. — 1385.

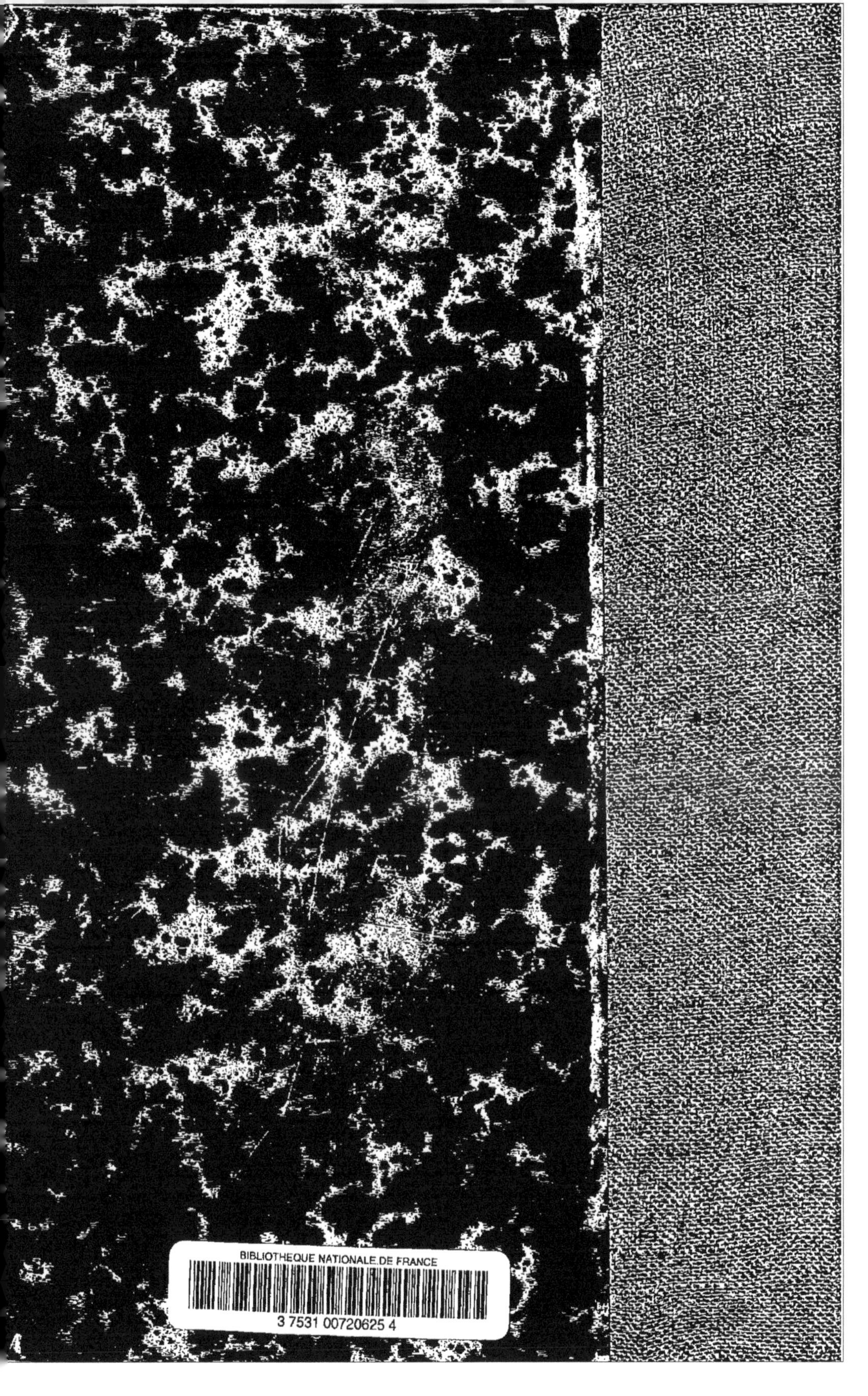
BIBLIOTHEQUE NATIONALE DE FRANCE
3 7531 00720625 4

www.ingramcontent.com/pod-product-compliance
Ingram Content Group UK Ltd.
Pitfield, Milton Keynes, MK11 3LW, UK
UKHW012004240726
13965UKWH00001B/143